建筑功能材料

JIANZHU
GONGNENG CAILIAO

万小梅 全洪珠 ◎ 主　编

王兰芹 高　嵩 ◎ 副主编

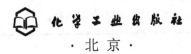
·北京·

本书主要介绍了保温隔热材料、防水材料、建筑光学材料、防火材料、吸声隔声材料、建筑加固修复材料等内容。为便于教学，该书大部分章节后附有习题与思考题。本书力求反映近年来国内外建筑功能材料的最新知识和成果以及有关新标准、新规范，注重理论联系实际，紧密结合相关的科研、生产及其在建筑工程设计、施工等方面的应用，适用面广，具有先进性、科学性、实用性、规范性及通用性等特点。

本书可作为大学本科土木工程专业以及建筑学专业、建筑工程管理、材料科学与工程等专业教学用书，也可作为建筑、建材等部门有关设计、科研、施工、管理、生产人员的参考用书。

图书在版编目（CIP）数据

建筑功能材料/万小梅，全洪珠主编. —北京：化学工业出版社，2017.9（2023.8重印）
 ISBN 978-7-122-30313-4

Ⅰ.①建… Ⅱ.①万…②全… Ⅲ.①建筑材料-功能材料 Ⅳ.①TU5

中国版本图书馆CIP数据核字（2017）第181319号

责任编辑：彭明兰	文字编辑：冯国庆
责任校对：边　涛	装帧设计：王晓宇

出版发行：化学工业出版社（北京市东城区青年湖南街13号　邮政编码100011）
印　　装：北京天宇星印刷厂
787mm×1092mm　1/16　印张14¾　字数390千字　2023年8月北京第1版第6次印刷

购书咨询：010-64518888　　　　　　　　　售后服务：010-64518899
网　　址：http://www.cip.com.cn
凡购买本书，如有缺损质量问题，本社销售中心负责调换。

定　　价：68.00元　　　　　　　　　　　　　　　　　　　版权所有　违者必究

前 言
FOREWORD

建筑功能材料是土木工程材料领域内的重要分支，该领域的材料及产品具有发展更新速度快、种类极为繁多的特点，而这些特点随着当前社会经济的发展愈加突出。加之近年来新技术和新工艺发展迅速，相关的标准规范不断更新，"十三五"期间编写一本反映当代建筑功能材料发展及应用现状的教材十分必要。

本书的知识体系侧重土建类专业教学，注重各种材料功能机理阐述、产品生产、施工安装及应用案例介绍的多层次结合，同时引用最近颁布的新标准和新规范，以此为本教材的重要特色。各章节体系主要包括各种类型建筑功能材料的基本组成、分类、基本特性、规格与规范、功能机理、选用原则与施工要点，力求反映近年来国内外建筑功能材料的最新知识和成果，以及有关新标准、新规范，注重理论联系实际，紧密结合相关的科研、生产及其在建筑工程设计、施工、管理等方面的应用，适用面广，具有先进性、科学性、实用性、规范性及通用性等特点。

本书根据高等学校土建类专业本科的教学大纲编写，主要内容包括保温隔热材料、防水材料、建筑光学材料、防火材料、吸声隔声材料、建筑加固修复材料。为便于教学，本书大部分章节后都附有习题和思考题。为满足教师教学和学生学习的需要，本书作者还编写了配套的 PPT 教学课件，发挥辅教辅学功能。

本书由青岛理工大学万小梅、青岛农业大学全洪珠主编，山东建筑大学王兰芹、青岛理工大学高嵩副主编。参加编写的人员有万小梅（第 1 章、第 2 章、配套 PPT 课件），全洪珠（第 3 章），王兰芹（第 4 章、第 6 章），高嵩（第 5 章的 5.1~5.3），青岛理工大学卢桂霞（第 7 章），青岛理工大学岳公冰（第 5 章的 5.4）。

本书配有教学 PPT 课件，读者可自行到 http://down load.cip.com.cn 下载。

由于笔者水平有限，书中不足之处在所难免，希望广大读者批评指正。

目 录

第 1 章　绪论 …………………………………………………………… 1
1.1　建筑功能材料的含义与分类 ……………………………………………… 1
1.2　建筑功能材料的发展趋势 …………………………………………………… 3
1.3　本课程的特点与学习方法 …………………………………………………… 4

第 2 章　保温隔热材料 ……………………………………………… 6
2.1　建筑节能与保温隔热材料 …………………………………………………… 6
2.1.1　建筑节能的概念 ………………………………………………………… 6
2.1.2　我国建筑能耗现状 ……………………………………………………… 7
2.1.3　建筑节能的意义 ………………………………………………………… 7
2.1.4　建筑节能的主要途径 …………………………………………………… 7
2.1.5　建筑节能的有关标准 …………………………………………………… 8
2.1.6　围护结构中的建筑保温隔热材料及其发展 …………………………… 9
2.2　建筑保温隔热材料的基本特性 ……………………………………………… 10
2.2.1　保温隔热材料的保温隔热机理 ………………………………………… 10
2.2.2　建筑保温隔热材料的基本特性 ………………………………………… 12
2.2.3　影响材料热导率的主要因素 …………………………………………… 14
2.3　建筑围护结构保温设计原理 ………………………………………………… 15
2.3.1　建筑围护结构材料的热导率和传热阻 ………………………………… 15
2.3.2　建筑围护结构材料的总热阻 …………………………………………… 15
2.3.3　围护结构的最小传热阻（$R_{0,min}$） …………………………………… 16
2.3.4　保温层厚度的计算 ……………………………………………………… 18
2.3.5　围护结构的保温性能计算例题 ………………………………………… 19
2.4　无机保温隔热材料 …………………………………………………………… 20
2.4.1　散粒状保温隔热材料 …………………………………………………… 21
2.4.2　纤维状保温隔热材料 …………………………………………………… 23
2.4.3　多孔状保温隔热材料 …………………………………………………… 27
2.5　有机保温隔热材料 …………………………………………………………… 29

2.5.1　泡沫塑料 ………………………………………………………………… 29
　　2.5.2　纤维板 …………………………………………………………………… 32
　　2.5.3　硬质泡沫橡胶 …………………………………………………………… 32
2.6　保温隔热材料在围护结构中的应用 …………………………………………… 32
　　2.6.1　外墙保温与节能 ………………………………………………………… 32
　　2.6.2　屋顶保温与节能 ………………………………………………………… 33
　　2.6.3　门窗节能技术 …………………………………………………………… 33
习题与思考题 ………………………………………………………………………… 39

第3章　防水材料 …………………………………………………………… 40

3.1　防水工程与防水材料 …………………………………………………………… 40
　　3.1.1　防水、防水工程、防水工程分类 ……………………………………… 40
　　3.1.2　防水材料发展与现状 …………………………………………………… 41
　　3.1.3　防水材料的分类 ………………………………………………………… 47
　　3.1.4　防水材料的基本性质 …………………………………………………… 50
　　3.1.5　防水材料的标准化 ……………………………………………………… 51
3.2　防水卷材 ………………………………………………………………………… 52
　　3.2.1　沥青防水卷材 …………………………………………………………… 52
　　3.2.2　改性沥青防水卷材 ……………………………………………………… 53
　　3.2.3　合成高分子防水卷材 …………………………………………………… 58
　　3.2.4　防水卷材施工 …………………………………………………………… 62
3.3　防水涂料 ………………………………………………………………………… 70
　　3.3.1　沥青基防水涂料 ………………………………………………………… 71
　　3.3.2　高聚物改性沥青防水涂料 ……………………………………………… 72
　　3.3.3　合成高分子防水涂料 …………………………………………………… 74
　　3.3.4　涂膜防水施工 …………………………………………………………… 79
3.4　密封材料 ………………………………………………………………………… 81
　　3.4.1　常用的密封材料 ………………………………………………………… 82
　　3.4.2　密封材料防水施工 ……………………………………………………… 87
习题与思考题 ………………………………………………………………………… 88

第4章　建筑光学材料 ……………………………………………………… 90

4.1　概述 ……………………………………………………………………………… 90
　　4.1.1　玻璃的制造 ……………………………………………………………… 91
　　4.1.2　玻璃的分类 ……………………………………………………………… 92
4.2　玻璃的基本特性 ………………………………………………………………… 94
　　4.2.1　玻璃的基本性质 ………………………………………………………… 94
　　4.2.2　玻璃体的缺陷 …………………………………………………………… 96

4.2.3　玻璃的储存与运输 ··· 97
　　4.2.4　玻璃的表面加工和装饰 ··· 98
4.3　常用建筑玻璃 ··· 99
　　4.3.1　平板玻璃 ·· 99
　　4.3.2　饰面玻璃 ·· 103
　　4.3.3　安全玻璃 ·· 106
　　4.3.4　功能玻璃 ·· 112
　　4.3.5　玻璃砖 ··· 121
　　4.3.6　有机玻璃 ·· 123
4.4　玻璃光学效果及设计 ··· 124
　　4.4.1　玻璃光学装饰效果 ··· 124
　　4.4.2　玻璃装饰的设计 ·· 124
　　4.4.3　玻璃幕墙装饰 ··· 126
习题与思考题 ··· 132

第5章　防火材料 ··· 134

5.1　火灾与建筑防火 ·· 134
　　5.1.1　燃烧现象及其特点 ··· 134
　　5.1.2　建筑火灾的危害及特点 ··· 137
5.2　建筑材料的燃烧性能和阻燃机理 ··· 141
　　5.2.1　材料防火要求 ··· 141
　　5.2.2　材料燃烧性能分级 ··· 142
　　5.2.3　阻燃材料与阻燃体系 ·· 145
5.3　防火板材 ·· 149
　　5.3.1　FC 纤维水泥加压板 ·· 149
　　5.3.2　泰柏墙板 ·· 150
　　5.3.3　纤维增强硅酸钙板 ··· 150
　　5.3.4　纸面石膏板 ·· 150
　　5.3.5　石棉水泥平板 ··· 151
　　5.3.6　菱镁防火板 ·· 152
5.4　防火涂料 ·· 152
　　5.4.1　建筑防火涂料的组成与分类 ··· 152
　　5.4.2　建筑防火涂料的防火机理 ·· 153
　　5.4.3　饰面型防火涂料 ·· 156
　　5.4.4　钢结构防火涂料 ·· 160
　　5.4.5　混凝土结构防火涂料 ·· 168
习题与思考题 ··· 172

第6章 吸声隔声材料 173

6.1 建筑声学的基本原理 173
6.1.1 声音的产生与传播 174
6.1.2 声音的计量 175

6.2 声学材料及结构的基本特性 178
6.2.1 吸声材料和结构的基本特性 178
6.2.2 隔声材料和结构的基本特性 179
6.2.3 吸声材料与隔声材料的区别 180

6.3 吸声材料与结构 180
6.3.1 吸声材料的分类 180
6.3.2 多孔性吸声材料 181
6.3.3 共振吸声结构 190
6.3.4 其他吸声结构 191

6.4 隔声材料与结构 192
6.4.1 空气声隔绝 192
6.4.2 固体声隔绝 196

6.5 声学材料的选用原则和应用 196
6.5.1 声学材料的选用原则 196
6.5.2 施工应用实例 197

习题与思考题 198

第7章 建筑加固修复材料 199

7.1 概述 199
7.1.1 目前存在的问题 199
7.1.2 建筑加固方法 201
7.1.3 加固修复材料 203

7.2 聚合物复合修补材料 204
7.2.1 简述 204
7.2.2 聚合物水泥砂浆修补材料 206
7.2.3 聚合物复合修补材料存在的问题 209

7.3 纤维复合修补材料 211
7.3.1 简述 211
7.3.2 钢纤维混凝土 213
7.3.3 碳纤维复合修补材料 215
7.3.4 其他纤维复合修补材料 217

7.4 化学灌浆补强修复材料 218
7.4.1 简述 218

  7.4.2 环氧树脂灌浆料 ·· 221
  7.4.3 甲基丙烯酸甲酯类浆液 ·· 222
  7.4.4 丙烯酰胺类浆液 ·· 222
  7.4.5 聚氨酯灌浆材料 ·· 223
  7.4.6 其他灌浆材料 ·· 223
 7.5 其他类型修补材料 ·· 225
 习题与思考题 ·· 226

参考文献 ·· 227

第1章 绪 论

1.1 建筑功能材料的含义与分类

建筑材料是土木工程的物质基础，在人类的生产和生活中占有极为重要的地位。建筑材料的种类繁多，可以按不同原则进行分类。其中，根据使用功能，可将建筑材料分为结构材料、装饰材料和建筑功能材料。结构材料主要是指构成建筑物受力构件和结构所用的材料，如梁、板、柱、基础、框架和其他受力构件所用的材料，对这类材料的主要技术性能要求是力学性能和耐久性，常见的材料有木材、竹材、石材、水泥、混凝土、砖瓦、复合材料等；装饰材料主要是指装修各类土木建筑物以提高其使用功能和美观，同时兼有保护主体结构在各种环境因素下的稳定性和耐久性的建筑材料及其制品，包括各种涂料、油漆、镀层、贴面、瓷砖、具有特殊效果的玻璃等；建筑功能材料主要是指担负某些建筑功能的、非承重用的材料，赋予建筑物保温、隔热、防水、防潮、防腐、防火、阻燃、采光、吸声、隔声等功能，决定着建筑物的使用功能和品质。有的建筑功能材料往往还起着装饰材料的作用。

随着生活水平的提高，人们对建筑物的质量要求越来越高。而建筑用途的扩展，对其功能方面的要求也越来越高，这方面在很大程度上要靠建筑功能材料来完成。建筑功能材料的出现与发展，是现代建筑有别于旧式传统建筑的原因之一，它大大改善了建筑物的使用功能，使其具备更加优异的技术经济效果，更适合人们的生活和工作要求。目前，建筑功能材料的地位和作用已越来越受到人们的关注及重视。

建筑功能材料的种类极为丰富，即使是同一建筑功能领域内，也可能会有数以百计甚至更多的材料及产品种类。一般来说，是按照材料在建筑物中的功能进行分类的，包括建筑保温隔热材料、建筑防水材料、建筑光学材料（建筑玻璃）、建筑防火材料、建筑声学材料和建筑加固修复材料。以下对各种建筑功能材料的主要特点进行简单介绍。

（1）建筑保温隔热材料　建筑保温隔热材料应用于外围护结构，是减少建筑物室内热量向室外散发，从而保持建筑物室内温度的材料。建筑保温隔热材料对创造适宜的室内热环境和节约能源有重要作用。我国要走可持续发展的道路，就需要节能建材和绿色建筑。建筑节能工作的发展需要建材业的支撑。节能是国内住宅建设的重要工作之一，建筑节能更是国家发展的基本国策之一，在设计节能建筑时都要选用保温隔热材料，其目的是冬季减少热损失，以保持室内需要的温度，夏季阻止太阳的辐射热；或在夏热冬暖地区的建筑外墙和屋面进行施工，阻止太阳的辐射热。

（2）建筑防水材料　建筑防水材料是指防止雨水、地下水、工业和民用的给排水、腐蚀性液体以及空气中的湿气、蒸汽等侵入建筑物的材料。建筑防水即为防止水对建筑物某些部位的渗透而在建筑材料上和构造上所采取的措施。防水材料多用于屋面、地下建筑、建筑物的地下部分和需防水的内室及储水构筑物等。按其采取的措施和手段的不同，分为材料防水和构造防水两大类材料。防水是靠建筑材料阻断水的通路，以达到防水的目的或增加抗渗漏的能力，如卷材防水、涂膜防水、混凝土及水泥砂浆刚性防水以及黏土、灰土类防水等。防水材料根据其使用过程中的变形性能又分为柔性防水材料和刚性防水材料。一般所说的防水材料通常是指防水卷材、防水涂料和密封材料等柔性防水材料。

(3) 建筑光学材料　建筑光学材料是指对光具有透射或反射作用，用于建筑采光、照明和饰面的材料。建筑光学材料的主要作用是控制和调整光线强度，调节室内照度、空间亮度和光、色的分布，控制眩光，改善视觉工作条件，创造良好的光环境。在各种无机建筑材料中唯一具有透光性的材料就是玻璃。人类学会制造和使用玻璃已有上千年的历史，但是1000多年以来，建筑玻璃的发展比较缓慢。随着现代科学技术和玻璃技术的发展及人民生活水平的提高，建筑玻璃的功能不再仅仅是满足采光要求，而是要具有能调节光线、保温隔热、安全（防弹、防盗、防火、防辐射、防电磁波干扰）、艺术装饰等特性。随着需求的不断发展，玻璃的成型和加工工艺方法也有了新的发展。现在已开发出了夹层、钢化、离子交换、釉面装饰、化学热分解及阴极溅射等新技术玻璃，使玻璃在建筑中的用量迅速增加，成为继水泥和钢材之后的第三大建筑材料。

(4) 建筑防火材料　建筑防火材料是指添加了某种具有防火特性的合成材料，或本身就具有耐高温、耐热、阻燃特性，在建筑工程中用于防火阻燃目的的材料。在人类历史发展进程中，火对人类文明的进步发挥了极其重要的作用，但火在造福人类的同时，也经常带来灾害。随着人们生活水平和消防安全意识的提高，消防安全问题已引起人们的高度重视。目前，建筑防火成为建筑设计中的一项基本要求，对延长建筑物使用寿命，保障人民生命财产安全具有重要意义。尤其是现代建筑向高层化发展，室内装修要求也越来越高，这些都给建筑材料在防火上提出了更高的要求。

(5) 建筑声学材料　建筑声学是研究建筑中声学环境问题的科学，主要研究室内音质和建筑环境的噪声控制。建筑声学材料则是能在较大程度上吸收由空气传递的声波能量或阻隔声波传播的功能材料，又可分为吸声材料和隔声材料。

当声波在一定的空间（室内或管道内）传播，并入射至材料或结构壁面时，有一部分声能被反射；另一部分被吸收（包括透射）。由于这种吸收特性，使反射声能减少，从而使噪声得以降低。这种具有吸声特性的材料和结构称为吸声材料或吸声结构。为了改善声波传播质量，保持良好的音响效果和减少噪声，在音乐厅、歌剧院、大会堂、播音室等室内的墙面、地面和顶棚等部位应用吸声材料。隔声材料是指把空气中传播的噪声隔绝、隔断、分离的一种材料、构件或结构。对于隔声材料，要减弱透射声能，阻挡声音的传播，就不能如同吸声材料那样多孔、疏松、透气，相反它的材质应该是重而密实的，如钢板、铅板、砖墙等一类材料。隔声材料可用于电视台、电影院、歌剧院、音乐厅、会议中心、体育馆、音响室、家居、商场、酒店、酒廊、餐厅等，也常用于室外噪声的隔绝。

(6) 建筑加固修复材料　由于生产、制造、施工、使用及环境等因素的影响，在役工程结构中不可避免地存在各种各样的缺陷和损伤，尤其是在长期服役的各类混凝土结构和钢结构中更为突出。在荷载和环境等因素的作用下，材料的微细结构发生变化，引起材料宏观力学性能的劣化，最终导致钢结构构件宏观开裂或材料破坏，甚至造成工程事故。而随着结构加固修复技术的发展，加固修复材料也发挥着越来越重要的作用，结合不同的结构和修复技术，加固修复材料主要包括无机修补材料、有机与无机材料复合的聚合物修补材料、有机高分子材料三大类。

1.2 建筑功能材料的发展趋势

（1）建筑保温隔热材料　能源是现代经济建设的物质基础。建筑能耗在人类整个能源消耗中一般占 30%～40%，建筑节能意义重大。建筑保温隔热是建筑节能的一个重要方面。随着经济的持续快速增长，我国的能源与环境日渐突出。因此发展绿色节能的建筑保温材料已成为各个国家重视的课题之一。绿色节能、开发可再生能源、减少对环境的污染和危害、多功能复杂化、适合人们生活需求的建筑保温材料能够达到资源环境效益、技术产品效益和功能舒适目的，在建筑行业有广阔的市场前景。

（2）建筑防水材料　20 世纪 80 年代以前，我国防水材料的发展十分缓慢。改革开放以后，建筑防水材料获得了较快的发展，陆续从国外引进了 SBS（苯乙烯系热塑性弹塑体）、APP（无规聚丙烯）改性沥青防水卷材、三元乙丙橡胶防水卷材等生产线，生产技术装备水平得到很大提高。随后国内开发研制出改性沥青防水卷材生产线，实现国产化，聚酯胎和玻纤胎为主的改性沥青防水卷材成为我国发展最快的新型防水材料。对于近几年在欧洲和美国流行的聚氯乙烯防水卷材、热塑性聚烯烃防水卷材，我国也初步掌握相关技术，并引进技术和设备开始生产。随着我国科学技术的进步，防水涂料也获得了较快发展，我国防水涂料已形成了聚氨酯防水涂料、聚合物水泥防水涂料、沥青基防水涂料、聚合物改性沥青基防水涂料、聚合物乳液防水涂料、无机防水涂料等多类型、多品种的格局，应用于屋面、地下室、外墙以及工业与民用建筑的厕浴间防水。

我国今后防水材料的发展趋势应为：大力发展改性沥青防水卷材，积极推进高分子防水卷材，发展防水涂料，努力开发密封材料，并注重开发止水、堵漏材料的硬质聚氨酯发泡防水保温一体化材料，逐步减少低档材料和相应提高各类中高档材料的比例，全面提高我国防水材料的总体水平；解决相应的生产装备、配套原材料和施工技术问题，减少建筑物的渗漏，保证防水工程使用期限的逐步提高；规范市场，改进管理体制，尽快实行防水工程质量保证期制度。

（3）建筑光学材料　随着科技的进步及玻璃技术的飞速发展，建筑玻璃的功能已经不再是仅仅满足采光要求，而是要具有能调节光线、保温隔热、安全、艺术装饰等特性。当前，应用最多的是平板玻璃，其在使用过程中可以加工成安全玻璃，如钢化玻璃、夹层玻璃等。还可以加工成彩釉玻璃起到装饰作用，并且也可以加工成镀膜玻璃，不仅起到装饰的功能，还可以起到节能的作用。与此同时，新型玻璃材料也不断进入建筑领域。建筑玻璃未来呈现两大发展趋势：①建筑玻璃的质量将会不断提升，包括建筑玻璃产品的节能性能；②建筑玻璃将会使用新的结构形式提升安全性能。而建筑玻璃未来的发展方向也会沿着安全节能走下去，不断开发新技术来提高产品性能。

（4）建筑防火材料　建筑防火材料涉及结构和装修材料，具体的材料品种和产品类型很多。除了众多的无机材料，在生产防火材料制品时会用到种类繁多的阻燃剂。目前常用的阻燃剂是以卤素体系为主的阻燃剂，这类阻燃剂具有发烟量大、毒性大的缺点。近年来，国内对无卤型阻燃剂的开发研究日益重视。特别是在封闭体系的条件下，强烈要求使用具有无烟、无毒或者低烟、低毒等优点的阻燃剂。国内外阻燃技术的研究主要集中在开发无卤化和低发烟化新技术，我国许多研发单位和厂家都致力于这方面的开发研究工作，并取得了突出成果，已有大量的无卤阻燃产品用于生产的各个领域。

此外，当前日本、美国及西欧等发达国家和地区都投入很大力量研究与开发绿色建筑防火材料。国际上的大型建材生产企业早就对绿色建筑防火材料的生产给予了高度重视，并进行了积极的研发工作。在要求实用的防火功能及外表美观之外，更强调对人体、环境无毒害、无污染。并开发出了许多绿色建筑防火材料新产品,例如:可控离子释放型抗菌防火玻璃,电子臭氧除臭、杀菌防火装饰装修材料。这些材料不仅能保证良好的防火阻燃性能,同时也是改善室内环境的环保材料。

(5) 建筑声学材料　生态环保和可持续发展是当前建筑声学材料发展的重要趋势之一。传统的纤维吸声材料,特别是矿物纤维吸声材料,近年来开始受到环境和卫生领域学者的批评,认为其有害健康,只是由于其成本低廉,生产简单,始终没有退出声学材料舞台。而微穿孔板吸声结构和微穿孔消声器则是一类由高科技创造出的"绿色"、高效的建筑声学材料及产品。微穿孔板是一种较好的共振吸声结构。它利用丝米级微孔来取得与大气相匹配的声阻,其共振吸声带宽且容易调节,还可以做成双层结构。这种"绿色"、高效的吸声材料有着广泛的应用前景,可成为传统建筑研究的示范,促进建筑材料与构造技术的发展。

复合型材料是当前建筑声学材料发展的另一重要趋势。现代建筑对声环境质量的要求越来越高。不同类型的复合声学材料已开始成功应用在噪声控制中。用于这一功能的复合声学材料有阻尼-吸声复合材料和阻尼-吸声-隔声复合材料等。此外,在一些情况下,希望声学材料集多种功能于一体,除吸声、隔声、阻尼等声学性能外,还具有其他功能,即防火、隔热、阻燃、防虫、防腐等防护功能以及美观的要求。对于多孔材料,还要具有预防吸潮而变形的功能。这样可以节约材料的使用量,简化施工工艺,达到可持续发展的目的。

(6) 建筑加固修复材料　我国已逐渐进入在役建筑大规模加固修复阶段,为了能够保证建筑结构的加固修复工作的质量得到全面提高,新的结构加固修复技术不断出现,用以更好地保证建筑结构的承载力,与此同时也使结构的其他功能得到正常发挥,并能够满足在恶劣环境下的使用要求。除了较大程度的结构性修复外,专门的加固修复材料一般应用在表面维修、裂缝修补、纤维布加固、绕丝法、置换压浆与化学灌浆法中。例如,碳纤维增强复合材料(carbon fiber reinforced polymer,CFRP)就被广泛运用于各类工程结构的维护修复中。

加固技术的发展依赖于新材料的发展。由轻质、高强、抗腐蚀、耐高温的新材料构成的效果好、易施工的加固方法有助于推动加固材料的发展。

总体来说,研发和生产质量高、多功能、成本低、能耗低、对环境友好的新型材料,是提高我国建筑功能材料总体水平及质量,赶上世界先进水平的总体趋势。

1.3　本课程的特点与学习方法

(1) 掌握材料的性能及应用范围　不同类型的建筑功能材料在原材料与生产工艺、结构和构造、性能及应用、施工及检验等方面有各自的特点,但也有其共性之处。应全面掌握各类功能材料的性能特点,以便在种类繁多的建筑功能材料中选择最合适的品种加以应用,这一点尤为重要。对于建筑功能材料制备的产品,应了解其原材料、生产工艺及结构、构造知识,以明确这些因素是如何影响材料及制品性能的。此外,几乎所有的建筑功能材料及其制品都需要进行现场安装或施工,应对其安装、使用等应用形式有一定的了解,为从事新型建筑材料的研究、开发、生产及应用打下基础。

(2) 熟悉相关的技术标准　大部分常用建筑功能材料,均由专门的机构制定并发布了相应的技术标准,对其质量规格、验收方法和应用技术规程等做了详尽而明确的规定。技术标准是生产、流通和使用单位检验、确定产品质量是否合格的技术文件。为了保证材料的质量,进行现代化生产和科学管理,必须对材料产品的技术要求制定统一的执行标准。其内容一般包括产品规格、分类、技术要求、检验方法、验收规则、包装及标志、运输和储存注意事项等。

包括我国在内,世界各国对材料及其产品均制定了各自的标准。我国常用的标准主要有国家级、行业（或部）级、地方级和企业级四类，分别由相应的标准化管理部门批准并颁布。国家标准是由国家质量监督检验检疫总局发布的全国性指导技术文件，其代号为GB。行业标准也是全国性的指导技术文件，由主管生产部（或总局）发布，其代号按部名而定，如建材行业标准的代号为JC。国家标准和行业标准全国通用，各级相关部门必须执行。地方标准是由地方主管部门制定和发布的地方性技术文件，其代号为DB，适用于本地区使用。企业标准仅适用于本企业，其代号为QB。没有相应的国家、行业和地方标准的产品，生产中应按企业标准执行，企业标准的技术要求应高于类似或相关产品的国家标准。随着我国对外开放和加入世界贸易组织，还常常会接触甚至应用到一些国际或外国标准，如国际标准，代号为ISO；国际材料与结构研究实验联合会标准，代号为RILEM；美国材料与试验协会标准，代号为ASTM；德国工业标准，代号为DIN；英国标准，代号为BS；日本工业标准，代号为JIS等。

建筑功能材料品种繁多且新型材料较多，涉及的产品和检测标准也就十分丰富。目前，关于建筑功能材料标准的内容大致包括材料（产品）质量要求和检测两大类。有的将两者合在一起，有的将分开制定标准。不同的标准相互渗透、关联，有时一种材料的检验会涉及多个标准、规范等。

（3）注重功能机理的掌握　系统掌握建筑功能材料的知识，需要学习和研究的内容很广，涉及材料学、热学、光学、电学等多学科以及建筑学（建筑物理）、结构、施工等专业领域，具有多学科知识渗透交叉的特点。例如，学习建筑防火材料时，首先需要学习掌握物质的燃烧原理，还需要了解燃烧链反应以及阻断链反应的阻燃机理；而在学习建筑声学材料时，则需要对建筑声学基本理论有一定的了解。因此，注重对建筑功能材料相关功能机理的学习掌握，有助于对不同建筑功能材料的性能、应用以及相关检测方法等知识内容进行深入了解。

第 2 章 保温隔热材料

某北方住宅小区，经 3 年使用之后，其外墙外保温体系陆续出现了以下质量问题：外墙面沿板缝开裂、墙面龟裂。经调查分析后得到以下主要结论：外墙面沿板缝开裂是因为外保温面层抹灰柔性不够，相邻材料变形不一致，且透气性差，板缝未处理；而墙面龟裂的主要原因是保温板采用了密度过低的聚苯板，且抗冲击性差、易变形，在风压及温度应力作用下，产生了无规则的裂缝。

从以上案例入手，分析外墙外保温系统在使用过程中质量会受到哪些因素影响？在材料选择及施工中应注意哪些问题？

2.1 建筑节能与保温隔热材料

2.1.1 建筑节能的概念

当前人类面临的地球环境问题主要包括环境污染和资源能源枯竭。其中，世界范围内石油、煤炭、天然气三种传统能源日趋枯竭，使得人类将不得不关注能源问题。要从根本上解决能源问题，除了寻找新的能源，节能是更为关键的也是最直接有效的重要措施。节能是指加强用能管理，采用技术上可行、经济上合理以及环境和社会可以承受的措施，减少从能源生产到消费各个环节中的损失和浪费，更加有效、合理地利用能源。

建筑节能在整个社会的节能措施中占有重要地位。建筑节能具体是指在建筑物的规划、设计、新建（改建、扩建）、改造和使用过程中，执行节能标准，采用节能型的技术、工艺、设备、材料和产品，提高保温隔热性能和采暖供热、空调制冷制热系统效率，加强建筑物用能系统的运行管理，利用可再生能源，在保证室内热环境质量的前提下，增大室内外能量交换热阻，以减少供热系统、空调制冷制热、照明、热水供应因大量热消耗而产生的能耗。为减少建筑中能量的散失，国内外普遍采用的节能措施主要是"提高建筑中的能源利用率"，在保证提高建筑舒适性的条件下，合理使用能源，不断提高能源利用效率。

2.1.2 我国建筑能耗现状

建筑能耗是指建筑使用能耗,包括采暖、空调、热水供应、照明、炊事、家用电器、电梯等方面的能耗。其中采暖、空调能耗占60%~70%。随着城市建设的高速发展,我国的建筑能耗逐年大幅度上升,建筑耗能总量在我国能源消费总量中的份额已超过27%,接近三成,而国际上发达国家的建筑能耗一般占全国总能耗的33%左右。国家住房与城乡建设部科技司的研究表明,随着城市化进程的加快和人们生活质量的改善,我国建筑能耗比例最终还将上升至35%左右。如此庞大的比重,建筑能耗已经成为我国经济发展面临的重要问题。

根据《2015~2020年中国建筑节能行业现状调研分析与发展趋势预测报告》提供的数据,我国现有建筑面积为400亿平方米,绝大部分为高能耗建筑,潜伏着巨大的能源危机。每年的新建建筑中真正称得上"节能建筑"的还不足1亿平方米,其余无论从建筑围护结构还是采暖空调系统来衡量,均属于高能耗建筑。如果任由这种状况继续发展,到2020年,我国建筑能耗将达到1089亿吨标准煤;到2020年,空调夏季高峰负荷将相当于10个三峡电站满负荷运转的能力,这将会是一个十分惊人的数量。

我国建筑节能状况落后,亟待改善。尤为典型的是,国内绝大多数采暖地区围护结构的热功能都比气候相近的发达国家差许多,外墙的传热系数是其3.5~4.5倍,外窗为2~3倍,屋面为3~6倍,门窗的空气渗透为3~6倍。欧洲国家住宅的实际年采暖能耗已普遍达到每平方米6L油,大约相当于每平方米8.57kg标准煤。而在我国,达到节能50%的建筑,其采暖能耗每平方米也要达到12.5kg,约为欧洲国家的1.5倍。例如与北京气候条件大体上接近的德国,1984年以前建筑采暖能耗标准和北京目前水平差不多,每平方米每年消耗24.6~30.8kg标准煤,但到了2001年,德国的这一数字却降低至每平方米3.7~8.6kg标准煤,其建筑能耗降低至原有的1/3左右,而北京却一直是22.45kg标准煤。

2.1.3 建筑节能的意义

庞大的建筑能耗,已经成为国民经济的巨大负担。建筑节能是关系到我国建设低碳经济、完成节能减排目标、保持经济可持续发展的重要环节之一,有利于从根本上促进能源资源节约和合理利用,缓解我国能源资源供应与经济社会发展的矛盾;有利于加快发展循环经济,实现经济社会的可持续发展;有利于长远地保障国家能源安全、保护环境、提高人民群众生活质量、贯彻落实科学发展观。

由于我国是一个发展中国家,人口众多,人均能源资源相对匮乏,而且建筑能耗增长的速度远远超过我国能源生产可能增长的速度。在建筑中积极提高能源使用效率,就能够大大缓解国家能源紧缺状况,促进中国国民经济建设的发展。因此,建筑节能是贯彻可持续发展战略、实现国家节能规划目标、减排温室气体的重要措施,符合全球发展趋势。

2.1.4 建筑节能的主要途径

(1) 建筑规划与设计 面对全球能源环境问题,不少全新的设计理念应运而生,它们本质上都要求建筑师从整体综合设计概念出发,与能源分析专家、环境专家、设备师和结构师紧密配合。在建筑规划和设计时,根据大范围的气候条件影响,针对建筑自身所处的具体环境气候特征,重视利用自然环境(如外界气流、雨水、湖泊和绿化、地形等)创造良好的建筑室内微气候,以尽量减少对建筑设备的依赖。

(2) 围护结构 建筑围护结构组成部件(屋顶、墙、地基、隔热材料、密封材料、门和窗、遮阳设施)的设计对建筑能耗、环境性能、室内空气质量与用户所处的视觉和热舒适环境有根本的影响。一般增大围护结构的费用仅为总投资的 3%～6%，而节能却可达 20%～40%。通过改善建筑物围护结构的热工性能，在夏季可减少室外热量传入室内，在冬季可减少室内热量的流失，使建筑热环境得以改善，从而减少建筑冷、热消耗。提高围护结构各组成部件的热工性能，一般通过改变其组成材料的热工性能实行。

（3）提高终端用户用能效率　高能效的采暖、空调系统与上述削减室内冷热负荷的措施并行，才能真正地减少采暖、空调能耗。首先，根据建筑的特点和功能，设计高能效的暖通空调设备系统，例如：热泵系统、蓄能系统和区域供热、供冷系统等。然后，在使用中采用能源管理，监控系统监督，调控室内的舒适度、室内空气品质和能耗情况。如欧洲国家通过传感器测量周边环境的温、湿度和日照强度，然后基于建筑动态模型预测采暖和空调负荷，控制暖通空调系统的运行。在其他家电产品和办公设备方面，应尽量使用节能认证的产品。

（4）提高总的能源利用效率　从一次能源转换到建筑设备系统使用的终端能源的过程中，能源损失很大。因此，应从全过程（包括开采、处理、输送、储存、分配和终端利用）进行评价，才能全面反映能源利用效率和能源对环境的影响。建筑中的能耗设备，如空调、热水器、洗衣机等应选用能源效率高的能源供应。例如，作为燃料，天然气比电能的总能源效率更高。采用第二代能源系统，可充分利用不同品位热能，最大限度地提高能源利用效率，如热电联产（CHP）、冷热电联产（CCHP）。

（5）利用新能源　在节约能源、保护环境方面，新能源的利用起至关重要的作用。新能源通常指非常规的可再生能源，包括太阳能、地热能、风能、生物质能等。人们对各种太阳能利用方式进行了广泛的探索，逐步明确了发展方向，使太阳能初步得到一些利用，如：①作为太阳能利用中的重要项目，太阳能热发电技术较为成熟，美国、以色列、澳大利亚等国家投资兴建了一批试验性太阳能热发电站，以后可望实现太阳能热发电商业化；②随着太阳能光伏发电的发展，国外已建成不少光伏电站和"太阳屋顶"示范工程，将促进并网发电系统快速发展；③全世界已有数万台光伏水泵在各地运行；④太阳能热水器技术比较成熟，已具备相应的技术标准和规范，但仍需进一步地完善太阳能热水器的功能，并加强太阳能建筑一体化建设；⑤被动式太阳能建筑因构造简单、造价低，已经得到较广泛应用，其设计技术已相对成熟，已有可供参考的设计手册；⑥太阳能吸收式制冷技术出现较早，已应用在大型空调领域；太阳能吸附式制冷处于样机研制和实验研究阶段；⑦太阳能干燥和太阳灶已得到一定的推广应用。但从总体而言，太阳能利用的规模还不大，技术尚不完善，商品化程度也较低，仍需要继续深入广泛地研究。在利用地热能时，一方面可利用高温地热能发电或直接用于采暖供热和热水供应；另一方面可借助地源热泵和地道风系统利用低温地热能。风能发电较适用于多风海岸线山区和易引起强风的高层建筑，在英国和我国香港已有成功的工程实例，但在建筑领域，较为常见的风能利用形式是自然通风方式。

2.1.5　建筑节能的有关标准

建筑节能作为一项基本国策，其主要经济政策和主要措施应采取法律形式固定下来。当前已有多部国家和行业的建筑节能设计及检测标准规范，除此之外，很多地方也围绕建筑节能专门制定了相应的标准和规范。

《公共建筑节能设计标准》（GB 50189—2015）建立了代表我国公共建筑特点和分布特征的典型公共建筑模型数据库，在此基础上确定了该标准的节能目标；更新了围护结构热工性能限值和冷源能效限值，并按建筑分类和建筑热工分区分别做出规定；增加了围护结构权衡判断的前提条件，补充细化了权衡计算软件的要求及输入输出内容；新增了给水排水系统、电气系统和可再生能源应用的有关规定。其中规定，空调室内计算参数，一般房间冬季温度 18～20℃，夏季 25～26℃；严寒地区甲类公共建筑各单一立面窗墙面积比（包括透光幕墙）均不宜大于 0.60；其他地区甲类公共建筑各单一立面窗墙面积比（包括透光幕墙）均不宜大于 0.70。

在民用建筑节能设计方面，目前有《严寒和寒冷地区居住建筑节能设计标准》（JGJ 26—2010）、《夏热冬冷地区居住建筑节能设计标准》（JGJ 134—2010）、《夏热冬暖地区居住建筑节能设计标准》（JGJ 75—2003）。

《严寒和寒冷地区居住建筑节能设计标准》主要包括严寒和寒冷地区气候子区与室内热环境计算参数、建筑与围护结构热工设计、采暖、通风和空气调节节能设计等内容。标准中根据建筑节能的需要，确定了标准的适用范围和节能目标；采用度日数作为气候子区的分区指标，确定了建筑围护结构规定性指标的限值要求，并注意与原有标准的衔接；提出了针对不同保温构造的热桥影响的新评价指标，明确了使用适应供热体制改革需求的供热节能措施；鼓励使用可再生能源。

《夏热冬冷地区居住建筑节能设计标准》主要包括室内热环境设计计算指标、建筑和围护结构热工设计、建筑围护结构热工性能的综合判断、采暖、空调和通风节能设计等内容。该标准确定了住宅的围护结构热工性能要求和控制采暖空调指标的技术措施，建立了建筑围护结构热工性能综合判断方法，规定了采暖空调的控制和计量措施。

《夏热冬暖地区居住建筑节能设计标准》主要包括建筑节能设计计算指标、建筑和建筑热工节能设计、建筑节能设计的综合评价、暖通空调和照明节能设计等内容。标准将窗地面积比作为评价建筑节能指标的控制参数，规定了建筑外遮阳、自然通风的量化要求，增加了自然采光、空调和照明等系统的节能设计要求等。

《建筑节能工程施工质量验收规范》（GB 50411—2007）对室内温度、供热系统室外管网的水力平衡度、供热系统的补水率、室外管网的热输送效率、各风口的风量、通风与空调系统的总风量、空调机组的水流量、空调系统冷热水总流量、冷却水总流量、平均照度与照明功率密度等进行节能检测。

《公共建筑节能检测标准》（JGJ/T 177—2009）对建筑物室内平均温度、湿度、非透光外围护结构传热系数、冷水（热泵）机组实际性能系数、水系统回水温度一致性、水系统供回水温差、水泵效率、冷源系统能效系数、风机单位风量耗功率、新风量、定风量系统平衡度、热源（调度中心、热力站）室外温度等进行节能检测。

《居住建筑节能检测标准》（JGJ 132—2009）对室内平均温度、围护结构主体部位传热系数、外围护结构热桥部位内表面温度、外围护结构热工缺陷、外围护结构隔热性能、室外管网水力平衡度、补水率、室外管网热损失率、锅炉运行效率、耗电输热比等进行节能检测。

2.1.6 围护结构中的建筑保温隔热材料及其发展

在设计节能建筑的围护结构时，要选用保温隔热材料，其目的是：冬季减少热损失，以保持室内需要的温度，夏季阻止太阳的辐射热，以保证室内温度不致过高。绝大多数建筑材料的热导率在 $0.023 \sim 3.49 W/(m \cdot K)$ 之间，通常所指的保温隔热材料是指热导率小于 $0.23 W/(m \cdot K)$ 的材料。

20世纪70年代后，国外普遍重视保温材料的生产和在建筑中的应用，力求大幅度减少能源的消耗量，从而减少环境污染和温室效应。国外保温材料工业已经有很长的历史，建筑节能用保温材料占绝大多数，而新型保温材料也正在不断地涌现。

1980 年以前，我国保温材料的发展十分缓慢，但我国保温材料工业经过 30 多年的努力，特别是经过近 20 年的高速发展，不少产品从无到有，从单一到多样化，质量从低到高，已形成以膨胀珍珠岩、矿物棉、玻璃棉、泡沫塑料、耐火纤维、硅酸钙绝热制品等为主的品种比较齐全的产业。

2007年，我国进口矿质棉、膨胀矿物材料、隔热或隔声材料制品数量为12844531kg，用汇28133066美元；我国出口矿质棉、膨胀矿物材料、隔热或隔声材料制品数量为293114475kg，用汇148816708美元。

聚氨酯材料是国际上性能最好的保温材料。硬质聚氨酯具有很多优异性能，在欧洲和美国广泛用于建筑物的屋顶、墙体、天花板、地板、门窗等作为保温隔热材料。欧洲和美国的建筑保温材料中约有49%为聚氨酯材料，而在中国这一比例尚不足10%。因此，聚氨酯材料在我国的发展还有很大的空间。

我国建筑节能材料的市场较大，尤其是建筑保温材料。我国房屋住宅的能量损失大致为墙体约占50%；屋面约占10%；门窗约占25%；地下室和地面约占15%。我国建筑要大幅度提高节能率，需对建筑外墙进行全面改造，墙体保温材料的市场将会大幅度增加。

2.2 建筑保温隔热材料的基本特性

保温隔热材料是指对热流具有显著阻抗性的材料或材料复合体，也是防止建筑物及各种设备热量散失或进入的材料。

2.2.1 保温隔热材料的保温隔热机理

热的传递是通过传导、对流、辐射三种途径实现的。

传导是指静止的物体（包括固、液、气等）内部有温度差存在时，热量就在这个物体内部由高温部位向低温部位传递，这种传热现象也称为导热。热传导也存在于相对静止、相互接触的两个物体之间，依靠分子间的碰撞及压力波的作用传递热量。导热的机理是指由于物体各部分的直接接触、弹性波的作用，原子或分子的扩散以及自由电子的扩散等所引起的能量转移。其特点是物体各部分之间不发生宏观的相对位移。

对流是指物体各部位存在温差时，因各部位发生相对位移而引起的热量由高温部位向低温部位传递的现象。对流只能在液体和气体中出现。这种现象是指各部分发生相对位移而引起的能量转移，必须指出，在对流的同时流体各部分之间还存在着导热。在工程上经常遇到流体流过壁面时与壁面之间的热量传递，称为"对流传热"或称"对流换热"，这种换热是对流和导热两种方式联合作用的结果。

辐射是以热射线的形式实现热量由高温物体向低温物体的传热。因热射线属于电磁波，故传热无需中间介质，可以发生在固-固、固-液、固-气等之间。

不同的换热方式有不同的换热规律，因此，分别研究每一种规律是非常必要的。实际上，在大多数场合下，常常是一种形式伴随着另一种形式而同时出现。

通常保温隔热材料的内部具有高的孔隙率。材料中的气孔尺寸一般在3~5mm范围内。基本上可分为纤维状结构、多孔结构、粒状结构或层状结构。具有多孔结构的材料中的孔一般为封闭孔，而纤维状结构、粒状结构和层状结构的材料内部的孔通常是连通的。

2.2.1.1 多孔型保温隔热材料的隔热机理

不同物质的热传导性能有差异。组成及分子结构简单的物质热导率比较大，金属热导率较大，非金属次之，液体较小，气体更小。固体材料的热导率比空气的热导率大，因此材料的孔隙率越大，热导率就越小。因为水的热导率比密闭空气大20多倍，而冰的热导率比密闭空气大100多倍，所以材料受潮吸湿后，其热导率会增大，若受冻结冰后，则热导率会增大更多。

多孔型保温隔热材料的隔热机理可由图2.1来说明。

当热量 Q 从高温面向低温面传递时，再碰到气孔之前传递过程为固相中的导热，再碰到气孔后，一条路线仍然是通过固相传递，但其传热方向发生了变化，总的传热路线大大增加，从而使传热速度减缓；另一条路线是通过气孔内部的气体传热，其中包括高温固体表面对气体的辐射和对流传热，气体自身的对流传热，气体的导热，热气体对冷固体表面的辐射及对流传热，热固体表面和冷固体表面的辐射传热。由于在常温下对流和辐射的传热在总传热中占的比例很小，故以气孔中的气体的导热为主，但由于空气的热导率仅为 $0.029\text{W}/(\text{m}\cdot\text{K})$，远远小于固体的热导率，故热量通过气孔传递的阻力较大，从而传热速度大大减缓。这就是含有大量气孔材料能起到保温隔热作用的原因。

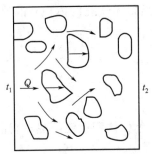

图 2.1　多孔型保温隔热材料的隔热机理

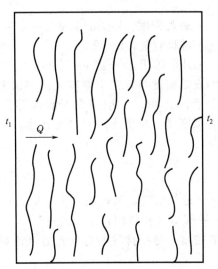

图 2.2　纤维型保温隔热材料的隔热机理

2.2.1.2　纤维型保温隔热材料的隔热机理

纤维型保温隔热材料的隔热机理与多孔材料基本类似（图 2.2），但其保温隔热性能与纤维方向有关，传热方向与纤维方向垂直时的隔热性能比传热方向与纤维方向平行时要好一些。

2.2.1.3　反射型保温隔热材料的隔热机理

反射型保温隔热材料的隔热机理可由图 2.3 来说明。

当外来的热辐射能量 I_0 投射到物体上时，通常会将其中一部分能量 I_B 反射掉，另一部分能量 I_A 被吸收（一般建筑材料都不能被热射线穿透，故透射部分忽略不计）。根据能量守恒定律，则

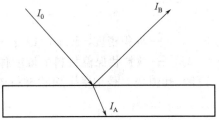

图 2.3　反射型保温隔热材料的隔热机理

$$I_A + I_B = I_0 \tag{2.1}$$

或

$$\frac{I_A}{I_0} + \frac{I_B}{I_0} = 1 \tag{2.2}$$

式中，比值 $\dfrac{I_A}{I_0}$ 代表材料对热辐射的吸收性能，用吸收率 "A" 表示；比值 $\dfrac{I_B}{I_0}$ 代表材料的热反射性能，用反射率 "B" 表示，即

$$A + B = 1 \tag{2.3}$$

由此看出，凡反射率高的材料，吸收热辐射的能力就小；反之，如果吸收能力强，则其反射率就小。故利用某些材料对热辐射的反射作用，如铝箔的反射率为 0.95，在需要保温隔热的部位贴上这种材料，可以将绝大部分外来热辐射反射掉，起到隔热作用。

2.2.2 建筑保温隔热材料的基本特性

2.2.2.1 物理性能

（1）表观密度 是指单位体积（包括内部孔隙体积）的保温隔热材料的质量。

$$\rho_0 = \frac{m}{V_0} \tag{2.4}$$

式中 ρ_0——表观密度，kg/m^3 或 g/cm^3；

m——材料质量，kg 或 g；

V_0——外形体积，m^3 或 cm^3。

材料的表观密度与其含水率有关。测试表观密度时必须注明其含水状态（绝对干燥、气干、饱和面干、湿润）。一般情况下常以气干或绝干两种状态为准。

（2）近似密度 是指排除开口气孔后，单位体积（包括封闭气孔的体积）的保温隔热材料的质量。

$$\rho_f = \frac{m}{V_0 - V_1} \tag{2.5}$$

式中 ρ_f——近似密度，又称视密度，kg/m^3 或 g/cm^3；

V_1——开口气孔体积，m^3 或 cm^3。

（3）真密度 是指排除所有气孔后（绝对密实状态），单位体积保温隔热材料的质量。

$$\rho_t = \frac{m}{V_0 - (V_1 + V_2)} \tag{2.6}$$

式中 ρ_t——真密度，kg/m^3 或 g/cm^3；

V_2——封闭气孔体积，m^3 或 cm^3。

（4）堆积密度 是指散粒状保温隔热材料在松散堆积状态下，单位体积的质量。

$$\rho_b = \frac{m}{V_s} \tag{2.7}$$

式中 ρ_b——堆积密度，kg/m^3 或 g/cm^3；

V_s——散粒状保温材料的堆积体积，m^3 或 cm^3。

（5）孔隙率 是指单个块状材料体积内，气孔体积所占的比例。

$$P = \frac{V_1 + V_2}{V_0} \times 100\% \tag{2.8}$$

式中 P——孔隙率，%。

孔隙分为开口孔（连通孔）和封闭孔，按孔隙尺寸大小可分为极微细孔、细孔和粗孔；孔隙率、孔结构、孔径及分布对材料的性能均有影响。

开口孔隙率是指开口气孔体积在整个材料体积中所占的比例。

$$P_1 = \frac{V_1}{V_0} \times 100\% \tag{2.9}$$

式中 P_1——开口孔隙率，%。

封闭孔隙率是指封闭气孔体积在整个材料体积中所占的比例。

$$P_2 = \frac{V_2}{V_0} \times 100\% \tag{2.10}$$

式中　P_2——封闭孔隙率，%。

（6）空隙率　是指散粒材料在某容器的堆积体积中，颗粒之间的空隙体积所占的比例。

$$P_s = \frac{V'_1}{V_s} \times 100\% \tag{2.11}$$

式中　P_s——空隙率，%；
　　　V'_1——空隙体积，m^3 或 cm^3；
　　　V_s——堆积体积，m^3 或 cm^3。

（7）密实度　是指整个材料体积中，实体材料所占的比例。

$$F = \frac{V_m}{V_0} \times 100\% \tag{2.12}$$

式中　F——密实度，%；
　　　V_m——$V_m = V_0 - V_1 - V_2$，实体材料所占体积，m^3 或 cm^3。

2.2.2.2　热工性能

（1）热导率　物理意义为 1h 内，材料两边表面温差为 1℃ 时，通过厚度为 1m、表面积为 $1m^2$ 的材料的热量。

$$\lambda = \frac{Q\delta}{At(\tau_2 - \tau_1)} \tag{2.13}$$

式中　Q——通过材料的热量，J；
　　　λ——材料的热导率，W/(m·K)；
　　　δ——材料的厚度，m；
　　　τ_1、τ_2——材料两边的表面温度，K；
　　　A——材料的传热面积，m^2；
　　　t——热量通过材料的时间，h。

建筑材料保温隔热性能的好坏主要决定于热导率的大小。材料的热导率受本身物质构成、孔隙率、表观密度、湿度、温度及热流方向等因素的影响。一般自身化学组成和分子结构较复杂的物质具有较小的热导率。孔隙率一定时，气孔尺寸、孔隙相互连通的程度及对流作用对热导率有影响。材料含水率的升高会大大提高热导率，因此，使用保温隔热材料时必须加防潮层。使用温度对保温隔热材料的导热性能也有较大影响，对于大多数非晶体多孔材料，热导率与温度成正比。

对于纤维保温隔热材料，一般纤维越细其热导率也越小；和纤维方向平行的热导率大于和纤维方向垂直的热导率；当表观密度较小时，其热导率随表观密度的增加而降低，然后随表观密度的增加而升高，存在一个最低热导率表观密度值。

（2）热流强度、传热系数　是指单位时间内通过单位面积的热量。

$$q = \frac{\lambda(\tau_2 - \tau_1)}{\delta} \tag{2.14}$$

式中　q——热流强度，W/m^2。

λ/δ 又称为传热系数 K，K 决定了材料在一定的表面温差下单位时间通过单位面积的热流量的大小。K 的倒数 δ/λ 则称为材料的热阻，用 R 表示（$m^2 \cdot K/W$）。式（2.14）又可改为

$$q = \frac{\tau_2 - \tau_1}{R} \tag{2.15}$$

（3）导温系数　导温系数是表示在冷却或加热过程中各点达到同样温度的速率，与材料的储热能力有关。在这种随时间而变化的不稳定传热过程中，材料各点达到同样温度的速率

与材料的热导率成正比，与材料的体积热容量成反比。体积热容量等于比热容与表观密度的乘积，物理意义是 $1m^3$ 材料升高或降温 1℃ 所吸收或放出的热量。

$$\alpha = \frac{\lambda}{c\rho_0} \tag{2.16}$$

式中　α——导温系数，m^2/h；
　　　c——材料的比热容，$kJ/(kg \cdot K)$。

(4) 比热容　比热容表示 1kg 的物质，温度升高或降低 1℃ 时所吸收或放出的热量，单位为 $kJ/(kg \cdot K)$。比热容是衡量当温度升高时，材料吸收热量性质的指标，可用下式计算。

$$c = \frac{Q}{m(t_2 - t_1)} \tag{2.17}$$

式中　Q——材料升温（降温）所吸收（放出）的热量，kJ；
　　　t_1——材料受热前（放热后）的温度，K；
　　　t_2——材料受热后（放热前）的温度，K。

(5) 蓄热系数　是衡量保温隔热材料储热能力的重要性能指标。它取决于材料的热导率、比热容、表观密度以及热流波动的周期。蓄热系数大的材料蓄热性能好，热稳定性相应也较好。

$$S = \sqrt{\frac{2\pi}{T}\lambda c \rho_0} \tag{2.18}$$

式中　S——蓄热系数，$W/(m^2 \cdot K)$；
　　　T——热流波动周期，s。

(6) 温度稳定性　材料在受热作用下保持其原有性能不变的能力。以材料不致丧失保温隔热性能的极限温度表示。

此外，吸湿性和强度也是保温隔热材料的重要性能指标。吸湿性越大，材料的保温隔热效果越差。而由于保温隔热材料一般含有大量孔隙，其强度一般不高，因此，不宜将保温隔热材料用于承受外界荷载部位。

2.2.3　影响材料热导率的主要因素

不同物质的热导率各不相同，相同物质的导热性能与多种因素有关。例如：结构、密度、湿度、温度、压力等。同一物质的含水率低、温度较低时，热导率较小。一般来说，固体的热导率比液体的大，而液体的热导率又要比气体的大。这种差异很大程度上是由于这两种状态分子间距不同所导致。

(1) 材料类型　导热材料的类型不同，热导率也不同。对于孔隙率较低的固体隔热材料，结晶结构的热导率最大，微晶体结构的热导率次之，玻璃体结构的热导率最小。但对于孔隙率高的隔热材料，由于气体（空气）对热导率的影响起主要作用，固体部分无论是晶态结构还是玻璃态结构，对热导率的影响都不大。

(2) 表观密度　表观密度是材料本身气孔率的直接反映，由于气相的热导率通常均小于固相的热导率，所以保温隔热材料往往都具有很高的气孔率，也即具有较小的容重。一般情况下，增大气孔率或减少容重都将导致热导率下降。

(3) 热流方向　热导率与热流方向的关系，仅仅存在于各向异性的材料中，即在各个方向上构造不同的材料中。纤维质材料从排列状态看，分为纤维方向与热流向垂直和纤维方向与热流向平行两种情况。传热方向和纤维方向垂直时的绝热性能比传热方向和纤维方向平行时要好一些。一般情况下，纤维保温材料的纤维排列是后者或接近后者，同样密度条件下，其热导率要比其他形态的多孔质保温材料的热导率小得多。以松木为例，当热流垂直于木纹时,热导率为 0.17W/(m·K);平行于木纹时,热导率为 0.35W/(m·K)。

(4) 含水率　一般保温绝热材料都具有多孔结构,容易吸湿。材料吸湿受潮后,其热导率增大。当含湿率为 5%~10% 时,热导率的增大在多孔材料中表现得最为明显。其原理是由于材料的孔隙中有了水分（包括水蒸气）后,孔隙中蒸汽的扩散和水分子的运动将起主要传热作用,而水的热导率比空气的热导率大 20 倍左右,故引起其有效热导率的明显升高。如果孔隙中的水结成了冰,冰的热导率更大,其结果使材料的热导率更加增大。

(5) 工作温度　温度对导热材料的导热性能有直接影响。温度提高,材料的热导率会上升。因为根据物理知识,温度升高时,材料固体分子运动会加剧简称"热运动"。材料孔隙中空气的导热和孔壁间的辐射作用也有所增加。但在温度为 0~50℃ 范围内其影响并不显著,只有对处于高温或负温下的材料,才要考虑温度的影响。

对于常用隔热材料而言,上述各项因素中以表观密度和湿度的影响最大。

2.3　建筑围护结构保温设计原理

建筑保温隔热材料是建筑围护结构实现其热工性质的物质基础。在围护结构的保温设计中,是按照冬季阴寒天气来确定室外温度参数的,并且把通过建筑围护结构的传热过程看作是在稳定条件下进行的,即是指热量在通过围护结构时,其热流量的大小和方向不随时间变化。此外,对通过围护结构的实体材料层的传热过程均按导热考虑。

2.3.1　建筑围护结构材料的热导率和传热阻

在稳定条件下,通过围护结构传递的热量与围护结构的传热面积、传热时间、两侧表面的温度差和壁面厚度等因素有关,见图 2.4。

围护结构传递的热量可按下式计算。

$$Q = \frac{\lambda(\tau_i - \tau_e)At}{\delta} \quad (2.19)$$

因此,通过热导率 λ 可得到以下表达式。

$$\lambda = \frac{Q\delta}{(\tau_i - \tau_e)At} \quad (2.20)$$

热导率与围护结构材料的保温隔热性能密切相关,热导率越小,散失的热量越少,说明围护结构阻止热量散失的能力越大,保温性能越好。因此,前面说过的传热阻 R 也可表示为

$$R = \frac{\delta}{\lambda} = \frac{(\tau_i - \tau_e)At}{Q} \quad (2.21)$$

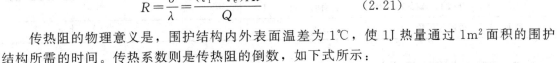

图 2.4　热量通过围护结构的传热过程

传热阻的物理意义是,围护结构内外表面温差为 1℃,使 1J 热量通过 1m² 面积的围护结构所需的时间。传热系数则是传热阻的倒数,如下式所示:

$$\lambda = K\delta$$

$$K = \frac{\lambda}{\delta} = \frac{1}{R} = \frac{Q}{(\tau_i - \tau_e)At} \quad (2.22)$$

传热系数的物理意义是,当围护结构内外表面的温差为 1℃ 时,在 1s 内通过 1m² 面积的围护结构所消耗的热量。

2.3.2　建筑围护结构材料的总热阻

当围护结构两侧的空气存在温差时,热流从温度较高的一侧通过围护结构传到较低的一

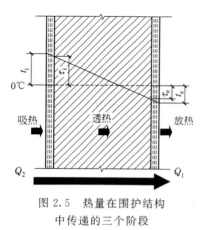

图2.5 热量在围护结构中传递的三个阶段

侧,需经历三个基本阶段(图2.5),包括:①感热阶段,即围护结构内表面从空气中吸热的过程,感热阶段受到内表面换热阻 R_i 的阻碍,而产生温度的降落 $t_i-\tau_i$;②传热阶段,即热量由围护结构内表面传到外表面的过程,传热阶段受到材料层热阻 R 的阻碍,产生温度降落 $\tau_i-\tau_e$;③散热阶段,即围护结构外表面向室外空间散失热量的过程,散热阶段受到外表面换热阻 R_e 的阻碍,产生温度降落 τ_e-t_e。

因此,围护结构的总热阻可以通过下式得到。

$$R_0=R_i+R+R_e$$
$$R_0=R_i+\sum R+R_e \qquad (2.23)$$

式中 R_0——围护结构的总热阻,$m^2 \cdot K/W$;

R_i——围护结构的内表面换热阻,$m^2 \cdot K/W$;

R——围护结构本身的热阻,$m^2 \cdot K/W$;

R_e——围护结构的外表面换热阻,$m^2 \cdot K/W$;

$\sum R$——围护结构中多层材料的总热阻,$m^2 \cdot K/W$。

《民用建筑热工设计规范》(GB 50176—1993)对内表面的换热阻及外表面的换热阻均有相关规定,见表2.1和表2.2。

表2.1 内表面换热系数 α_i 及内表面换热阻 R_i 的值

适用季节	表面特征	$\alpha_i/[W/(m^2 \cdot K)]$	$R_i/(m^2 \cdot K/W)$
冬季和夏季	墙面、地面、表面平整或有肋状突出物的顶棚 当 $h/s \leq 0.3$ 时	8.7	0.11
	有肋状突出物的顶棚 当 $h/s > 0.3$ 时	7.6	0.13

注:表中 h 表示肋高;s 表示肋间净距。

表2.2 外表面换热系数 α_e 及外表面换热阻 R_e 的值

适用季节	表面特征	$\alpha_e/[W/(m^2 \cdot K)]$	$R_e/(m^2 \cdot K/W)$
冬季	外墙、屋顶、与室外空气直接接触的表面	23.0	0.04
	与室外空气相通的不采暖地下室上面的楼板	17.0	0.06
	闷顶、外墙上有窗的不采暖地下室上面的楼板	12.0	0.08
	外墙上无窗的不采暖地下室上面的楼板	6.0	0.17
夏季	外墙和屋顶	19.0	0.05

2.3.3 围护结构的最小传热阻($R_{0,\min}$)

由以上可知,围护结构的总热阻 R_0 越大,热损失越小,围护结构的保温性能就越好。围护结构应保证其内表面温度不要过低,并且控制热损失在一定范围内。因此,围护结构应有一个最低的总热阻,即最小传热阻,用 R_0^d 表示。在稳态传热的条件下,通过围护结构任何一层的热流量都是相同的。在图2.5中,根据内表面的换热量与通过围护结构的热流量相同的关系,对于整个围护结构有热流量 Q_1 通过,对于内表面空气层有热流量 Q_2 通过,即因为

$$Q_1 = Q_2$$

$$Q_1 = At \frac{t_i - t_e}{R_0}$$

$$Q_2 = At \frac{t_i - t_i}{R_i}$$

所以

$$R_0 = \frac{t_i - t_e}{t_i - \tau_i} R_i$$

$$\Delta t = t_i - \tau_i \tag{2.24}$$

$$R_0 = \frac{t_i - t_e}{\Delta t} R_i$$

《民用建筑热工设计规范》(GB 50176—1993) 规定，设置集中采暖的建筑物，其围护结构的传热阻应根据技术经济比较进行确定，且应符合国家有关节能标准的要求，其最小传热阻应按下式计算确定。

$$R_{0,\min} = \frac{(t_i - t_e) n}{\Delta t} R_i \tag{2.25}$$

式中 $R_{0,\min}$——围护结构最小传热阻，$m^2 \cdot K/W$；

t_i——冬季室内计算温度，一般居住建筑取 18℃，高级居住建筑以及医疗、托幼建筑取 20℃；

t_e——围护结构冬季室外计算温度，℃，应按表 2.3 确定；

n——温差修正系数，应按表 2.4 采用；

R_i——围护结构内表面换热阻，$m^2 \cdot K/W$，应按表 2.1 采用；

Δt——室内空气与围护结构内表面之间的允许温差，℃，应按表 2.5 采用。

此外，当医院、幼儿园、办公楼、学校和门诊部等建筑物的外墙为轻质材料或内侧为复合轻质材料时，外墙的最小传热阻应在按式(2.25)计算结果的基础上进行附加，其附加值应按表 2.6 的规定采用。

表 2.3　围护结构冬季室外计算温度 t_e　　　　　　　　　　　　　单位：℃

类　型	热惰性指标 D 值	t_e 的取值
Ⅰ	>6.0	$t_e = t_w$
Ⅱ	4.1～6.0	$t_e = 0.6 t_w + 0.4 t_{e,\min}$
Ⅲ	1.6～4.0	$t_e = 0.3 t_w + 0.7 t_{e,\min}$
Ⅳ	<1.5	$t_e = t_{e,\min}$

表 2.3 中的 t_w 和 $t_{e,\min}$ 值分别为采暖室外计算温度及累年最低日平均温度。另外，全国主要城市四种类型围护结构冬季室外计算温度 t_e 值，可按附表 2.1 直接采用。

表 2.4　温差修正系数 n 值

围护结构及其所处情况	温差修正系数 n 值
外墙、平屋顶及与室外空气直接接触的楼板等	1.00
带通风间层的平屋顶、坡屋顶的顶棚及与室外空气相通的不采暖地下室上面的楼板等	0.90
与有外门窗的不采暖楼梯间相邻的隔墙	
1～6 层建筑	0.60
7～30 层建筑	0.50

续表

围护结构及其所处情况	温差修正系数 n 值
不采暖地下室上面的楼板 　外墙上有窗户时 　外墙上无窗户且位于室外地坪以上时 　外墙上无窗户且位于室外地坪以下时	0.75 0.60 0.40
与有外门窗的不采暖房间相邻的隔墙 与无外门窗的不采暖房间相邻的隔墙	0.70 0.40
伸缩缝、沉降缝墙 抗震缝墙	0.30 0.70

表 2.5　室内空气与围护结构内表面之间的允许温差（Δt）　　　　单位：℃

建筑物和房间类型	外墙	平屋顶和坡屋顶顶棚
居住建筑、医院和幼儿园等	6.0	4.0
办公楼、学校和门诊部等	6.0	4.5
礼堂、食堂和体育馆等	7.0	5.5
室内空气潮湿的公共建筑： 　不允许外墙和顶棚内表面结露时 　允许外墙内表面结露，但不允许顶棚内表面结露时	$t_i - t_d$ 7.0	$0.8(t_i - t_d)$ $0.9(t_i - t_d)$

表 2.6　轻质外墙最小传热阻的附加值　　　　单位：%

外墙材料与构造	当建筑物处在连续供热热网中时	当建筑物处在间隙供热热网中时
密度为 800~1200kg/m³ 的轻骨料混凝土单一材料墙体	15~20	30~40
密度为 500~800kg/m³ 的轻混凝土单一材料墙体；外侧为砖或混凝土、内侧为复合轻混凝土的墙体	20~30	40~60
平均密度小于 500kg/m³ 的轻质复合墙体；外侧为砖或混凝土、内侧为复合轻质材料（如岩棉、矿棉、石膏板等）墙体	30~40	60~80

综上，围护结构的保温设计步骤可归纳为：

① 确定室内外计算温度 t_i、t_e、Δt 和 R_i；
② 确定温差修正系数 n；
③ 求出围护结构的最小传热阻 $R_{0,\min}$；
④ 综合分析技术经济的各项因素，确定构造方案，选用保温材料和确定保温层厚度，保证围护结构实有总热阻 $R \geqslant R_{0,\min}$。

同时，为了提高围护结构热阻值，《民用建筑热工设计规范》（GB 50176—1993）建议可采取下列措施：①采用轻质高效保温材料与砖、混凝土或钢筋混凝土等材料组成的复合结构；②采用密度为 500~800kg/m³ 的轻混凝土和密度为 800~1200kg/m³ 的轻骨料混凝土作为单一材料墙体；③采用多孔黏土空心砖或多排孔轻骨料混凝土空心砌块墙体；④采用封闭空气间层或带有铝箔的空气间层。

2.3.4　保温层厚度的计算

当构造方案和保温材料确定后，应根据下式计算保温层应有的厚度。

$$\delta_b = \lambda_b (R_{0,\min} - R_0') \tag{2.26}$$

式中　δ_b——保温材料的厚度，m；
　　　λ_b——保温材料的热导率，W/(m·K)，各种常见建筑材料的热导率及其他热工指标见附表2.2；
　　　R_0'——围护结构中除去保温层以外的总热阻，m²·K/W。

在围护结构的热工计算中，都是按照稳态传热来考虑的，室外温度取的是固定值。但实际上，冬季室外气温并非固定不变。当室外实际温度低于计算温度时，围护结构本身的热惰性应发挥作用，不致引起围护结构内表面温度产生较大的降低而出现结露。一般来说，对于热惰性大的围护结构，其室外计算温度可适当定得高些。

围护结构的热惰性是指对外界温度的抵抗能力。围护结构受到周期波动的热作用时，温度波动自结构表面逐渐影响到深部，在传播过程中，温度波动将逐渐衰减直至另一侧表面。根据温度波动的程度，可以说明围护结构热惰性的大小。在同样室外波动热作用下，围护结构的热惰性越大，则其内表面的温度波动越小。热惰性与材料的蓄热系数 S 和材料层的热阻 R 成正比。蓄热系数 S 可理解为材料层表面对谐波热作用敏感程度的一个特性指标，各种建筑材料的蓄热系数参见附表2.2。在建筑热工中，把 R 与 S 的乘积作为衡量围护结构热惰性的指标，用 D 表示，D 是表征围护结构反抗温度波动和热流波动能力的无量纲量。

单一材料围护结构或单一材料层的 D 值按下式计算。

$$D = RS \tag{2.27}$$

式中　R——材料层的热阻，m²·K/W；
　　　S——材料的蓄热系数，W/(m²·K)。

多层围护结构的 D 值按下式计算。

$$D = D_1 + D_2 + \cdots + D_n = R_1 S_1 + R_2 S_2 + \cdots + R_n S_n \tag{2.28}$$

式中　$R_1, R_2 \cdots R_n$——各层材料的热阻，m²·K/W；
　　　$S_1, S_2 \cdots S_n$——各层材料的蓄热系数，W/(m²·K)，空气间层的蓄热系数 $S=0$。

如某层由两种以上材料组成，则应先按下式计算该层的平均热导率。

$$\bar{\lambda} = \frac{\lambda_1 A_1 + \lambda_2 A_2 + \cdots + \lambda_n A_n}{A_1 + A_2 + \cdots + A_n} \tag{2.29}$$

然后按下式计算该层的平均热阻。

$$\bar{R} = \frac{\delta}{\bar{\lambda}} \tag{2.30}$$

该层的平均蓄热系数按下式计算。

$$\bar{S} = \frac{S_1 A_1 + S_2 A_2 + \cdots + S_n A_n}{A_1 + A_2 + \cdots + A_n} \tag{2.31}$$

式中　$A_1, A_2 \cdots A_n$——在该层中按平行于热流划分的各个传热面积，m²；
　　　$\lambda_1, \lambda_2 \cdots \lambda_n$——各个传热面积上材料的热导率，W/(m·K)；
　　　$S_1, S_2 \cdots S_n$——各个传热面积上材料的蓄热系数，W/(m²·K)。

则该层的热惰性指标 D 值应按下式计算。

$$D = \bar{R}\bar{S} \tag{2.32}$$

在《民用建筑热工设计规范》（GB 50176—1993）中，根据热惰性的大小，围护结构分为四种类型，$D > 6.0$ 的为 Ⅰ 型；$D = 4.1 \sim 6.0$ 的为 Ⅱ 型；$D = 1.6 \sim 4.0$ 的为 Ⅲ 型，$D < 1.5$ 的为 Ⅳ 型。

热惰性指标的不同会影响到室外计算温度 t_e 的取值（表2.3）。

2.3.5　围护结构的保温性能计算例题

【例】北京地区欲建一个普通民用住宅，双面抹灰240mm黏土砖墙（石灰砂浆层均为

10mm），试求该外墙的低限热阻并校核该外墙能否满足保温隔热性能要求。

【解】

（1）确定 t_i 和 t_e

因为是一般居住建筑，t_i 取 18℃。

（2）确定热惰性指标 D

查附表 2.2 可知：$\lambda_{砂}=0.81\text{W}/(\text{m}\cdot\text{K})$；$S_{砂}=10.07\text{W}/(\text{m}^2\cdot\text{K})$；$\lambda_{砖}=\text{W}/(\text{m}\cdot\text{K})$；$S_{砖}=10.63\text{W}/(\text{m}^2\cdot\text{K})$。

因为
$$R=\frac{\delta}{\lambda}$$

所以
$$R_{砂}=\frac{0.02}{0.81}=0.025(\text{m}^2\cdot\text{K}/\text{W})$$

$$R_{砖}=\frac{0.24}{0.81}=0.296(\text{m}^2\cdot\text{K}/\text{W})$$

因为
$$D=RS$$

所以
$$D_{砂}=0.025\times10.07=0.25$$
$$D_{砖}=0.296\times10.63=3.15$$

所以
$$D_{总}=D_{砂}+D_{砖}=3.40$$

所以，该围护结构属于Ⅲ型。

（3）确定 t_e

因为围护结构属于Ⅲ型且在北京地区，查附表 2.1 可知：$t_e=-14℃$。

（4）确定 Δt 和 R_i

查表 2.5，可得：$\Delta t=6.0℃$。查表 2.1，可得：$R_i=0.11\text{m}^2\cdot\text{K}/\text{W}$。

（5）确定温差修正系数 n

查表 2.4，可得：$n=1.0$。

（6）计算围护结构的最小传热阻 $R_{0,\min}$

因为
$$R_{0,\min}=\frac{(t_i-t_e)n}{\Delta t}R_i$$

所以
$$R_{0,\min}=\frac{(18+14)\times1.0}{6}\times0.11=0.59(\text{m}^2\cdot\text{K}/\text{W})$$

（7）计算该外墙的总热阻

查表 2.2，可得：$R_e=0.04\text{m}^2\cdot\text{K}/\text{W}$。

因为
$$R_0=R_i+\sum R+R_e$$

所以 $R_0=R_i+R_{砂}+R_{砖}+R_e=0.11+0.025+0.296+0.04=0.47(\text{m}^2\cdot\text{K}/\text{W})$

因为 $R_0<R_{0,\min}$，该外墙热阻小于低限热阻，所以不满足保温隔热性能要求。

2.4 无机保温隔热材料

绝大多数建筑材料的热导率在 $0.023\sim3.49\text{W}/(\text{m}\cdot\text{K})$ 之间，通常所指的保温隔热材料是指热导率小于 $0.23\text{W}/(\text{m}\cdot\text{K})$ 的材料。

一般来说，建筑保温隔热材料按材质可分为无机保温材料（包括石棉、岩棉、矿渣棉、玻璃棉、膨胀珍珠岩、膨胀蛭石、多孔混凝土等）和有机保温材料（包括软木、纤维板、刨花板、聚苯乙烯泡沫塑料、脲醛泡沫塑料、聚氨酯泡沫塑料、聚氯乙烯泡沫塑料等）。

按保温隔热材料的物理形态可分为纤维状保温材料、散粒状保温材料及多孔保温材料；

按机械强度可分为硬质制品、半硬质制品、软质制品；按应用方式可分为填充物、玛琋酯、包覆物、衬砌物、预制品等。具体产品形式包括板、毯、棉、纸、毡、异型件、纺织品等。不同类型的隔热材料的物理特性（机械加工性、耐磨性、耐压性等）有所差异。所选保温隔热材料的形态和物理特性必须符合使用环境要求。

按使用温度可分为：低温保温隔热材料，使用温度低于250℃；中温保温隔热材料，使用温度为250～700℃；高温保温隔热材料，使用温度在700℃以上。选择低温保温隔热材料时，一般选择分类温度低于长期使用温度10～30℃的材料；选择中温保温隔热材料和高温保温隔热材料时，一般选择分类温度高于长期使用温度100～150℃的材料。

2.4.1 散粒状保温隔热材料

2.4.1.1 膨胀蛭石

蛭石，一般认为是由金云母或黑云母变质而成，是一种复杂的镁、铁含水硅酸盐矿物，具有层状结构，层间有结晶水。

将天然蛭石经晾干、破碎、筛选、煅烧后而得到膨胀蛭石（图2.6）。蛭石在850～1000℃煅烧时，其内部结晶水变成气体，可使单片体积膨胀20～30倍，蛭石总体积膨胀5～7倍。膨胀后的蛭石薄片间形成空气夹层，其中充满无数细小孔隙，表观密度降至80～200kg/m³，$k=0.047$～0.07W/(m·K)，最高使用温度1000～1100℃，是一种良好的无机保温材料，既可直接作为松散

图2.6　膨胀蛭石

填料用于建筑，也可用水泥、水玻璃、沥青、树脂等作胶结材料，制成膨胀蛭石制品。膨胀蛭石的物理性能指标见表2.7。

表2.7　膨胀蛭石的物理性能指标　[《膨胀蛭石》（JC 441—2009）]

项　目		优等品	一等品	合格品
密度/(kg/m³)	≤	100	200	300
热导率(平均温度25℃±5℃)/[W/(m·K)]	≤	0.062	0.078	0.095
含水率/%	≤	3	3	3

（1）水泥膨胀蛭石制品　水泥膨胀蛭石制品（简称水泥蛭石制品）是膨胀蛭石制品中用途较为广泛的一种。它是以膨胀蛭石为主体材料，用不同品种和标号的水泥为胶结材料，加入适量的水，搅拌均匀压制成型，在一定条件下养护而成的。它作为保温、隔热、隔声和吸声材料，广泛地应用于工业和民用建筑中，用于热工设备和各种工业管道上。

根据需要，水泥膨胀蛭石制品可以制成砖、板、管壳以及其他异型制品。制品的规格尺寸，可根据设计要求确定。一般情况下，砖、板制品的厚度可制成40～100mm，长度或宽度可在500mm左右，管壳制品的直径可在300～500mm范围，厚度为40～90mm。

（2）水玻璃膨胀蛭石制品　水玻璃膨胀蛭石制品（简称水玻璃蛭石制品），是以膨胀蛭石为主体材料，以水玻璃（硅酸钠）为胶结材料，以氟硅酸钠为促凝剂，按一定配合比拌和均匀，加压成型后干燥、焙烧而成。它可以根据需要，制成各种不同规格的制品，用于建筑中围护结构材料，以及热工冷藏设备和各种工业中各种管道高温窑炉的保温绝热吸声材料，其性能的优劣与水玻璃的用量、水玻璃溶液的密度、膨胀蛭石的颗料级配、氟硅酸钠的掺时以及制作方法、养护条件等均有关系。

2.4.1.2 膨胀珍珠岩

图 2.7　膨胀珍珠岩

膨胀珍珠岩（图 2.7），是一种火山玻璃质岩，由地下喷出的熔岩在地表水中急冷而成。显微镜下观察基质部分，有明显的圆弧裂开，构成珍珠结构，并有波纹构造，具有珍珠和油脂光泽，故称珍珠岩。将珍珠岩原矿破碎、筛分后快速通过煅烧带，可使其体积膨胀 20 倍。膨胀珍珠岩是一种表观密度很小的白色颗粒物质，具有轻质、绝热、吸声、无毒、无味、不燃、熔点高于 1050℃ 等特点，在建筑保温隔热工程中广泛应用。根据《膨胀珍珠岩》（JC/T 209—2012）的规定，膨胀珍珠岩的主要物理指标以及堆积密度均匀性应符合表 2.8 和表 2.9 的规定。

表 2.8　膨胀珍珠岩的堆积密度、质量含湿率、粒度和热导率

标号	堆积密度 /(kg/m³)	质量含湿率 /%	粒度		热导率(平均温度 298K±2K) /[W/(m·K)]	
			4.75mm 筛孔筛余量 /%	0.150mm 筛孔通过量 /%		
				优等品　合格品	优等品	合格品
70 号	≤70				≤0.047	≤0.049
100 号	>70~100				≤0.052	≤0.054
150 号	>100~150	≤2.0	≤2.0	≤2.0　　≤5.0	≤0.058	≤0.060
200 号	>150~200				≤0.064	≤0.066
250 号	>200~250				≤0.070	≤0.072

表 2.9　膨胀珍珠岩的堆积密度均匀性

等　级	堆积密度均匀性
优等品	≤10%
合格品	≤15%

与膨胀蛭石类似，膨胀珍珠岩也可以通过添加胶结材料制备成不同类型的绝热制品。根据《膨胀珍珠岩绝热制品》（GB/T 10303—2015）的规定，膨胀珍珠岩绝热制品的主要物理性质应符合表 2.10 的规定。

表 2.10　膨胀珍珠岩绝热制品的主要物理性质

项　目		指　标	
		200 号	250 号
密度/(kg/m³)		≤200	≤250
热导率/[W/(m·K)]	25℃±2℃	≤0.065	≤0.070
	350℃±5℃①	≤0.11	≤0.12
抗压强度/MPa		≥0.35	≥0.45
抗折强度/MPa		≥0.20	≥0.25
质量含水率/%		≤4	

① S 类产品要求此项。

(1) 水泥膨胀珍珠岩制品 以水泥为胶结材料，膨胀珍珠岩粉为骨料，按一定配合比配合、搅拌、筛分、成型、养护而成。具有表观密度小、热导率低、承压能力较高、施工方便、经济耐用等特点，主要用于围护结构、管道等需要保温隔热的地方。

(2) 水玻璃膨胀珍珠岩制品 是将膨胀珍珠岩、水玻璃及其他配料，按一定配合比，经混合、搅拌、成型、干燥、焙烧（650℃）而成的一种保温绝热制品。为保证制品密度小，热导率低，膨胀珍珠岩的密度应不大于$120kg/m^3$。用水玻璃作胶结材料制作膨胀珍珠岩制品时，除了要选择适当的浓度，使其有较强的黏结能力外，还必须有适量的用量，让水玻璃把膨胀珍珠岩的所有颗粒表面都包裹起来。

(3) 磷酸盐膨胀珍珠岩制品 是以膨胀珍珠岩为骨料，以磷铝酸溶液和少量的硫酸铝溶液、纸浆废液作胶黏剂，经过配料、搅拌、成型、焙烧而成。成型方法采用容量法，一次将混合材料加足，手工轻压平，然后用机械或手工加压成型，成型压比采用1.5~2。半成品脱模后，经过50~100℃烘干，外形检验合格后进行焙烧。在小型隧道窑或倒焰窑内焙烧最好，烧制温度在500℃左右。磷酸盐膨胀珍珠岩制品具有较高的耐火度、表观密度小（200~500kg/m^3）、强度高（0.6~1.0MPa）、绝缘性较好等特点，适用于温度要求较高的保温隔热环境。

(4) 沥青膨胀珍珠岩制品 是以膨胀珍珠岩为骨料，加入热沥青或乳化沥青，经适当搅拌、装模、压制加工而成，具有防水性好的特点。常见性能指标：表观密度为200~300kg/m^3，λ为0.07~0.093W/(m·K)，抗压强度为0.2~1.2MPa。常用于屋面保温、冷库保温及地下热水管道。

2.4.1.3 发泡黏土

某些黏土被加热到一定温度，会产生一定数量的液相，同时产生气体，由于气体受热膨胀，黏土颗粒体积胀大数倍，冷却后可得发泡黏土。它的热导率小、重量轻、吸水率低，广泛用于绝热保冷建筑以及植物的栽培。

2.4.1.4 硅藻土

一种硅质生物沉积岩，即一种硅藻遗体沉积物。物质组分主要是硅藻，其矿物成分为一种有机成因的蛋白石。硅藻中的SiO_2不是纯的含水二氧化硅，而是含有与其紧密伴生的其他组分的一种独特类型的二氧化硅，称为硅藻二氧化硅。

硅藻土具有特殊的结构和化学稳定性，密度低，吸附能力高，比表面积大，磨蚀性较低。工业用途有：过滤剂、填充剂、隔热材料、农药、催化剂载体、色谱固定剂、抛光剂、磨料增光剂等。

2.4.2 纤维状保温隔热材料

纤维状保温隔热材料在整个保温隔热应用领域内占有重要地位，其重要代表包括石棉、岩棉、各种矿渣棉、玻璃纤维等。

2.4.2.1 石棉

石棉是指具有高抗张强度、高挠性、耐化学和热侵蚀、电绝缘和具有可纺性的一大类天然的纤维状的硅酸盐类矿物质的总称。可分为蛇纹石石棉和角闪石石棉两类。蛇纹石石棉又称温石棉，它是石棉中产量最多的一种，具有较好的可纺性能。角闪石石棉又可分为蓝石棉、透闪石石棉、阳起石石棉等，产量比蛇纹石石棉少。石棉由纤维束组成，而纤维束又由很长很细的能相互分离的纤维组成。石棉是重要的防火、绝缘和保温材料。

人类对石棉的使用已被证明上溯到古埃及，当时，石棉被用来制作法老们的裹尸布。中国周代已能用石棉纤维制作织物，因沾污后经火烧即洁白如新，故有火浣布或火烷布之称。

温石棉白色纤维长度一般为1~20cm，最长可达2m，具有良好的绝热保温和电绝缘性能，耐碱不耐酸。松散石棉的表观密度约为103kg/m³，热导率为0.049W/(m·K)。

根据国家标准《温石棉》(GB/T 8071—2008)的规定，温石棉的质量应符合表2.11和表2.12的规定。

表2.11 1~6级机选温石棉质量要求

级别	产品代号	干式分级(质量分数)/%				松解棉含量(质量分数)/%	+1.18mm纤维含量(质量分数)/%	-0.075mm细粉量(质量分数)/%	纤维系数	砂粒含量(质量分数)/%	夹杂物含量(质量分数)/%
		+12.5mm	+4.75mm	+1.4mm	-1.40mm						
		≥			≤	≥	≥	≤	≥	≤	≤
1	1-70	70	93	97	3		50	40	—	0.3	0.04
	1-60	60	88	96	4		47	44			
	1-50	50	85	95	5		43	46			
2	2-40	40	82	94	6		37	50			
	2-30	30	82	93	7		32	54			
	2-20	20	75	91	9		28	58			
3	3-80	—	80	93	7	50	10	38	1.3	0.3	0.04
	3-70		70	91	9			40	1.2		
	3-60		60	89	11			42	1.1		
	3-50		50	87	13		9	43	1.0		
	3-40		40	84	16			44	0.9		
4	4-30	—	30	83	17	45	8	46	0.7	0.4	0.03
	4-20		20	82	18		7	49	0.6		
	4-15		15	80	20		6	52	0.5		
	4-10		10	80	20		6	52	0.5		
5	5-80			80	20	40	4	54	0.40	0.5	0.02
	5-70			70	30		3	56	0.35		
	5-60			60	40		1.5	58	0.30		
	5-50			50	50		1	60	0.25		
6	6-40			40	60	35		66		2.0	
	6-30			30	70		—	68			
	6-20			20	80			70			

表2.12 7级机选温石棉质量要求

级别	产品代号	松散密度/(kg/m³)	-0.045mm细粉含量(质量分数)/% ≤	砂粒含量(质量分数)/% ≤
7	7-250	250	50	0.05
	7-350	350	50	0.1
	7-450	450	60	0.3
	7-550	550	70	0.5

目前我国与石棉建筑制品有关的标准包括：《纤维水泥平板 第二部分：温石棉纤维水泥平板》(JC/T 412.2—2006)、《纤维增强硅酸钙板 第二部分：温石棉硅酸钙板》(JC/T

564.2—2008)、《石棉橡胶板》(GB/T 3985—2008)、《钢丝网石棉水泥中波瓦》[JC 447—1991(1996)]。

但是，由于石棉纤维能引起石棉肺、胸膜间皮瘤等疾病，许多国家选择了全面禁止使用这种危险性物质。

2.4.2.2 岩棉

属于矿物棉，是由玄武岩、火山岩等或其他镁质矿物在1450℃以上高温炉中熔化后，用压缩空气喷吹法或离心法制成，同时喷入一定量黏结剂、防尘油、憎水剂后经集棉机收集，通过摆锤法工艺，加上三维法铺棉后进行固化、切割，形成不同规格和用途的岩棉产品。岩棉使用温度不超过700℃。

各种岩棉纤维制品包括：纤维带、纤维毡、纤维纸、纤维板和纤维筒。岩棉还可制成粒状棉用作填充料，也可与沥青、合成树脂、水玻璃等胶结材料配合制成多种保温隔热制品，如沥青岩棉毡、板、水玻璃岩棉板壳等。

目前我国与岩棉建筑制品有关的标准包括：《建筑外墙外保温用岩棉制品》(GB/T 25975—2010)、《建筑用岩棉绝热制品》(GB/T 19686—2015)。

2.4.2.3 矿渣棉

矿渣棉是矿物棉的一种，是由钢铁高炉矿渣制成的短纤维。常用的原料有铁、磷、镍、铅、铬、铜、锰、锌、钛等矿渣，熔融后，用高速离心法或压缩空气喷吹法可制成一种棉丝状的纤维材料。矿渣棉质轻、热导率低、不燃、防蛀、价廉、耐腐蚀、化学稳定性强、吸声性能好，可用于建筑物的填充绝热、吸声、隔声，制氧机和冷库保冷及各种热力设备填充隔热等。根据2010年行业协会统计，国内岩矿棉产量为121万吨，目前产额与市场仍以中小企业为主，未来发展前景较好。

矿渣棉直接用作保温隔热材料时，会给施工和使用带来困难，如对人体有刺痒皮肤等缺点。因而通常添加适量黏结剂并经固化定型，制成板、毡、管壳等矿渣棉制品。

根据国家标准《绝热用岩棉、矿渣棉及其制品》(GB/T 11835—2007)的规定，岩棉、矿渣棉的物理性能指标应符合表2.13的规定；岩棉板、矿渣棉板的物理性能指标应符合表2.14的规定。

表2.13 岩棉、矿渣棉的物理性能指标

性 能		指 标
密度/(kg/m³)	≤	150
热导率(平均温度70^{+5}_{0}℃,试验密度150kg/m³)/[W/(m·K)]	≤	0.044
热荷重收缩温度/℃	≥	650

注：密度是指表观密度，压缩包装密度不适用。

表2.14 岩棉板、矿渣棉板的物理性能指标

密度/(kg/m³)	密度允许偏差/%		热导率(平均温度70^{+5}_{0}℃)/[W/(m·K)]	有机物含量/%	燃烧性能	热荷重收缩温度/℃
	平均值与标称值	单值与平均值				
40～80	±15	±15	≤0.044	≤4.0	不燃材料	≥500
81～100						
101～160			≤0.043			≥600
161～300			≤0.044			

注：其他密度产品，其指标由供需双方商定。

2.4.2.4 玻璃纤维

玻璃纤维一般分为长纤维和短纤维，是以玻璃球或废旧玻璃为原料，经高温熔制、拉

丝、络纱、织布等工艺制造成的，其单丝的直径为几微米到二十几微米。长纤维一般是将玻璃原料熔化后用滚筒拉制；短纤维一般由喷吹法或离心法制得。玻璃纤维的优点是绝缘性好、耐热性强、抗腐蚀性好、机械强度高，但缺点是性脆，耐磨性较差。每束纤维原丝都由数百根甚至上千根单丝组成。

玻璃纤维制品的热导率主要取决于表观密度、温度和纤维的直径。玻璃纤维制品的表观密度在 $100\sim150kg/m^3$ 之间。表现密度低的玻璃纤维制品热导率反而略高。玻璃纤维制品的纤维直径对其热导率有较大影响。

一般认为，玻璃纤维制品的热导率与平均使用温度呈线性关系。玻璃纤维制品的最高使用温度：一般有碱纤维为350℃，无碱纤维为600 ℃。玻璃纤维在 −50℃ 的低温下长期使用性能稳定，故常被用作保冷材料。

根据国家标准《建筑绝热用玻璃棉制品》（GB/T 17795—2008）的规定，玻璃棉制品的物理性能指标应符合表 2.15 的规定。

表 2.15　玻璃棉制品的物理性能指标

产品名称	常用厚度 /mm	热导率 [试验平均温度25℃±5℃] /[W/(m·K)] ≤	热阻 R [试验平均温度25℃±5℃] /(m²·K/W) ≥	密度及允许偏差 /(kg/m³)	
毡	50 75 100	0.050	0.95 1.43 1.90	10 12	不允许负偏差
	50 75 100	0.045	1.06 1.58 2.11	14 16	不允许负偏差
	25 40 50	0.043	0.55 0.88 1.10	20 24	不允许负偏差
	25 40 50	0.040	0.59 0.95 1.19	32	+3 −2
	25 40 50	0.037	0.64 1.03 1.28	40	±4
	25 40 50	0.034	0.70 1.12 1.40	48	±4
板	25 40 50	0.043	0.55 0.88 1.10	24	±2
	25 40 50	0.040	0.59 0.95 1.19	32	+3 −2
	25 40 50	0.037	0.64 1.03 1.28	40	±4
	25 40 50	0.034	0.70 1.12 1.40	48	±4
	25	0.033	0.72	64 80 96	±6

注：表中的热导率及热阻的要求是针对制品，而密度是指去除外覆层的制品。

玻璃纤维通常用作复合材料中的增强材料,电绝缘材料和绝热保温材料,电路基板等。以玻璃纤维为主要原料的保温隔热制品主要有:沥青玻璃棉毡和酚醛玻璃棉板,以及各种玻璃毡、玻璃毯等。通常用于房屋建筑屋面和墙体保温层。

2.4.2.5 陶瓷纤维

又名硅酸铝纤维,采用氧化硅、氧化铝为原料,经高温熔融、喷吹制成,纤维直径为 $2\sim4\mu m$,表观密度为 $140\sim190 kg/m^3$,热导率为 $0.044\sim0.049 W/(m\cdot K)$,最高使用温度为 $1100\sim1350℃$。因其主要成分之一是氧化铝,而氧化铝又是瓷器的主要成分,所以被称为陶瓷纤维。添加氧化锆或氧化铬,可以使陶瓷纤维的使用温度进一步提高。

陶瓷纤维可被制成毡、毯、纸、绳,用于电力、石油、冶金、化工、陶瓷等工业窑炉的高温绝热密闭。

目前与陶瓷纤维制品有关的标准为《耐火材料陶瓷纤维及制品》(GB/T 3003—2006)。

2.4.3 多孔状保温隔热材料

2.4.3.1 轻骨料混凝土

轻骨料混凝土是以多孔颗粒为骨料的混凝土。它具有重量轻、保温性能好的特点,既可用于保温,也可用于减轻重量。用于拌制具有轻骨料混凝土的水泥有硅酸盐水泥、矾土水泥和纯铝酸盐水泥等。所用轻质骨料有膨胀珍珠岩、膨胀蛭石、陶粒等。《轻骨料混凝土结构技术规程》(JGJ 12—2006)对轻骨料混凝土的种类和用途划分规定见表 2.16。

表 2.16 轻骨料混凝土的种类和用途

种类名称	强度等级合理范围	混凝土密度的合理范围/(kg/m³)	用 途
保温用轻骨料混凝土	≤C5	<800	主要用于保温的维护结构或热工构筑物
结构保温用轻骨料混凝土	C5、C7.5、C10、C15	<1400	主要用于不配筋或配筋的围护结构
结构用轻骨料混凝土	C15、C20、C25、C30、C40、C50	<1900	主要用于承重的配筋构件、预应力构件或构筑物

由于轻骨料种类较多,所以混凝土一般以轻骨料的种类命名。例如,粉煤灰陶粒混凝土、黏土陶粒混凝土、页岩陶粒混凝土。当轻骨料混凝土密度为 $1000 kg/m^3$ 时,热导率为 $0.2 W/(m\cdot K)$;当密度为 $1400 kg/m^3$ 和 $1800 kg/m^3$ 时,相应的热导率为 $0.42 W/(m\cdot K)$ 和 $0.75 W/(m\cdot K)$。轻骨料混凝土目前尚无像普通混凝土那样的强度计算公式。现在只有参考普通配合比设计,考虑轻骨料的某些特点,由实验试配来确定。

水泥标号应与混凝土标号相适应(C25 以下的混凝土宜选用标号为 32.5MPa 水泥;C30 以上者,水泥标号最好不低于 32.5MPa),还应根据混凝土强度等级和密度选用轻骨料。为了保证轻骨料混凝土耐久性和防止密度过大及其他不利影响,水泥用量最少不得低于 $200 kg/m^3$,最多不得超过 $550 kg/m^3$。

2.4.3.2 多孔混凝土

具有大量均匀分布、直径小于 2mm 的封闭气孔的轻质混凝土称为多孔混凝土。多孔混凝土主要有泡沫混凝土和加气混凝土。

泡沫混凝土是用水泥或加入混合材料与水制成的浆,再与以泡沫剂制成的泡沫拌和后硬化而成的多孔轻质材料。其中气孔体积可达 85%,密度为 $300\sim500 kg/m^3$。自然养护强度较低,蒸养可以提高强度,若再掺一些工业废料如粉煤灰、炉渣、矿渣等,还可以节省水泥。目前常用的泡沫剂有松香泡沫剂、高分子复合泡沫剂、动物蛋白泡沫剂。《泡沫混凝土应用技术规程》(JGJT 341—2014)对硬化泡沫混凝土的性能规定见表2.17。

表2.17 硬化泡沫混凝土的性能

项　目	技术要求	试验方法
干密度	应符合本规程第3.1.1条的规定	现行行业标准《泡沫混凝土》(JG/T 266)
抗压强度	应符合本规程第3.1.2条的规定	现行行业标准《泡沫混凝土》(JG/T 266)
热导率(平均温度25℃±2℃)	应符合本规程第3.1.3条的规定	现行国家标准《绝热材料稳态热阻及有关特性的测定　防护热板法》(GB/T 10294)或现行国家标准《绝热材料稳态热阻及有关特性的测定　热流计法》(GB/T 10295)
干燥收缩值/(mm/m)	≤1	现行国家标准《蒸压加气混凝土性能试验方法》(GB/T 11969)
吸水率	应符合现行行业标准《泡沫混凝土》(JG/T 266)的规定	现行行业标准《泡沫混凝土》(JG/T 266)
线膨胀系数/℃$^{-1}$	8×10^{-6}	现行国家标准《蒸压加气混凝土性能试验方法》(GB/T 11969)
抗冻性	应符合本规程第3.1.4条的规定	现行行业标准《泡沫混凝土应用技术规程》(JGJ/T 341)
燃烧性能等级	A_1级	现行国家标准《建筑材料及制品燃烧性能分级》(GB 8624)

加气混凝土是利用化学方法在泥料中产生气体而制得。产生气体的方法：加金属粉末(1g铝粉末产生1.241氢气)、白云石（或方解石）与酸反应产生氢气或二氧化碳，碳化钙加水产生乙炔等。加气混凝土表观密度一般在300~800kg/m³，保温隔热效果优异。《蒸压加气混凝土砌块》(GB 11968—2006)对蒸压加气混凝土砌块的强度级别和物理性能规定见表2.18和表2.19。

表2.18 蒸压加气混凝土砌块的强度级别

干密度级别		B03	B04	B05	B06	B07	B08
强度级别	优等品(A)	A1.0	A2.0	A3.5	A5.0	A7.5	A10.0
	合格品(B)			A2.5	A3.5	A5.0	A7.5

表2.19 蒸压加气混凝土砌块的干缩、抗冻性和热导率

项　目			干密度级别					
			B03	B04	B05	B06	B07	B08
干燥收缩值①	标准法/(mm/m)	≤	0.50					
	快速法/(mm/m)	≤	0.80					
抗冻性	质量损失/%	≤	5.0					
	冻后强度/MPa ≥	优等品(A)	0.8	1.6	2.8	4.0	6.0	8.0
		合格品(B)			2.0	2.8	4.0	6.0
热导率(干态)/[W/(m·K)]		≤	0.10	0.12	0.14	0.16	0.18	0.20

①规定采用标准法、快速法测定砌块干燥收缩值，若测定结果产生矛盾不能判定时，则以标准法测定的结果为准。

2.4.3.3 微孔硅酸钙

微孔硅酸钙制品是指由硬硅钙石型水化物、增强纤维等原料混合，经模压高温蒸养工艺制成瓦块或板，产品具有耐热度高、绝热性能好、强度高、耐久性好、无腐蚀、无污染等优点。

微孔硅酸钙是一种新型保温材料，它具有容重轻、热导率低、抗折强度高、抗压强度高、耐热性好、无毒不燃、可锯切、易加工、不腐蚀管道和设备等优点，是目前最受电力、石油、化工、冶金等部门欢迎的新型硬质保温材料。微孔硅酸钙制品用于化工设备和工艺管道的保温，保温施工方便，效果良好，特别是用在工业炉和高温反应器的保温上，使用性能比较稳定。

2.4.3.4 泡沫玻璃

泡沫玻璃是用玻璃细粉和发泡剂（石灰石、碳化钙和焦炭）经粉磨、混合、装模、燃烧（800℃左右）而得到的多孔材料。泡沫玻璃是一种粗糙多孔分散体系，气孔率达80%～95%，气孔直径为0.1～5mm。其中吸声泡沫玻璃为50%以上开孔气泡，绝热泡沫玻璃为75%以上的闭孔气泡，制品密度为160～220kg/m³。在泡沫玻璃的气相中所含气体可为：二氧化碳、一氧化碳、水蒸气、硫化氢、氧气、氮气等。

泡沫玻璃具有热导率小、抗压强度高、抗冻性好、耐久性好等特点，并且对水分、蒸汽和气体具有不渗透性，易于进行机械加工，可锯、钻、车及打钉，是一种高级保温隔热材料。泡沫玻璃制品的常见规格和性能见表2.20。

表 2.20 泡沫玻璃制品的常见规格和性能

规格/mm	性能				
	表观密度/(kg/m³)	抗压强度/MPa	抗折强度/MPa	体积吸水率/%	热导率/[W/(m·K)]
120×300×400	150～200	0.16～0.55	0.5～1.0	1～4	0.042～0.048

泡沫玻璃的最高使用温度一般为：普通泡沫玻璃300～400℃，无碱泡沫玻璃800～1000℃。泡沫玻璃作为热绝缘材料在建筑上主要用于保温墙体、地板、天花板及屋顶保温。可用于寒冷地区建筑低层的建筑物。

此外，还有吸热玻璃、热反射玻璃、中空玻璃等保温绝热玻璃，将在第4章详细介绍。

2.5 有机保温隔热材料

2.5.1 泡沫塑料

泡沫塑料是高分子化合物或聚合物的一种，以各种树脂为基料，加入各种辅助料，经加热发泡可制得轻质保温材料，具有质轻、隔热、吸声、减震、耐潮、耐腐蚀等特性，用途很广。几乎各种塑料均可作成泡沫塑料，发泡成型已成为塑料加工中一个重要领域。其中较为常见的传统泡沫塑料主要有聚苯乙烯、聚氨酯、聚氯乙烯、聚乙烯、酚醛树脂等品种。

按其泡孔结构可分为闭孔、开孔和网状泡沫塑料。按泡沫塑料的密度可分为低发泡、中发泡和高发泡塑料。密度大于0.4g/cm³的为低发泡泡沫塑料，密度为0.1～0.4g/cm³的为中发泡泡沫塑料，密度小于0.1g/cm³的为高发泡泡沫塑料。泡沫塑料按其柔韧性可分为硬质、软质和处于两者之间的半硬质泡沫塑料。建筑用的保温隔热泡沫塑料一般属于硬质泡沫塑料。泡沫塑料制造时用发泡法。发泡法分为机械发泡、物理发泡和化学发泡三类。

2.5.1.1 聚苯乙烯泡沫塑料（SF）

聚苯乙烯泡沫塑料是用低沸点液体的可发性聚苯乙烯树脂与适量的发泡剂（如碳酸氢钠）经预发泡后，再放在模具中加压成型。其结构是由表皮层和中心层构成的蜂窝状结构。表皮层不含气孔，而中心层含大量微细封闭气孔，孔隙率可达98%。

在制造过程中经预发泡，再在模具中进一步发泡制得的产品称可发性聚苯乙烯泡沫塑料。其表观密度极小，可至$0.15g/cm^3$。聚苯乙烯泡沫塑料具有优良的绝热性能，及很好的柔性和弹性，是性能优良的绝热缓冲材料。聚苯乙烯泡沫塑料的缺点是高温下易软化变形，安全使用温度为70℃，最高使用温度为90℃，最低使用温度为-150℃。其本身可燃，可溶于苯、酯、酮等有机溶剂。

聚苯乙烯泡沫塑料是以聚苯乙烯树脂为主体，加入发泡剂等添加剂制成，它是目前使用最多的一种缓冲材料。它具有闭孔结构，吸水性小，有优良的抗水性；密度小，一般为$0.015\sim0.03g/cm^3$；机械强度好，缓冲性能优异；加工性好，易于模塑成型；着色性好，温度适应性强，抗放射性优异等优点，而且尺寸精度高，结构均匀，因此在外墙保温中其使用率很高。但燃烧时会放出污染环境的苯乙烯气体。

聚苯乙烯泡沫板由于其绝热效果佳、重量轻并有一定的机械强度（如XPS），在65%节能标准前提下，得到了广泛的应用，特别是严寒和寒冷地区约占总工程应用面积的90%以上。但在不断推广的同时，工程中也逐渐发现此类材料的应用存在着一系列问题。如：板缝开裂现象严重；苯板抹灰系统面砖饰面工程安全性值得怀疑；苯板抹灰系统的消防安全性能较差等。

2.5.1.2 聚氨酯泡沫塑料（PU）

聚氨酯（即聚氨基甲酸酯）是在高分子主键上含有许多重复的—NHCOO—基团的高分子化合物。聚氨酯系列产品一般是由二元或多元有机异氰酸酯和多元醇在多种助剂的作用下，经过聚合反应得到的高分子化合物。聚氨酯作为一种性能优异的高分子材料，已成为继聚乙烯、聚氯乙烯、聚丙烯、聚苯乙烯之后的第五大塑料，全球总产量已超过1000万吨。

聚氨酯泡沫塑料可分为硬质和软质两类，硬质聚氨酯泡沫塑料中的气孔绝大多数为封闭孔（90%以上），故而吸水率低，热导率小，机械强度也较高。具有十分优良的隔声性能和隔热性能。软质聚氨酯泡沫塑料具有开口的微孔结构，一般用作吸声材料和软垫材料，也可和沥青制成嵌缝材料和管子。

硬质泡沫塑料的制造方法通常采用两段法，即先用羟基树脂和异氰酸酯反应形成预聚体，然后再加入发泡剂、催化剂等进一步混合、反应、发泡，制造过程既可以在工厂内进行，也可以在施工现场进行，可采用注入发泡法或喷雾发泡工艺。软质泡沫塑料的制造方法有平板发泡法和模型发泡法。聚氨酯硬泡体是一种具有保温与防水功能的新型合成材料。目前聚氨酯泡沫塑料主要应用在建筑物外墙保温、屋面防水保温一体化以及冷库保温隔热、管道。

聚氨酯材料是目前国际上性能最好的保温材料之一。硬质聚氨酯具有重量轻、热导率低、耐热性好、耐老化、容易与其他基材黏结、燃烧不产生熔滴等优异性能，在欧洲和美国广泛用于建筑物的屋顶、墙体、天花板、地板、门窗等作为保温隔热材料。

（1）喷涂硬泡聚氨酯基础施工工艺流程（图2.8）

（2）喷涂硬泡聚氨酯基础工艺要点

① 基层应清理干净，清洗油渍、浮灰等，松动、风化部分应剔除干净；墙面尽量无明水。

② 门窗口、铁艺及架子管等应用塑料布及缠绕膜等充分防护。

③ 为保证喷涂的厚度达到要求，按30mm间距布设厚度标杆，施工喷涂可多遍完成，

每次厚度在 10mm 以内。

④ 喷涂 20min 后用裁纸刀等工具清理，修整遮挡部位及保温总厚度超出的部分。

⑤ 保温层喷涂完毕，且喷涂 4h 后，可用涂刷的方式将聚氨酯界面砂浆喷涂于硬泡聚氨酯表面。

⑥ 分两遍抹平完整，每次的厚度约为 10mm。

2.5.1.3 酚醛泡沫塑料（PFA）

固体酚醛树脂为黄色、透明、无定形块状物质，因含有游离酚而呈微红色，实体的相对密度平均为 1.7 左右，易溶于醇，不溶于水，对水、弱酸、弱碱溶液稳定。酚醛树脂是由苯酚和甲醛在催化剂条件下缩聚，经中和、水洗而制成的树脂。因选用的催化剂

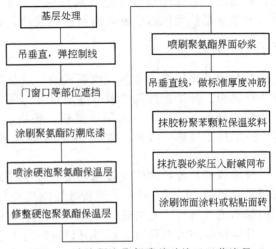

图 2.8 喷涂硬泡聚氨酯基础施工工艺流程

不同，可分为热固性和热塑性两类。酚醛树脂具有良好的耐酸性能、力学性能、耐热性能，广泛应用于防腐蚀工程、胶黏剂、阻燃材料、砂轮片制造等行业。

酚醛泡沫塑料是由酚醛树脂通过发泡而得到的一种泡沫塑料。其重量轻，刚性大，尺寸稳定性好，耐化学腐蚀，耐热性好，难燃，自熄，低烟雾，耐火焰穿透，遇火无洒落物，价格低廉，是电器、仪表、建筑、石油化工等行业较为理想的绝缘隔热保温材料。

酚醛泡沫塑料的耐热、耐冻性能良好，使用温度范围在 -150~150℃。酚醛泡沫塑料低温下强度要高于常温下强度，恢复到常温时，强度又降低，即使反复变化也不会产生裂纹。并且酚醛泡沫塑料长期暴露在阳光下，也未见明显的老化现象，强度反而有所增加。

酚醛泡沫塑料除了不耐强酸外，抵抗其他无机酸、有机酸的能力较强，强有机溶剂可使其软化。酚醛泡沫塑料不易燃，火源移去后，火焰自熄。由于酚醛泡沫塑料具有上述良好的性能，且易于加工，因而广泛应用于工业、建筑业。

酚醛泡沫塑料已成为泡沫塑料中发展最快的品种之一，消费量不断增长，应用范围不断扩大。然而，酚醛泡沫塑料最大的弱点是脆性大，开孔率高，因此，提高它的韧性是改善酚醛泡沫塑料性能的关键技术。

2.5.1.4 脲醛泡沫塑料（UF）

脲醛树脂又称脲甲醛树脂，是尿素与甲醛在催化剂作用下，缩聚成初期脲醛树脂，然后再在固化剂或助剂作用下，形成不溶、不熔的末期热固性树脂。固化后的脲醛树脂颜色比酚醛树脂浅，呈半透明状，耐弱酸、弱碱，绝缘性能好，耐磨性极佳，价格便宜，是胶黏剂中用量最大的品种。然而，脲醛泡沫塑料遇强酸、强碱易分解，耐候性较差，初黏性差、收缩大、脆性大、不耐水、易老化，用脲醛树脂生产的人造板在制造和使用过程中存在着甲醛释放的问题，因此必须对其进行改性。脲醛树脂很容易发泡，将树脂液与发泡剂混合、发泡、固化即可得脲醛泡沫塑料。脲醛泡沫塑料又称氨基泡沫塑料。

脲醛泡沫塑料外观洁白、质轻，价格也比较低廉。其表观密度一般在 0.01~0.015g/cm^3 范围内，属于闭孔型硬质泡沫塑料。但其内部气孔有一部分为部分连通的开口气孔，因而吸水性强，机械强度也较低。

脲醛泡沫塑料耐冷热性能良好，不易燃，在 100℃ 下可长期使用而性能不变，但 120℃ 以上会发生显著收缩。可在 -200~-150℃ 超低温下长期使用。由于发泡工艺简单，施工时常采用现场发泡工艺。可将树脂液、发泡剂、硬化剂混合后注入建筑结构空腔内或空心墙体

中，发泡硬化后就形成泡沫塑料隔热层。脲醛泡沫塑料对大多数有机溶剂有较好的抗蚀能力，但不能抵抗无机酸、碱及有机酸的侵蚀，施工时应注意。

2.5.2 纤维板

凡是用植物纤维、天然纤维制成的，或是用水泥、石膏将植物纤维凝固而成的人造板统称为纤维板。纤维板按用途及其性质可分为硬质纤维板和软质纤维板。硬质纤维板，质地坚固质密而且强度较高，一般用作壁板、箱板、混凝土模板等。软质纤维板，质地较软且较轻，一般用于吸热、吸声。制造方法有湿法和干法两种，后者成本较高，制品的质量也较低。

纤维板的热传导性能与表观密度及湿度有关，表观密度增大，板的热传导性也增大，当表观密度超过 $1g/cm^3$ 时，其热传导性能几乎与本材相同。软质纤维板质轻多孔，是一种良好的保温绝热材料。它的热导率随其含水率和温度的上升而上升。

纤维板经防火处理后，可具有良好的防火性能，但会影响它的物理力学性能。纤维板在建筑上用途广泛，可用于墙壁、地板、屋顶等。

2.5.3 硬质泡沫橡胶

硬质泡沫橡胶用化学发泡法制成。可由生橡胶中加起泡剂（如碳酸铵、尿素、偶氮二异丁腈等）或将浓缩的胶乳经搅拌后鼓入空气，再经硫化而成。硬质泡沫橡胶质轻、柔软、有弹性、不易传热，具有防震、缓和冲击、绝热、隔声等作用。用合成橡胶制成的硬质泡沫橡胶还具有耐油、耐老化、耐化学品等特点。硬质泡沫橡胶热导率小而强度大。硬质泡沫橡胶的表观密度在 $0.064\sim0.12g/cm^3$ 之间。表观密度越小，保温性能越好，但强度越低。

硬质泡沫橡胶抗碱和盐的侵蚀能力较强，但强的无机酸及有机酸对它有侵蚀作用。硬质泡沫橡胶不溶于醇等低级溶剂，但易被某些高级有机溶剂软化溶解。硬质泡沫橡胶为热塑性材料，耐热性不好，在65℃左右开始软化，高于100℃开始分解，在230℃时开始熔化。硬质泡沫橡胶有良好的低温性能，低温下强度较高，且具有较好的体积稳定性，因而是一种较好的保冷材料。

2.6 保温隔热材料在围护结构中的应用

2.6.1 外墙保温与节能

就墙体节能而言，传统的用重质、单一材料增加墙体厚度来达到保温的做法已不能适应节能和环保的要求，而复合墙体越来越成为墙体的主流。复合墙体一般用块体材料或钢筋混凝土作为承重结构，与保温隔热材料复合，或在框架结构中用薄壁材料加以保温、隔热材料作为墙体。建筑用保温、隔热材料主要有岩棉、矿渣棉、玻璃棉、聚苯乙烯泡沫、膨胀珍珠岩、膨胀蛭石、加气混凝土及胶粉聚苯颗粒浆料发泡水泥保温板等。墙体的复合技术有内附保温层、外附保温层和夹心保温层三种。当前，外保温体系和夹心保温体系是保温墙体发展的主要趋势。

2.6.1.1 外墙保温及饰面系统（EIFS）

该系统是在20世纪70年代末的最后一次能源危机时期出现的，最先应用于商业建筑，随后开始了在民用建筑中的应用。目前，EIFS系统在商业建筑外墙使用中占17.0%，在民用建筑外墙使用中占3.5%，并且在民用建筑中的使用正以每年17.0%～18.0%的速度增长。此系统是多层复合的外墙保温系统，在民用建筑和商业建筑中都可以应用。ELFS系统包括以下几部分：主体部分是由聚苯乙烯泡沫塑料制成的保温板，一般厚30～120mm，该部分以合成黏结剂或机械方式固定于建筑外墙；中间部分是持久的、防水的聚合物砂浆基层，此基层主要用于保温板上，以玻璃纤维网来增强并传达外力的作用；最外面部分是美观持久的表面覆盖层。为了防褪色、防裂，覆盖层材料一般采用丙烯酸共聚物涂料技术，此种涂料有多种颜色和质地可以选用，具有很强的耐久性和耐腐蚀能力。

2.6.1.2 建筑保温绝热板系统（SIPS）

此材料可用于民用建筑和商业建筑，是高性能的墙体、楼板和屋面材料。板材的中间是聚苯乙烯泡沫或聚亚氨酯泡沫夹心层，一般厚120～240mm，两面根据需要可采用不同的平板面层，例如，在房屋建筑中两面可以采用工程化的胶合板类木制产品。用此材料建成的建筑具有强度高、保温效果好、造价低、施工简单、节约能源、保护环境的特点。SIPS一般宽1.2m，最大可以做到长8m，尺寸成系列化。很多工厂还可以根据工程需要，按照实际尺寸定制，成套供应，承建商只需在工地现场进行组装即可，真正实现了住宅生产的产业化。

2.6.1.3 隔热水泥模板外墙系统（ICFS）

该系统是一种绝缘模板系统，主要由循环利用的聚苯乙烯泡沫塑料和水泥类的胶凝材料制成模板，用于现场浇筑混凝土墙或基础。施工时在模板内部水平或垂直配筋，墙体建成后，该绝缘模板将作为永久墙体的一部分，形成在墙体外部和内部同时保温绝热的混凝土墙体。混凝土墙面外包的模板材料满足了建筑外墙所需的保温、隔声、防火等要求。

2.6.2 屋顶保温与节能

屋顶的保温、隔热是围护结构节能的重点之一。在寒冷的地区屋顶需设保温层，以阻止室内热量散失；在炎热的地区，屋顶需设置隔热降温层，以阻止太阳的辐射热传至室内；而在冬冷夏热地区（黄河至长江流域），建筑节能则要冬、夏兼顾。

保温常用的技术措施是在屋顶防水层下设置热导率小的轻质材料用作保温，如膨胀珍珠岩、玻璃棉等（此为正铺法）；也可在屋面防水层以上设置聚苯乙烯泡沫（此为倒铺法）。在英国有另外一种保温层做法是，采用回收废纸制成纸纤维，这种纸纤维生产能耗极小，保温性能优良，纸纤维经过硼砂阻燃处理，也能防火。屋顶隔热降温的方法有：架空通风、屋顶蓄水或定时喷水、屋顶绿化等。以上做法都能不同程度地满足屋顶节能的要求，但最受推崇的是利用智能技术、生态技术来实现建筑节能的愿望，如太阳能集热屋顶和可控制的通风屋顶等。

选择屋面保温材料需注意两个方面：一是保温材料要轻，热导率要低；二是不应采用吸水率较大的保温材料。岩棉、膨胀型泡沫聚苯板、硬质聚氨酯屋面板，结合优质的防水层及先进的铺设方法，可达到很好的保温防水效果。

近年来坡屋面发展较快，这种屋面便于设置保温层，可以在坡顶内铺钉玻璃棉毡或岩棉毡，还可以在天棚上喷、吹或直接铺设玻璃棉、岩棉或其他保温材料。而且，坡屋面对于夏季高温时防止大量辐射热进入顶层室内也有很好的效果。

屋面节能的同时还可以进行屋面的多功能开发，如在西方一些国家出现越来越多的蓄水屋面和屋顶花园，这对于充分利用城市空间环境、改善生态环境都有重大意义。

2.6.3 门窗节能技术

门窗具有采光、通风和围护的作用，还在建筑艺术处理上起着很重要的作用。然而门窗又是最容易造成能量损失的部位。通过门窗传递的热量大约占建筑物总热量损失的50%。为了增大采光通风面积或表现现代建筑的风格特征，建筑物的门窗面积越来越大，更有全玻璃的幕墙建筑。这就对外围护结构的节能提出了更高的要求。

对门窗的节能处理主要是改善材料的保温隔热性能和提高门窗的密闭性能。从门窗材料来看,近些年出现了铝合金断热型材、铝木复合型材、钢塑整体挤出型材、塑木复合型材以及UPVC塑料型材等一些技术含量较高的节能产品。

其中使用较广的是UPVC塑料型材,它所使用的原料主要是硬质聚氯乙烯。它不仅生产过程中能耗少、无污染,而且材料热导率小,多腔体结构密封性好,因而保温隔热性能好。UPVC塑料门窗在欧洲各国已经采用多年,在德国塑料门窗已经占了50%。

我国20世纪90年代以后塑料门窗用量不断增大,正逐渐取代钢、铝合金等能耗大的材料。为了解决大面积玻璃造成能量损失过大的问题,人们运用了高新技术,将普通玻璃加工成中空玻璃、镀贴膜玻璃(包括反射玻璃、吸热玻璃)、高强度Low 2E防火玻璃(高强度低辐射镀膜防火玻璃)、采用磁控真空溅射方法镀制含金属银层的玻璃以及特别的智能玻璃。智能玻璃能感知外界光的变化并做出反应,它包括两类。一类是光致变色玻璃,在光照射时,玻璃会感光变暗,光线不易透过;停止光照射时,玻璃复明,光线可以透过。在太阳光强烈时,可以阻隔太阳辐射热;天阴时,玻璃变亮,太阳光又能进入室内。另一类是电致变色玻璃,在两片玻璃上镀有导电膜及变色物质,通过调节电压,促使变色物质变色,调整射入的太阳光(但因其生产成本高,还不能实际使用),这些玻璃都有很好的节能效果。

附表2.1　我国部分城市冬季室外计算温度　　　　　　　　　　　　　单位:℃

地名	冬季室外计算温度				地名	冬季室外计算温度			
	Ⅰ型	Ⅱ型	Ⅲ型	Ⅳ型		Ⅰ型	Ⅱ型	Ⅲ型	Ⅳ型
北京市	−9	−12	−14	−16	辽宁省				
天津市	−9	−11	−12	−13	沈阳	−19	−21	−23	−25
河北省					丹东	−14	−17	−19	−21
石家庄	−8	−12	−14	−17	大连	−11	−14	−17	−19
张家口	−15	−18	−21	−23	阜新	−17	−19	−21	−23
秦皇岛	−11	−13	−15	−17	抚顺	−21	−24	−27	−29
保定	−9	−11	−13	−14	朝阳	−16	−18	−20	−22
邯郸	−7	−9	−11	−13	本溪	−19	−21	−23	−25
唐山	−10	−12	−14	−15	锦州	−15	−17	−19	−20
承德	−14	−16	−18	−20	鞍山	−18	−21	−23	−25
丰宁	−17	−20	−23	−25	锦西	−14	−16	−18	−19
山西省					吉林省				
太原	−12	−14	−16	−18	长春	−23	−26	−28	−30
大同	−17	−20	−22	−24	吉林	−25	−29	−31	−34
长治	−13	−17	−19	−22	延吉	−20	−22	−24	−26
五台山	−28	−32	−34	−37	通化	−24	−26	−28	−30
阳泉	−11	−12	−15	−16	双辽	−21	−23	−25	−27
临汾	−9	−13	−15	−18	四平	−22	−24	−26	−28
晋城	−9	−12	−15	−17	白城	−23	−25	−27	−28
运城	−7	−9	−11	−13					
内蒙古自治区					黑龙江省				
呼和浩特	−19	−21	−23	−25	哈尔滨	−26	−29	−31	−33
锡林浩特	−27	−29	−31	−33	嫩江	−33	−36	−39	−41
海拉尔	−34	−38	−40	−43	齐齐哈尔	−25	−28	−30	−32
通辽	−20	−23	−25	−27	富锦	−25	−28	−30	−32
赤峰	−18	−21	−23	−25	牡丹江	−24	−27	−29	−31
满洲里	−31	−34	−36	−38	呼玛	−39	−42	−45	−47
博克图	−28	−31	−34	−36	佳木斯	−26	−29	−32	−34
二连浩特	−26	−29	−32	−35	安达	−26	−29	−32	−34
多伦	−26	−29	−32	−33	伊春	−30	−33	−35	−37
白云鄂博	−23	−26	−28	−30	克山	−29	−31	−33	−35

续表

地名	冬季室外计算温度				地名	冬季室外计算温度			
	Ⅰ型	Ⅱ型	Ⅲ型	Ⅳ型		Ⅰ型	Ⅱ型	Ⅲ型	Ⅳ型
上海市	−2	−4	−6	−7	四川省				
江苏省					成都	2	1	0	−1
南京	−3	−5	−7	−9	阿坝	−12	−16	−20	−23
徐州	−5	−8	−10	−12	甘孜	−10	−14	−18	−21
连云港	−5	−7	−9	−11	康定	−7	−9	−11	−12
浙江省					峨眉山	−12	−14	−15	−16
杭州	−1	−3	−5	−6	贵州省				
宁波	0	−2	−3	−4	贵阳	−1	−2	−4	−6
安徽省					毕节	−2	−3	−5	−7
合肥	−3	−7	−10	−13	安顺	−2	−3	−5	−6
阜阳	−6	−9	−12	−14	威宁	−5	−7	−9	−11
蚌埠	−4	−7	−10	−12	云南省				
黄山	−11	−15	−17	−20	昆明	13	11	10	9
福建省					西藏自治区				
福州	6	4	3	2	拉萨	−6	−8	−9	−10
江西省					噶尔	−17	−21	−24	−27
南昌	0	−2	−4	−6	日喀则	−8	−12	−14	−17
天目山	−10	−13	−15	−17	陕西省				
庐山	−8	−11	−13	−15	西安	−5	−8	−10	−12
山东省					榆林	−16	−20	−23	−26
济南	−7	−10	−12	−14	延安	−12	−14	−16	−18
青岛	−6	−9	−11	−13	宝鸡	−5	−7	−9	−11
烟台	−6	−8	−10	−12	华山	−14	−17	−20	−22
德州	−8	−12	−14	−17	汉中	−1	−2	−4	−5
淄博	−9	−12	−14	−16	甘肃省				
泰山	−16	−19	−22	−24	兰州	−11	−13	−15	−16
兖州	−7	−9	−11	−12	酒泉	−16	−19	−21	−23
潍坊	−8	−11	−13	−15	敦煌	−14	−18	−20	−23
河南省					张掖	−16	−19	−21	−23
郑州	−5	−7	−9	−11	山丹	−17	−21	−25	−28
安阳	−7	−11	−13	−15	平凉	−10	−13	−15	−17
濮阳	−7	−9	−11	−12	天水	−7	−10	−12	−14
新乡	−5	−8	−11	−13	青海省				
洛阳	−5	−8	−10	−12	西宁	−13	−16	−18	−20
南阳	−4	−8	−11	−14	玛多	−23	−29	−34	−38
信阳	−4	−7	−10	−12	大柴旦	−19	−22	−24	−26
商丘	−6	−9	−12	−14	共和	−15	−17	−19	−21
开封	−5	−7	−9	−10	格尔木	−15	−18	−21	−23
湖北省					玉树	−13	−15	−17	19
武汉	−2	−6	−8	−11	宁夏回族自治区				
湖南省					银川	−12	−16	−19	−22
长沙	0	−3	−5	−7	中宁	−12	−16	−19	−22
南岳	−7	−10	−13	−15	固原	−14	−17	−20	−22
广东省					石嘴山	−15	−18	−20	−22
广州	7	5	4	3	新疆维吾尔族自治区				
广西壮族自治区					乌鲁木齐	−22	−26	−30	−33
南宁	7	5	3	2	塔城	−23	−27	−30	−33
					哈密	−19	−22	−24	−26
					伊宁	−20	−26	−30	−34
					喀什	−12	−14	−16	−18
					富蕴	−36	−40	−42	−45
					克拉玛依	−24	−28	−31	−33
					吐鲁番	−15	−19	−21	−24
					库车	−15	−18	−20	−22
					和田	−10	−13	−16	−18
					台湾省				
					台北	11	9	8	7
					香港	10	8	7	6

附表 2.2　建筑材料热物理计算参数

序号	材料名称	干密度 ρ_0 /(kg/m³)	计算参数			
			热导率 λ /[W/(m·K)]	蓄热系数 S（周期24h）/[W/(m²·K)]	比热容 c /[kJ/(kg·K)]	蒸汽渗透系数 μ /[g/(m·h·Pa)]
1	混凝土					
1.1	普通混凝土					
	钢筋混凝土	2500	1.74	17.20	0.92	0.0000158*
	碎石、卵石混凝土	2300	1.51	15.36	0.92	0.0000173*
		2100	1.28	13.57	0.92	0.0000173*
1.2	轻骨料混凝土					
	膨胀矿渣珠混凝土	2000	0.77	10.49	0.96	
		1800	0.63	9.05	0.96	
		1600	0.53	7.87	0.96	
	自燃煤矸石、炉渣混凝土	1700	1.00	11.68	1.05	0.0000548*
		1500	0.76	9.54	1.05	0.0000900
		1300	0.56	7.63	1.05	0.0001050
	粉煤灰陶粒混凝土	1700	0.95	11.40	1.05	0.0000188
		1500	0.70	9.16	1.05	0.0000975
		1300	0.57	7.78	1.05	0.0001050
		1100	0.44	6.30	1.05	0.0001350
	黏土陶粒混凝土	1600	0.84	10.36	1.05	0.0000315*
		1400	0.70	8.93	1.05	0.0000390*
		1200	0.53	7.25	1.05	0.0000405*
	页岩渣、石灰、水泥混凝土	1300	0.52	7.39	0.98	0.0000855*
	页岩陶粒混凝土	1500	0.77	9.65	1.05	0.0000315*
		1300	0.63	8.16	1.05	0.0000390*
		1100	0.50	6.70	1.05	0.0000435*
	火山灰渣、沙、水泥混凝土	1700	0.57	6.30	0.57	0.0000395*
	浮石混凝土	1500	0.67	9.09	1.05	
		1300	0.53	7.54	1.05	0.0000188*
		1100	0.42	6.13	1.05	0.0000353*
1.3	轻混凝土					
	加气混凝土、泡沫混凝土	700	0.22	3.59	1.05	0.0000998*
		500	0.19	2.81	1.05	0.0001110*
2	砂浆和砌体					
2.1	砂浆					
	水泥砂浆	1800	0.93	11.37	1.05	0.0000210*
	石灰水泥砂浆	1700	0.87	10.75	1.05	0.0000975*
	石灰砂浆	1600	0.81	10.07	1.05	0.0000443*
	石灰石膏砂浆	1500	0.76	9.44	1.05	
	保温砂浆	800	0.29	4.44	1.05	
2.2	砌体					
	重砂浆砌筑黏土砖砌体	1800	0.81	10.63	1.05	0.0001050*
	轻砂浆砌筑黏土砖砌体	1700	0.76	9.96	1.05	0.0001200
	灰砂砖砌体	1900	1.10	12.72	1.05	0.0001050
	硅酸盐砖砌体	1800	0.87	11.11	1.05	0.0001050
	炉渣砖砌体	1700	0.81	10.43	1.05	0.0001050
	重砂浆砌筑26孔、33孔及36孔黏土空心砖砌体	1400	0.58	7.92	1.05	0.0000158

续表

序号	材料名称	干密度 ρ_0 /(kg/m³)	计算参数			
			热导率 λ /[W/(m·K)]	蓄热系数 S (周期24h) /[W/(m²·K)]	比热容 c /[kJ/(kg·K)]	蒸汽渗透系数 μ /[g/(m·h·Pa)]
3	热绝缘材料					
3.1	纤维材料					
	矿棉、岩棉、玻璃棉板	80以下	0.050	0.59	1.22	
		80~200	0.045	0.75	1.22	0.0004880
	矿棉、岩棉、玻璃棉毡	70以下	0.050	0.58	1.34	
		70~200	0.045	0.77	1.34	0.0004880
	矿棉、岩棉、玻璃棉松散料	70以下	0.050	0.46	0.84	
		70~120	0.045	0.51	0.84	0.0004880
	麻刀	150	0.070	1.34	2.10	
3.2	膨胀珍珠岩,蛭石制品					
	水泥膨胀珍珠岩	800	0.26	4.37	1.17	0.0000420*
		600	0.21	3.44	1.17	0.0000900*
		400	0.16	2.49	1.17	0.0001910*
	沥青、乳化沥青膨胀珍珠岩	400	0.12	2.28	1.55	0.0000293*
		300	0.093	1.77	1.55	0.0000675*
	水泥膨胀蛭石	350	0.14	1.99	1.05	
3.3	泡沫材料及多孔聚合物					
	聚乙烯泡沫塑料	100	0.047	0.70	1.38	
	聚苯乙烯泡沫塑料	30	0.042	0.36	1.38	0.0000162
	聚氨酯硬泡沫塑料	30	0.033	0.36	1.38	0.0000234
	聚氯乙烯硬泡沫塑料	130	0.048	0.79	1.38	
	钙塑	120	0.049	0.83	1.59	
	泡沫玻璃	140	0.058	0.70	0.84	0.0000225
	泡沫石灰	300	0.116	1.70	1.05	
	炭化泡沫石灰	400	0.14	2.33	1.05	
	泡沫石膏	500	0.19	2.78	1.05	0.0000375
4	木材、建筑板材					
4.1	木材					
	橡木、枫树(热流方向垂直木纹)	700	0.17	4.90	2.51	0.0000562
	橡木、枫树(热流方向顺木纹)	700	0.35	6.93	2.51	0.0003000
	松、木、云杉(热流方向垂直木纹)	500	0.14	3.85	2.51	0.0000345
	松、木、云杉(热流方向顺木纹)	500	0.29	5.55	2.51	0.0001680
4.2	建筑板材					
	胶合板	600	0.17	4.57	2.51	0.0000225
	软木板	300	0.093	1.95	1.89	0.0000255*
		150	0.058	1.09	1.89	0.0000285*
	纤维板	1000	0.34	8.13	2.51	0.0001200
		600	0.23	5.28	2.51	0.0001130
	石棉水泥板	1800	0.52	8.52	1.05	0.0000135*
	石棉水泥隔热板	500	0.16	2.58	1.05	0.0003900
	石膏板	1050	0.33	5.28	1.05	0.0000790*
	水泥刨花板	1000	0.34	7.27	2.01	0.0000240*
		700	0.19	4.56	2.01	0.0001050
	稻草板	300	0.13	2.33	1.68	0.0003000
	木屑板	200	0.065	1.54	2.10	0.0002630

续表

序号	材料名称	干密度 ρ_0 /(kg/m³)	计算参数			
			热导率 λ /[W/(m·K)]	蓄热系数 S（周期24h）/[W/(m²·K)]	比热容 c /[kJ/(kg·K)]	蒸汽渗透系数 μ /[g/(m·h·Pa)]
5	松散材料					
5.1	无机材料					
	锅炉渣	1000	0.29	4.40	0.92	0.0001930
	粉煤灰	1000	0.23	3.93	0.92	
	高炉炉渣	900	0.26	3.92	0.92	0.0002030
	浮石、凝灰岩	600	0.23	3.05	0.92	0.0002630
	膨胀蛭石	300	0.14	1.79	1.05	
	膨胀蛭石	200	0.10	1.24	1.05	
	硅藻土	200	0.076	1.00	0.92	
	膨胀珍珠岩	120	0.07	0.84	1.17	
	膨胀珍珠岩	80	0.058	0.63	1.17	
5.2	有机材料					
	木屑	250	0.093	1.84	2.01	0.0002630
	稻壳	120	0.06	1.02	2.01	
	干草	100	0.047	0.83	2.01	
6	其他材料					
6.1	土壤					
	夯实黏土	2000	1.16	12.99	1.01	
		1800	0.93	11.03	1.01	
	加草黏土	1600	0.76	9.37	1.01	
		1400	0.58	7.69	1.01	
	轻质黏土	1200	0.47	6.36	1.01	
	建筑用砂	1600	0.58	8.26	1.01	
6.2	石材					
	花岗岩、玄武岩	2800	3.49	25.49	0.92	0.0000113
	大理石	2800	2.91	23.27	0.92	0.0000113
	砾石、石灰岩	2400	2.04	18.03	0.92	0.0000375
	石灰石	2000	1.16	12.56	0.92	0.0000600
6.3	卷材，沥青材料					
	沥青油毡、油毡纸	600	0.17	3.33	1.47	
	沥青混凝土	2100	1.05	16.39	1.68	
	石油沥青	1400	0.27	6.73	1.68	0.0000075
		1050	0.17	4.71	1.68	0.0000075
6.4	玻璃					
	平板玻璃	2500	0.76	10.69	0.84	
	玻璃钢	1800	0.52	9.25	1.26	
6.5	金属					
	紫铜	8500	407	324	0.42	
	青铜	8000	64.0	118	0.38	
	建筑钢材	7850	58.2	126	0.48	
	铝	2700	203	191	0.92	
	铸铁	7250	49.9	112	0.48	

注：1. 围护结构在正确设计和正常使用条件下，材料的热物理性能计算参数应按本表直接采用。

2. 有附表2.3所列情况者，材料的热导率和蓄热系数计算值应分别按下列两式修正。

$$\lambda_c = \lambda a$$
$$S_c = S a$$

式中 λ，S——材料的热导率和蓄热系数，应按本表采用；

a——修正系数，应按附表2.3采用。

3. 表中比热容 c 的单位为法定单位，但在实际计算中比热容 c 的单位应取 $W·h/(kg·K)$，因此，表中数值应乘以换算系数 0.2778。

4. 表中带 * 号者为测定值。

附表 2.3 热导率 λ 及蓄热系数 S 的修正系数 a 值

序号	材料、构造、施工、地区及使用情况	a
1	作为夹芯层浇筑在混凝土墙体及屋面构件中的块状多孔保温材料(如加气混凝土、泡沫混凝土及水泥膨胀珍珠岩等),因干燥缓慢及灰缝影响	1.60
2	铺设在密闭屋面中的多孔保温材料(如加气混凝土、泡沫混凝土、水泥膨胀珍珠岩、石灰炉渣等),因干燥缓慢	1.50
3	铺设在密闭屋面中及作为夹芯层浇筑在混凝土构件中的半硬质矿棉、岩棉、玻璃棉板等,因压缩及吸湿	1.20
4	作为夹芯层浇筑在混凝土构件中的泡沫塑料等,因压缩	1.20
5	开孔型保温材料(如水泥刨花板、木丝板、稻草板等),表面抹灰或与混凝土浇筑在一起,因灰浆渗入	1.30
6	加气混凝土、泡沫混凝土砌块墙体及加气混凝土条板墙体、屋面,因灰缝影响	1.25
7	填充在空心墙体及屋面构件中的松散保温材料(如稻壳、木屑、矿棉、岩棉等),因下沉	1.20
8	矿渣混凝土、炉渣混凝土、浮石混凝土、粉煤灰陶粒混凝土、加气混凝土等实心墙体及屋面构件,在严寒地区,且在室内平均相对湿度超过 65% 的采暖房间内使用,因干燥缓慢	1.15

习题与思考题

1. 简述建筑节能的意义以及建筑节能材料在其中所占的重要地位。
2. 试根据导温系数的确定公式,说明湿度对导温系数的影响。
3. 如何考虑热导率与导温系数物理意义间的差异?
4. 根据保温隔热材料的结构,可以将其分为哪几类? 其保温隔热机理分别是什么?
5. 加强墙体保温有哪些措施?
6. 试论述近年来墙体节能措施发展及改革历程。
7. 试述节能型建筑砌块、节能型建筑墙用板材的发展现状。
8. 当前常用的保温板黏结剂及面层涂料有哪些?
9. 试述聚苯保温材料的发展现状。
10. 试述聚氨酯保温材料的发展现状。
11. 试述新型无机保温板的发展现状。

第 3 章 防水材料

近年来,随着我国建设事业的高速发展,有关建筑工程质量纠纷的案件呈上升趋势。据了解,在我国新建和现有的建(构)筑物中,屋面漏雨、地下工程漏水、卫浴间、外墙以及道桥等工程渗漏现象仍然比较普遍。例如某公寓 5 栋高层住宅中,有 4 栋楼的屋面发现大小不等的漏水点 161 个,地下室和外墙的漏水点分别达到 35 个和 32 个,使 30 多万平方米的房屋无法竣工和交付使用。

北京市建筑工程研究院建筑工程质量司法鉴定中心在近 5 年来所承接的有关屋面、地下室、卫浴间和外墙(含窗户)等防水工程质量(主要表现在渗漏水问题上)的案件,已占到建筑工程质量总案件的 25% 左右。对于近年来因防水工程质量问题而引起的各种矛盾和纠纷,该中心的司法鉴定人感触良多:"一个渗漏影响到开发商与总承包商、开发商与设计、开发商与物业、开发商与业主、业主与业主、业主与物业以及总承包商与分包商、分包商与防水材料供应商之间的权益,甚至造成国家物质的损失。防水工程是一个系统工程,设计是前提,材料是基础,施工是关键,维修管理是保证,这几个环节中哪个出现问题,都会影响到整个防水工程的质量,都会发生渗漏,特别是对现在一些正在修建或启动的大型工程而言,一定要高度重视防水工作,防水做不好,损失更大,会导致更为恶劣的结果"。

1. 在你生活的周围有防水质量不过关的建筑吗?
2. 你认为产生房屋防水质量问题的因素有哪些?

3.1 防水工程与防水材料

3.1.1 防水、防水工程、防水工程分类

水是生命之源,水是万物之母,地球有了水,便有了生命,有了万物的生存。可见水对人们和地球万物是何等的重要,它一刻也不能缺少。世界各地由于缺水,有些地区变成了荒芜的沙漠;由于缺水,生物便因饥渴死亡。但水量也不能过多,水患是发生自然灾难的一个普遍的现象,世界上每年都有水患给人们带来的灾难。如果人们干净的生活处所被水侵入,对于人们提高生活质量也是很不协调的,因而建筑物渗漏是人们非常重视的问题。古代民间

传说"老虎都不怕，只怕漏"，道出了自古人们就被漏雨所困扰。在当今社会，人们追求高质量的生活，舒适的生活环境，但是建筑物的渗漏问题使人们头疼不已，现在多数人都有体会，经历过渗漏带来的危害。

（1）防水 以人为地排除和隔绝的方式，对因水的作用而对人类活动产生危害的防御方法。概括地说，防水就是防止雨水、地下水、工业和民用的给水排水、腐蚀性液体以及空气中的湿气、蒸汽等侵入建筑物的方法。如防止雨水从屋顶漏到室内，从外墙透过墙体渗到室内。另外是防止水的流失，防止水的渗出，如蓄水池、游泳池、水渠等。

（2）防水工程 因水的作用对人类建造工程产生的危害而采取防治方式的总称。防水工程是为了防止水对人类建造工程的危害而采取一定的构造方式、特殊的材料方式进行设防。一是采取"导"，将水排除，如加大排水坡度，设置疏水泄水层、排水沟等方式，以减少对工程的危害；二是采取"防"，即采取各种方法，将水隔绝在不得侵入需干燥的部位，如屋面防水层采用卷材、涂料等材料。实施这些手段的工程均称为防水工程。

（3）防水工程分类 防水工程是建设工程的一个分部工程，它是一个古老的学科。防水工程是指为防止雨水、地表水、滞水等水渗入工程结构或工程内部，或在蓄水、排水工程中向外渗透所采取的一系列结构、构造和建筑的措施。

防水工程具有广泛性，其广泛性体现在应用的部位之广，采用的材料之多，施工工艺的不同，设防方法的多种，因此，从不同角度考虑，防水工程的分类就不同。按材料划分，可分为防水混凝土工程，卷材涂料防水工程，堵漏注浆工程。按施工工艺划分，可分为防水混凝土浇筑工程，防水砂浆抹压工程，防水卷材冷铺贴、热熔、机械固定施工工程，防水涂料涂抹、喷涂施工工程等。按设防方法划分，可分为防水工程、排水工程、堵漏注浆工程等。

目前防水工程通常按照工程的类别划分，分为建筑防水工程、市政防水工程、交通防水工程、水利防水工程、矿山防水工程和特种防水工程等。根据防水工程所处的工程部位不同，建筑防水工程又可分为屋面防水工程、墙面防水工程、室内防水工程、地下防水工程等。地下防水工程又可分为背水面防水工程和迎水面防水工程，底平面防水工程和立墙面防水工程，再细分又可分为深坑挖埋式防水工程、逆作法施工防水工程、盾构法隧道施工防水工程、新奥法防排水施工、水下隧道沉管法施工等。不同的分类，在其同类工程中均具有较多的共同点，便于设计、选材和施工。

按照工程的类别，防水工程的分类见表3.1。

表 3.1 防水工程的分类

防水工程的分类	细 目
建筑防水工程	平屋面防水、种植屋面防水、坡屋面防水、地下室防水、外墙面防水、室内楼地面防水、厨房防水、厕浴间防水、阳台防水、水池防水、储液池防水、游泳池防水
市政防水工程	地铁车站防水、地铁区间防水、高架桥防水、立交桥防水、地下人行道防水、人工湖防水、垃圾填埋场防水、污水处理池防水、管线沟道防水、大型水池防水、隧道防水
道桥防水工程	高速公路和铁路专线路面防水、桥梁防水、隧道（冻土层）防水
水利防水工程	水库大坝防水、输水隧洞防水、输水渠防水、储水池防水、码头防水
矿山防水工程	坑道防水、竖井防水

3.1.2 防水材料发展与现状

3.1.2.1 防水材料发展史

（1）古代防水材料 中国历史悠久，传统防水材料丰富多彩。先民从居洞穴搬到平原，采用树枝、树叶和草等植物做防水材料，搭棚避雨，后来以土为墙，以植物草叶、天然石板、夯土为盖组成房子。中国自秦汉以后发明了砖瓦，开始墙面用砖，顶面用瓦，以大坡度将水排走，用叠合多层的具有一定防水能力的瓦进行防水。防排结合，以排为主、以防为辅的技术，就此延续了近两千年历史。当时的经济发展条件，只是对居住房屋进行防水，避免雨水浸入室内，民间住房多为草屋、冷摊（铺）瓦屋面、栈砖座灰瓦屋面，北方少雨地区以夯土、砖拱覆土为主。宋代和元代以后宫殿庙宇建筑，大部分采用琉璃瓦，而且多道设防。

北京故宫青砖墙用石灰加糯米汁或杨桃藤汁或猪血调制，磨砖对缝砌筑，有了相当好的防水功能。故宫太和殿始建于康熙三十四年（1696年），不但用材考究且做工精细，每道防水层均具有可靠的防水能力。据介绍，太和殿屋顶采用五道（层）以上防水层。首先在木望板上铺薄砖，其上又铺贴桐油浸渍的油纸，再铺拍灰泥层，将石灰加上糯米汁等拌和铺抹一层，然后将麻丝均匀地拍入，灰泥上铺一层金属的"锡拉背"（耐腐蚀的惰性锡合金），用焊锡连接成整体，其上又铺一层灰泥加麻丝，最后坐浆铺琉璃瓦勾缝。

2007年7月26日，故宫太和殿首次大修揭开了其屋顶防水的神秘面纱。大修样式、材料完全仿古，为此，修缮处预先准备了锡拉背和麻布。但拆开屋瓦顶，瓦下并没有传说中的"锡拉背"，只是木望板上刷桐油灰（护板灰），然后是4cm厚的白灰背（主要成分是白灰加麻丝）。这次大修，仍保留了原来的灰背，原灰背有裂缝处采用油满（桐油加猪血熬制）涂刷，使灰背有一定的防水功能。太和殿历时三百多年未曾大修，是中国建筑防水史上辉煌的一页，值得我们后人骄傲和借鉴。

（2）近代防水材料　近代防水材料应从发现天然沥青并用它做防水材料开始，后来又使用炼油厂的石油沥青渣为原料制成油毛毡（沥青卷材），延续使用了上百年。最初的焦油沥青和石油沥青纸胎油毡起源于欧洲，约于20世纪20年代传入中国，1929年建成的南京中山陵就用上了油毛毡。新中国成立前，只有少数油毡作坊散布在一些城市，但未成规模。1947年我国第一家防水材料厂（万利油毛毡制造厂）在上海市徐汇区宜山路407号创建，1956年更名为上海建筑防水材料厂，即今天的上海建筑防水材料集团公司。新中国成立后，1950年创建了北京油毡厂，随后天津、沈阳、抚顺、武汉等地也陆续兴建了一批油毡厂。1952年，全国油毡产量达到76万卷（1520万平方米）。

沥青是极好的水密性、气密性材料，防止水渗透能力很强，有了沥青材料防水，人们将坡屋面降低至一定坡度形成平顶，减少了不可使用的尖顶部分，这是对建筑技术的一次大革命。20世纪50年代初，我国新建房屋多数采用以排为主的坡屋面防水，当时的主要做法是在木屋架上放置木檩、木椽、木板、纸胎煤沥青油毡及挂瓦条，然后铺设陶土平瓦或水泥砂浆平瓦、脊瓦等，组成了渗漏率很低的屋面防排水系统，同时也有少量建筑工程采用大锅熬制煤沥青，趁热铺贴纸胎煤沥青油毡，组成"三毡四油一砂"的平屋面防水层。50年代初，主要用煤焦油沥青生产纸胎油毡，大锅熬油，1955年开始用阿尔巴尼亚进口沥青。随着国内石油工业的迅猛发展，国产重油和沥青在防水材料生产中得到应用。随着我国国民经济建设的恢复和快速发展，从1955年开始，采用平屋面的房屋建筑工程不断增加，并逐步实现了以各项技术性能较优、对环境污染程度较低的石油沥青代替煤沥青铺贴纸胎石油沥青油毡，做成"三毡四油一砂"或"两毡三油一砂"的防水层，到50年代末有少量标准要求较高的建筑工程，如人民大会堂等"十大建筑工程"，也曾采用过当时根据需要研制成功的以石棉布或麻布为胎体、以石油沥青为浸渍涂盖层的卷材，做成"三毡四油"或"四毡五油"等多叠层的防水层，再在该防水层上采用水泥砂浆铺砌水泥方砖或陶瓷方砖作保护层，而成为上人屋面。当时建成的北京工人体育馆，还使用了进口的铝板经表面涂刷防护漆后，做成圆形屋面的防水层，从而较好地满足了这些建筑工程的使用要求。

20世纪60~70年代，我国建筑防水技术发展比较缓慢，虽然曾开发应用过石灰乳化沥青、膨润土乳化沥青、石棉乳化沥青、再生胶乳化沥青和阴离子乳化沥青等防水涂料,但终因材料质量不稳定,施工方法不规范,涂膜厚薄不均匀,防水层使用年限较短,故未能在新建工程中大面积推广应用。只有纸胎石油沥青油毡这种防水材料单一、施工方法比较落后的"三毡四油一砂"防水方法,一直沿用下来,至今仍在全国平屋面防水工程中占有一定的份额。80年代全国调查时,50年代建造的大批"三毡四油"防水屋面有的已使用近20年,尚可继续使用。这是过去以排为主、以防为辅的防水做法发展到以防为主、以排为辅的防水做法,形成了防排结合的防水原则。由于沥青本身高温变软流淌、低温变脆断裂的性能,它不适应庞大的、复杂的建筑物的形式,因此常出现防水层高温流淌、低温脆断、防水层鼓泡、防水层开裂的四大症害。为防治出现的质量事故,在技术上采取湿铺法、排汽屋面、控制胶结料厚度、增加保护层等方法。严格的工艺和操作规程、对技术工人的培训考核及防水工的等级制度,对提高防水工程质量起到了很大作用。60年代后期,乳化沥青得到较多应用,国内一部分科研单位先后进行了防水和密封材料的研究与开发。70年代,全国油毡产量已达1000万卷(2亿平方米)。

(3) 现代防水材料　20世纪60~70年代,工业发达国家已开发出SBS(苯乙烯系热塑性弹性体)、APP(无规聚丙烯)等改性沥青防水卷材和合成高分子防水卷材,经过20~30年的发展、完善和提高,加上材料自身的特性,其已成为占主导地位的防水材料。在欧洲,防水材料的使用以改性沥青防水卷材为主,其使用率分别是:法国85%、意大利95%、挪威61%,德国、英国和瑞典等也都在50%以上。其中意大利以APP改性为主,其他国家都以SBS改性为主,德国合成高分子防水卷材的用量占防水材料总用量的40%~45%。

中国现代防水材料的应用从20世纪80年代初改革开放开始。随着工作重点转向经济建设,建筑业迅速崛起,特别是高层建筑和超高层建筑如雨后春笋般在全国各地拔地而起,从而带动了国内防水材料工业的迅速发展:有力地推动着建筑防水新材料、新技术、新工艺的开发与应用,打破了以往纸胎石油沥青油毡在建筑防水工程中一统天下的格局。使中国建筑防水工程技术的整体水平迈上了一个新的台阶。国外的新型防水材料和技术的引进起到了很大的推动作用,使各种塑料和橡胶卷材相继问世,如氯化聚乙烯橡胶共混、氯磺化聚乙烯等高分子防水卷材相继开发应用。从70年代末开始,随着我国科学技术进步和化学建材工业的发展。建筑防水材料也从比较单一的品种迅速发展成为形态不一、性能各异的多类型、多品种的格局。我国防水材料逐步形成卷材、密封材料和涂料三大系列产品,防水材料增加为几十种,各类防水涂料、防渗堵漏材料、土工材料、防水剂、防水保温一体材料都有较大发展,为在建筑防水工程的设计与施工中体现"因地制宜、按需选材、优势互补、复合防水"的原则创造了条件,也为全面提高各类建筑防水工程质量提供了可靠的物质基础。

1978~1980年,采用聚醚树脂与二异氰酸酯等化工原料,通过加成聚合反应的工艺路线,研究成功了双组分固化、能够形成橡胶状弹性防水涂膜的聚氨酯防水材料。由于该涂料可进行冷施工,对任何形状复杂、管道纵横和变截面的防水基层均容易施工,并能在常温条件下形成连续、弹性、无缝、整体的防水涂膜,便于确保防水工程质量等,经北京燕京饭店、钓鱼台宾馆、中国银行金融大楼、五洲大酒店、长安俱乐部等工程的厕浴间、地下室和有刚性保护层的屋面总计近亿平方米防水工程中推广应用,均获得了良好的防水效果。

20世纪80年代初,研制成功了耐老化性能优异、耐高低温性能优良、不透水性能好、拉伸强度高、延伸率大、对基层伸缩或开裂变形适应性强的三元乙丙橡胶防水卷材,及其基层处理剂、基层胶黏剂、卷材接缝胶黏剂、卷材收头密封剂、表面着色剂等配套材料和施工应用技术。该产品先后在北京、上海、内蒙古、新疆、海南等20多个省、市、自治区以及巴基斯坦、约旦等援外工程总计2000多万平方米的屋面、地下室、水池等防水工程中广泛应用,有的工程已经过近20年的实际应用考核,其防水功能良好。

1983～1985年，研制成功的氯化聚乙烯-橡胶共混防水卷材是以含为30%～40%的氯化聚乙烯树脂和合成橡胶等国产原料为主体，采用共混改性的工艺路线制成的高分子合金"材料，是一种接缝容易黏结而各项主要技术性能均能达到或接近三元乙丙橡胶防水卷材指标的新型防水材料。该卷材在首都宾馆、国际会议中心、军事博物馆、湖北第二汽车制造厂及长春第一汽车制造厂等防水工程中的应用达1000多万平方米。

1983～1986年，研制成功了高温（90℃）不流淌、低温（-15℃）不脆裂、拉力较高、延伸率较大、使用寿命较长的聚酯胎SBS改性沥青柔性油毡。该卷材在八一电影制片厂和新华社业务大楼防水工程施工应用的基础上，在全国防水工程中得到广泛推广应用，取得了良好的防水效果。

1983～1987年，采用氯化聚乙烯树脂与玻纤网格布复合的加工工艺，研制成功了具有拉伸强度高、尺寸定性好、卷材接缝部位易于黏结等特点的增强型氯化聚乙烯防水卷材。该卷材在北京彩电中心、梅地亚中心、北京西客站等大面积的防水工程中施工应用。

1983年和1988年，研制成功了无毒、无污染、易于施工、各项技术性能较好的阳离子氯丁胶乳沥青涂料和硅橡胶防水涂料，为实现防水涂料系列化创造了条件。

1987年、1989年和1991年，研制成功了聚氨酯、丙烯酸酯、聚硫和硅酮（聚硅氧烷）密封膏，为实现不同类型建筑密封材料的配套化、系列化生产与推广应用，打下了物质基础。

1979年和1988年，研制成功了氰凝和水溶性聚氨酯等化学注浆堵漏剂，为实现注浆堵漏材料国产化做出了贡献。

在致力研究开发和推广应用各种柔性防水材料的同时，1988年研究成功了刚性结构自防水的主体材料——UEA补偿收缩混凝土。这种混凝土实现补偿收缩的膨胀源都是钙矾石，该混凝土主要适用于各种地下工程的刚性自防水结构，可与外包柔性防水层复合，共同组成并济互补、刚柔结合的防水构造。到目前为止，UEA补偿收缩混凝土的总用量已达到2500万立方米，经大量工程应用考核和系列性能检验，证明了其限制膨胀和强度等性能稳定，无倒缩现象，故应用于钢筋混凝土结构自防水工程是安全可靠的。

1980年，从日本引进年产100万平方米冷喂料挤出连续硫化的三元乙丙橡胶防水材料生产线，随后包头、辽阳、滕州相继引进，从而填补了我国高档高分子防水卷材的空白。1986年，从奥地利维拉斯公司引进多功能SBS、APP改性沥青防水卷材生产线（含沥青油毡瓦），从而填补了我国SBS、APP改性沥青防水卷材生产线的空白。到目前为止，我国11家企业分别由奥地利、意大利、德国、美国和西班牙等国家共引进15条改性沥青防水卷材生产线，所制造的产品在国家建设中发挥了重大作用。1个企业从意大利引进了1条宽幅连续挤出压延成型的聚氯乙烯防水卷材生产线，1个企业从意大利引进了1条宽幅挤出吹塑成型高密度聚乙烯土工膜生产线，2个企业分别从英国和法国引进了2条密封材料生产线，与此同时，采用国产设备建设的年产200万平方米以上能力的生产线已达30余条。20世纪90年代，国内几家企业采用国产挤出设备批量生产出质量很好的三元乙丙橡胶防水卷材。1990年，从意大利引进挤出型聚氯乙烯防水卷材生产线。1999年，国内企业采用国产原料、国内工艺技术、国产挤出设备也生产出聚氯乙烯P型一等品产品。2001年引进了德国沥青油毡瓦生产线，年生产能力2000万片，首条我国自行设计的辊筒切割式沥青油毡瓦生产线同年投产。研制开发出了彩色EPDM卷材及配套用改性胶黏带。新研发的TPO卷材也投入了市场，开始在工程中使用。金属（铅锡合金）卷材首次在国内研制成功，这种卷材应用于种植屋面防根穿刺性能更为优异。引进的宽幅土工膜设备已投入生产，产品大量应用于垃圾填埋场及地下工程。

1997年，毛主席纪念堂维修防水工程采用SBS改性沥青卷材；1998～1999年，人民大会堂全部屋面翻修工程采用防水主材料 SBS 改性沥青卷材、硬质聚氨酯发泡防水保温一体材料、JS 复合防水涂料和"水不漏"，该工程四道设防，材料优良，施工精细，质量很好；1998～1999 年，中央直属储备粮库工程防水面积近 2000 万平方米，工程浩大，采用了以 SBS、APP 改性沥青防水卷材（4mm 厚、聚酯胎、一等品）为主材料，屋面按 Ⅱ 级、地下按 Ⅰ 级设防方案。1999～2000 年，北京中华世纪坛、北京地铁八王坟站等重点工程均采用了大量新型防水材料。

为适应我国改革开放以来基本建设事业高速发展的需要，从中央到地方都十分重视加快对各种建筑防水新材料的研究开发和推广应用工作。1981 年 3 月，经国家经济贸易委员会批准成立中国建筑防水材料公司，由 12 家国家重点油毡企业组成我国第一个集产、供、销为一体的专业化联合体。公司成立后首先解决沥青供应问题，成员单位的产量由 1250 万卷很快增长到 2000 万卷，同时积极筹措资金用于企业的技术改造。12 家油毡厂普遍新建了氧化塔（釜），从而结束了大锅熬油的历史。改造后的油毡生产改善了作业条件，向自动化迈进了一大步。中国建筑防水材公司的成立及其发展，标志着我国防水材料工业的技术进步和整体水平。当时该公司的产量占全国防水材料总量的 60%，每年还有一定数量的出口。1984 年，经国家建材局批准成立中国建筑防水材料工业协会，从而架起了企业与政府、企业与企业之间的桥梁。目前会员单位已达 723 个，会员单位的防水产品产量占全国总量的 70%。1984 年，经国家建材局批准成立中国建筑防水材料公司苏州研究设计所（专业防水研究所）。1984 年，由中国建筑防水材料公司和中国建筑防水材料工业协会创办了防水专业杂志《中国建筑防水》。1987 年，经国家建材局批准，在苏州成立国家建材局防水材料产品质量监督检测中心，国家对防水材料进一步加强了质量监督。1991 年 6 月 13 日，建设部发布《关于治理屋面渗漏的若干规定》。这是我国第一个建筑防水方面的法规，对推广新型防水材料、治理建筑渗漏、提高防水工程质量起到重大作用。同年 12 月 13 日，建设部又发布《关于提高防水工程质量的若干规定》。1994 年 3 月 16 日，建设部发布强制性国家标准《屋面工程技术规范》，这对规范建筑防水材料市场和建筑防水工程市场，提高防水工程质量起到不可估量的作用。1999 年 5 月 7 日，国家建材局发布《建材工业"控制总量、调整结构"实施细则》，明确规定，发展 SBS、APP 改性沥青油毡、高分子防水卷材、高分子防水涂料和高分子密封材料等新型防水材料，淘汰焦油型防水涂料、年生产能力 100 万卷以下纸胎油毡生产线；禁止新建、扩建纸胎油毡生产线和年生产能力 200 万平方米以下的改性沥青油毡生产线。同年，7 月 21 日，国家建材局发布《新型建筑材料及制品发展导向目录》，SBS 改性沥青防水卷材等 10 项产品被列为重点发展新型材料。2001 年 1 月，经朱镕基总理签发、国务院发布《工程建设质量管理条例》，将防水工程质量保修期由 3 年改为 5 年，并规定了赔偿内容；2003 年 12 月 1 日，中国建筑防水博物馆（全球首座防水博物馆）对外开放，这是我国建材行业第一个用大量的实物、图片和史料展示五千年防水技术发展历程的博物馆；2006 年 11 月 9 日，中国建筑防水材料行业首次评选知名品牌产品 20 强，增强了企业品牌意识；2006 年 6 月，北京东方雨虹防水技术股份有限公司的"雨虹"商标成为中国第一个防水产品驰名商标，2008 年 9 月，"东方雨虹"股票在深交所挂牌，成为中国防水行业第一家上市公司，湖北石首、山东寿光、山西万荣、河南项城分别获得"中国建筑防水之乡"的称号，对行业发展产生了积极影响。

3.1.2.2 防水材料行业现状

近 20 年，中国经济飞速发展，建设事业日新月异，每年有 7 亿～8 亿平方米的城镇住宅，还有大量新兴工业、公共建筑、市政交通、基础设施等建设项目。巨大的建筑市场不仅需要多品种、高性能的各类防水产品，还为防水技术的发展提供了广阔的舞台。新材料的出现和应用技术的改进，使防水工程质量不断提高。建筑防水是一个系统工程，只有全面实施材料标准化、设计规范化、施工专业化、管理维护制度化，才能使我国的房屋建筑真正达到"无渗漏工程"的目标。

目前国外发达国家更注重材料应用性和耐久性指标，新型、环保建筑防水市场已占市场总量的90%以上。国外防水材料生产企业，拥有足够的科技人员，优良的生产和测试设备，可靠的施工队伍，稳定的原材料供应商，从而使防水体系有了保证，产品质量、产品功能、施工配套和施工质量已达到一个较高的水平，施工机械化程度高，防水服务体系也基本建立，防水材料市场主要体现在规模、特色方面。美国很多建筑为坡屋面，油毡、瓦类材料应用普遍，三元乙丙橡胶卷材也是主要防水材料之一。美国防水材料企业有40多家，100多个生产工厂，已从单一的生产工厂发展为大型跨国公司，在规模化、特色和服务上已在世界上占优势。欧洲国家如德国、法国、意大利以改性沥青防水材料为主。在日本，高分子涂料占有量较大。

2009年中国主要建筑防水材料产量为：高聚物改性沥青防水卷材2.1亿平方米，合成高分子防水卷材1.35亿平方米，防水涂料1.8亿平方米，自粘卷材8360万平方米，玻纤沥青瓦2200万平方米，其他新型防水材料5500万平方米。目前国际上防水材料的主要品种，国内基本上都可以生产，而且产品的产量正在逐年递增，产品的质量稳步提高，其主要技术性能指标均已达到或接近国外同类产品的先进水平，完全可以满足我国各种不同防水等级和设防要求的建筑防水工程的使用功能。

目前我国防水材料已形成包括SBS、APP改性沥青防水卷材、高分子防水卷材、防水涂料、密封材料、刚性防水和堵漏材料、瓦类材料等新型材料为主的高、中、低档不同品种，功能比较齐全的完整防水系列，并形成材料生产、设备制造、防水设计、专业施工、科研教学、经营网络为一体的工业体系，防水范围从屋面和地下逐步延伸到更为广阔的领域。据统计，目前新型防水材料约占全国防水材料总量的70%以上，纸胎油毡大幅缩减。防水保温一体材料、刚性防水材料、防渗堵漏材料、金属屋面材料、沥青瓦、土工材料将有一定的市场。但由于防水领域中研究力量不足，理论还不很成熟，体制还存在一定问题。与先进国家相比，我国在产品质量、应用技术、人员素质、市场培育和标准化等方面还存在许多问题，尤其是高品质的产品所占比例较小，整体水平不高更为突出，这些都需要我们在21世纪里努力解决并迎头赶上。

3.1.2.3 我国防水材料发展目标和趋势

（1）防水材料发展目标　根据我国基础建设发展的需要及市场走势，参考国外成功经验，今后我国建筑防水工程技术应重点开发和应用高聚物改性沥青卷材；积极发展和应用合成高分子卷材；努力开发密封材料、刚性防水材料和地下工程注浆堵漏材料及其施工应用技术；适当发展和应用涂膜防水，不断提高各种新型防水材料在建筑防水工程中的应用比例。

① 防水卷材　限制纸胎油毡，大力发展弹性体（SBS）、塑性体（APP）改性沥青防水卷材，积极推进三元乙丙（EPDM）和聚氯乙烯（PVC）高分子防水卷材，积极研制和发展聚烯烃（TPO）复合防水卷材，淘汰再生胶防水卷材。在改性沥青防水卷材用胎体方面，提倡采用聚酯毡、玻纤毡、聚乙烯膜胎及聚酯玻纤复合胎，限制和淘汰植物纤维基复合胎体和高碱玻纤布。

② 防水涂料　适当发展环保型防水涂料，重点发展聚氨酯、聚脲、水乳型丙烯酸防水涂料和橡胶改性沥青防水涂料。聚氨酯防水涂料由煤焦油型向石油沥青聚氨酯和纯聚氨酯过渡。在橡胶改性沥青涂料方面，积极开发和推广高固含量及高质量的橡胶改性沥青防水涂料。积极开发丙烯酸等外墙防水涂料，解决墙体渗漏问题，推广应用路桥防水涂料等特种用途的防水涂料。禁止使用有污染的煤焦油类防水涂料。

在防水涂料中，将由薄质涂料（固含量40%以下）向厚质涂料（固含量60%以上）发展,发展无溶剂涂料和水性涂料,发展集防水、装饰、隔热于一体,且可在潮湿基层进行施工作业的现代新型防水涂料。

③ 灌浆材料　地基加固采用水泥基灌浆材料;结构补强采用环氧灌浆材料,特别是低黏度潮湿固化环氧灌浆材料;防水堵漏采用聚氨酯灌浆材料。针对不同工程情况推荐采用复合灌浆工艺。限制使用有毒、有污染的灌浆材料。

④ 密封材料　努力开发高档建筑密封材料,重点发展建筑、市政和汽车用密封膏,巩固丙烯酸密封材料(中档),提倡应用聚硫、硅酮(聚硅氧烷)、聚氨酯等高档密封材料,积极研究和应用密封材料的专用底涂料,以提高密封材料的黏合力、耐水性和耐久性。禁止使用塑料油膏、聚氯乙烯胶泥等密封材料。

⑤ 刚性防水　刚性防水将由普通级配混凝土(或砂浆)向补偿收缩混凝土(或砂浆)和聚合物混凝土(或砂浆)方向发展。积极应用聚合物水泥防水砂浆,提倡钢纤维、聚丙烯纤维抗裂防水砂浆,研究应用沸石类硅质防水剂砂浆。大力推广应用干粉砂浆(黏结、填缝等专用砂浆)。

⑥ 防水保温材料　巩固挤塑型聚苯板与砂浆保温系统,积极推广应用喷涂聚氨酯硬泡整体现场成型的保温材料。限制使用膨胀蛭石及膨胀珍珠岩等吸水率高的保温材料。禁止使用松散材料的保温层。

⑦ 特种防水材料　积极应用天然纳米防水材料——膨润土防渗水材料,具体品种有膨润土止水条、膨润土防水板和膨润土防水毯。研究应用金属防水材料,探索应用文物保护用修旧如旧的专用防水涂料和混凝土保护用防水涂料。

(2) 防水材料发展趋势

① 纳米技术将逐步应用到防水涂料中,从而改变防水涂料的弹性和耐久性。

② 机械化施工和聚脲类防水涂料以施工便捷、有机挥发物低、高性能环保等特点将占领涂料市场。

③ 对 SBS、APP 改性沥青生产、改性原理、应用更加深入地了解,将开发出更多的优质改性沥青材料,更好地改善沥青的高、低温性能和耐老化性能。

④ 利用工业废料生产环保类防水材料将成为开发的重点。

⑤ 材料施工逐步趋向冷施工、自黏类材料。

⑥ 防水材料的配套材料将逐步完善。

⑦ 开发施工配套机具,完善防水施工工艺,是防水行业发展的必然趋势。

⑧ 在建筑防水工程设计与施工中,将由混合型的队伍向专业化设计与施工队伍的方向发展。

⑨ 建筑防水分项工程将由传统的保修制度向逐步建立和实行防水工程质量保证期制度的方向发展。

3.1.3　防水材料的分类

近年来,我国新型防水材料飞速发展,新品种不断问世,日新月异。但目前尚无统一的分类,很难按规律去认识和掌握。同时由于分类不清,在命名上也产生混乱,无法规范它们的指标,致使人们面对众多的防水材料难以有一个正确和清晰的认识,尤其许多材料取了俗名,用户更难理解。因此,很需要对我国现有的防水材料给予明确的分类,确定其界限,以便设计、施工时能够正确选用防水材料及配套材料。

防水材料分类是为了理顺防水材料的类别、属性、品种、性状、形式、组成和性能指标要求之间的关系,使人们易于认识和掌握。同一类别、同一品种、同一形式的防水材料在应用和施工工艺上有其共同特性,按同类材料的共性进行分类,可便于制定相关的材料标准和工艺标准，便于设计、施工采用，便于研究、改进和发展；统一防水材料的命名后，用户从其名称上就可以认识和理解该种材料的基本特性，并规范各类防水材料的性能指标要求，杜绝假冒伪劣产品。

防水材料分类的方法很多，从不同角度和要求，有不同的归类。为使产品达到方便使用的目的，可按防水材料的材性、组成、形态、类别、品名和原材料性能划分。为便于工程应用，目前常用根据材料形态和材性相结合的划分方法。

3.1.3.1 按材性分类

防水材料按材性分为刚性防水材料、柔性防水材料和粉状防水材料，见表3.2。

表3.2 防水材料按材性划分

名称	特点	举例
刚性防水材料	强度高、不能延伸、性脆、抗裂性较差，质重、耐高低温、耐穿刺、耐久性好，改性后材料具有韧性	防水混凝土、防水砂浆、水泥瓦、聚合物防水泥浆
柔性防水材料	弹性、塑性、延伸率大，抗裂性好，质轻，弹性高，延展性好，耐高低温有限，耐穿刺差，耐久性有一定的年限	各种卷材、涂料、密封胶、金属板材
粉状防水材料	需借助其他材料合成防渗材料	膨润土毯

3.1.3.2 按材料形态分类

防水材料按材料形态可分为防水卷材、防水涂膜、密封防水材料、防水混凝土、防水砂浆、金属板、瓦片、憎水剂、粉状防水材料，见表3.3。不同形态的材料对防水主体的适应性是不同的。卷材、涂膜密封材料柔软，应依附于坚硬的基面上；金属板既是结构层又是防水层；而防水混凝土、防水砂浆、瓦片刚性大，坚硬；憎水材料使混凝土或砂浆这些多孔（毛细孔）材料的表面具有憎水性能；粉状松散材料遇水溶胀止水。

表3.3 防水材料按形态划分

形式	特点	举例
防水卷材	经压延、涂布成卷的材料	合成高分子卷材、聚合物改性沥青卷材
防水涂膜	液态涂布后形成膜层材料	合成高分子涂料、改性沥青涂料、渗透结晶涂料
密封防水材料	膏状或条状密封材料	高分子密封胶
防水混凝土	水泥、砂、石、搅拌浇筑成型硬化	防水混凝土
防水砂浆	水泥、砂、外加剂搅拌浇筑成型硬化	防水砂浆、干粉砂浆、聚合物砂浆
金属板	钢板、合金、压型板	压型金属板
瓦片	黏土、水泥、有机物等压制、烧制	筒瓦、小青瓦、琉璃瓦、平瓦、沥青瓦
憎水剂	憎水性液体	有机硅液
粉状防水材料	吸水后形成糊状	膨润土毯

3.1.3.3 按组成材料的性能来划分

防水材料按性能划分，见表3.4。防水材料由于其物性、成分的不同，所表现出来的防水性能和工艺就有所区别，如反应型涂料和挥发型涂料，由于成膜的机理不同，它的应用环境就不同。

表 3.4　防水材料按性能划分

类别	特性	举例
橡胶型材料	具有胶弹性	三元乙丙橡胶卷材、聚氨酯涂料
树脂类材料	具有塑性变形特征	PVC 卷材、丙烯酸涂料、JS 涂料
反应型材料	双(单)组分反应成膜	聚氨酯涂料、FJS 涂料
挥发性材料	水、溶剂挥发成膜	丙烯酸涂料、SBS 改性沥青涂料
改性型材料	不同材性材料互相改性	SBS 改性沥青卷材、SBS 改性热熔涂料、JS 涂料
热熔型材料	加热熔化,降温成膜	SBS 改性沥青热熔涂料
渗透结晶材料	加水发生硬化反应	渗透结晶涂层材料

3.1.3.4　按材料的种类划分

同一材料品种,体现材料的共同性能指标。过去常按品种划分防水体系,就是由此而来的。相同品种的材料具有很多共性,其特点也相似,但具体性能指标会有较大差别。防水材料按材料的品种划分,见表 3.5。

表 3.5　防水材料按材料的品种划分

品种	特性	举例
合成高分子卷材	高分子材料压延成卷	三元乙丙橡胶卷材、PVC 卷材
聚合物改性沥青卷材	聚合物改性沥青浸涂成卷	SBS 改性沥青卷材
沥青基卷材	胎体浸渍沥青成卷	纸胎油毡
合成高分子涂料	合成高分子溶液或乳液组合成液料涂布成膜	聚氨酯涂料、丙烯酸涂料
聚合物改性沥青涂料	聚合物改性沥青涂布成膜	氯丁橡胶沥青涂料、SBS 改性沥青热熔涂料
沥青基涂料	沥青基涂料涂布成膜	石灰抹压乳化沥青
合成高分子密封胶	高黏结性、弹性	聚氨酯密封胶、聚硫密封胶
聚合物改性沥青密封胶	聚合物改性沥青	SBS 改性沥青密封胶、氯丁橡胶改性沥青密封胶
防水混凝土	强度高、脆性	各种防水混凝土
聚合物水泥涂料	有机与无机材料组合	JS 涂料、FJS 涂料
聚合物水泥砂浆	砂浆中加入各种聚合物胶	干粉防水砂浆、聚合物防水砂浆
渗透性结晶材料	渗入砂浆、混凝土毛细孔,形成结晶涂色毛细孔	赛柏斯、渗透微晶
憎水剂	使毛细孔或物质表面产生憎水现象	有机硅憎水剂
金属板	金属板既是结构层又是防水层	铝合金压型板、钢压型板、钛金属板
瓦	水泥、黏土制成片状	水泥平瓦、小青瓦、筒瓦
粉毯	毯包裹膨润土粉制成	膨润土毯

3.1.3.5　按材料品名划分

材料的名称包括学名、别名、代号、商品名等,我国防水材料大多以学名来命名,有些材料有国外引进来的商品名,让大家熟悉后便习惯了这种名字,所以许多防水材料还是商品名加学名并用。防水材料按材料品名划分,见表 3.6。

表 3.6 防水材料按材料品名划分

品 名	举 例
三元乙丙橡胶卷材	硫化型三元乙丙橡胶卷材、非硫化型三元乙丙橡胶卷材
氯化聚乙烯卷材	氯化聚乙烯橡胶共混卷材、氯化聚乙烯卷材
PVC 卷材	PVC 卷材、红泥 PVC 卷材
聚乙烯卷材	聚乙烯土工膜、聚乙烯双面复合丙纶卷材
弹性体改性沥青卷材	SBS 改性沥青卷材
塑性体改性沥青卷材	APP(APAO)改性沥青卷材
自黏卷材	SBS 改性沥青自黏卷材、丁基橡胶改性沥青自黏卷材
聚氨酯涂料	水固化聚氨酯、单组分湿固化聚氨酯、双组分聚氨酯
乙烯酸涂料	丙烯酸酯涂料
聚合物水泥涂料	JS 涂料、FJS 涂料
聚合物防水砂浆	干粉砂浆、聚合物水泥砂浆
防水混凝土	减水剂防水混凝土、减缩剂防水混凝土、膨胀剂防水混凝土
瓦	彩色玻璃瓦、水泥瓦、树脂瓦、沥青瓦
	平瓦
聚氨酯密封胶	聚氨酯密封胶
聚硫密封胶	聚硫密封胶
渗透结晶涂层材料	赛柏斯、凯顿等

3.1.4 防水材料的基本性质

防水材料在使用过程中所受作用很复杂。防水材料要在一定时间内阻止水对建筑物或构筑物的渗透，应具有不同的性质。防水材料的常规性能指标如下。

（1）物理性质　与各种物理过程（水、热作用）有关的性质，如抗渗性、温度稳定性等。

（2）力学性能　防水材料应具有一定的抗拉伸（抗压、抗折）强度和抗变形能力，以抵御使用过程结构变形和施工过程受力后适应变形的能力，如抗撕裂强度、抗疲劳能力、抗穿刺能力、黏结强度等。

（3）耐久性　防水材料在自然环境作用下，能抵御紫外线、臭氧、酸雨及风雨冲刷的性能稳定，以及防水材料储存期间自身性能的稳定性，如刚性材料为耐冻融、耐风化；柔性材料为耐紫外线、耐臭氧、耐酸雨、耐干湿、耐冻融、耐介质腐蚀等。

（4）施工性　防水材料要施工方便，技术易被掌握，较少受操作工人技术水平、气候条件、环境条件的影响，如自黏卷材。

（5）环保性　在防水材料生产和使用过程中，不污染环境和不损害人身健康。

防水材料所具有的各种性质，主要取决于材料的组成和结构状态，同时还受到环境条件的影响。不同部位的防水工程，不同的防水做法，对防水材料的功能要求也各有其侧重点。如屋面防水层长期经受着风吹、雨淋、日晒、雪冻等恶劣的自然环境侵袭和基层结构的变形影响，对屋面用防水材料的耐候性、耐温度、耐外力的性能尤为重要；针对地下水的不断侵蚀，且水压较大及地下结构可能产生的变形等条件，地下防水工程用防水材料必须具备优质的抗渗能力和延伸率，具有良好的整体不透水性；针对厕浴间面积小、穿墙管洞多、阴阳角多、卫生设备多等因素带来与地面、楼面、墙面连接构造较复杂等特点，室内厕浴间用防水材料应能适合基层形状的变化并有利于管道设备的敷设，以不透水性优异、无接缝的整体涂膜最为理想；考虑到墙体有承受保温、隔热、防水综合功能的需要和缝隙构造连接的特殊形式，建筑外墙板缝所用防水材料应以有较好的耐候性、高延伸率、黏结性以及抗下垂性等性能为主，一般选择防水密封材料并辅以衬垫保温隔热材料进行配套处理为宜。

为了保证构筑物防水工程经久耐用，就需要掌握防水材料的性质，并了解它们与材料组成和结构的关系，从而合理地选用防水材料。

3.1.5 防水材料的标准化

防水材料的生产必须有一定的标准，它是企业生产的产品质量是否合格的技术依据，也是供需双方对产品质量进行验收的依据。

标准是对重复性事物和概念所做的统一规定，它以科学技术和实践经验的综合成果为基础，由主管机构委托有关单位或部门组织编制。经主管机构批准，以特定形式发布，作为共同遵守的准则依据。当一种材料产品从初试、中试到生产，国家未制定标准时，一般都由企业自行制定或参考相似产品制定自己的产品标准，来控制产品生产，保证产品质量和健全生产管理；当产品生产正常，有一定的使用范围，证明可以提升为国家行业标准时，由几家学术机构或厂家参加来制定国家行业的统一标准。

标准是根据一个时期的技术水平制定的，因此它只能反映一个时期的技术水平，具有暂时性和相对稳定性。随着科学技术的发展，不变的标准不但不能满足技术飞速发展需要，而且会对技术的发展起到限制和束缚的作用，所以应根据技术发展的速度与要求不断地进行修订，但标准一旦颁布，企业必须严格执行。

防水标准的制定和实施，有助于检验与控制建筑防水材料产品的质量，大力推广新型防水材料，打击假冒伪劣产品，保证防水工程质量。

防水材料的标准包括如下内容：定义、产品分类、技术性能、测试方法、检验规则、包装和标志、储存与运输注意事项等。标准的一般表示方法是：标准名称、部门代号、编号和批准年号。防水材料有关标准名称及标准代号对应表见表3.7。

表3.7 防水材料有关标准名称及标准代码对应表

标准分类	标准名称	标准代码	示 例	
国家标准	中国国家标准	GB	GB 50207—2012	屋面工程质量验收规范
	推荐性国标	GB/T	GB/T 18840—2002	沥青防水卷材用胎基
行业标准	黑色冶金	YB	YB/T 9261—1998	水泥基灌浆材料施工技术规程
	水利	SL	SL/T 231—1998	聚乙烯（PE）土工膜防渗透工程技术规范
	建材	JC	JC/T 894—2009	聚合物水泥防水涂料
	交通	JT	JT/T 203—2014	公路水泥混凝土路面接缝材料
	电力	DL	DL/T 100—2006	水工混凝土外加剂技术规程
	城镇建设	CJ	CJJ 62—1995	房屋渗漏修缮技术规范
	建筑工程	JG	JG/T 141—2001	膨润土橡胶遇水膨胀止水条
	化工	HG	HG 2402—1992	屋顶橡胶防水材料三元乙丙橡胶片材
	工程建设推荐性	CECS	CECS 18:2000	聚合物水泥砂浆防腐蚀工程技术规程
地区标准	地方标准	DB	DBJ 01-16—1994	新型沥青卷材防水工程技术规程
			苏建规 01—1989	高分子防水卷材屋面施工验收规程
企业标准	企标	单位自定	Q/6S461—1987	XM-43 密封腻子
			QJ/SL 02.01—1989	APP 改性沥青卷材

《建筑材料标准汇编建筑防水材料》和《现行防水材料标准及施工规范汇编》基本上反映了建筑防水材料现行国家及行业标准的全貌。

3.2 防水卷材

防水卷材是指用特制的纸胎或其他纤维纸胎及纺织物、浸透石油沥青、煤沥青及高聚物改性沥青改制成的,或以合成高分子材料为集料加入助剂及填充料,经过多种工艺加工而成的长条形、片状,成卷供应并起防水作用的产品。防水卷材在建筑防水材料的应用中处于主导地位,在建筑防水工程的实践中起着重要作用,广泛应用于建筑物地上、地下和其他特殊构筑物的防水,是一种面广量大的防水材料。其规格品种已由20世纪50年代单一的沥青油毡发展到具有不同物理性能的几十种高、中档新型防水卷材,常用的防水卷材按材料组分的变化一般可分为沥青防水卷材、高聚物改性沥青防水卷材和合成高分子防水沥青卷材三大系列,各系列又包含多个品种,具体见表3.8。

表3.8 防水卷材的主要类型分类表

防水卷材	沥青防水卷材		纸胎沥青防水卷材
			玻纤布胎沥青防水卷材
			玻纤胎沥青防水卷材
			麻布胎沥青防水卷材
	高聚物改性沥青防水卷材		SBS改性沥青防水卷材
			APP改性沥青防水卷材
			SBR改性沥青防水卷材
			PVC改性焦油沥青防水卷材
	合成高分子防水卷材	弹性体防水卷材	三元乙丙橡胶防水卷材
			聚氯乙烯-橡胶共混防水卷材
		塑性体防水卷材	聚氯乙烯防水卷材
			增强聚氯乙烯防水卷材

3.2.1 沥青防水卷材

沥青防水卷材是以各种沥青为基材,以原纸、纤维布等为胎基,表面施以隔离材料而制成的片状防水材料,其中最具有代表性的是纸胎沥青防水卷材,简称油毡或油毛毡。它是用低软化点的石油沥青浸渍原纸,然后用高软化点的石油沥青涂盖油纸的两面,再涂隔离材料制成的一种防水卷材。由于沥青具有良好的防水性,而且资源丰富、价格低廉,所以沥青防水卷材的应用曾经在我国占主导地位。但由于沥青材料的低温柔性差、温度敏感性强、耐大气性差,故属于低档防水卷材。

按《石油沥青纸胎油毡》(GB 326—2007)的规定,各种油毡的物理性能应见表3.9。

表3.9 油毡物理性能

规格			Ⅰ型	Ⅱ型	Ⅲ型
单位面积浸涂材料总量/(g/m^2)		≥	600	750	1000
不透水性	压力/MPa	≥	0.02	0.02	0.10
	保持时间/min	≥	20	30	30

续表

规格	Ⅰ型	Ⅱ型	Ⅲ型
吸水率/% ≤	3.0	2.0	1.0
耐热度（85℃±2℃）	2h涂盖层无滑动、无流淌和集中性气泡		
拉力（纵向）/(N/50mm)	240	270	340
柔度（18℃±2℃）	绕φ20mm圆棒或弯板无裂纹		

Ⅰ、Ⅱ型油毡适用于简易防水、临时性建筑防水、建筑防潮及包装等。Ⅲ型油毡适用于屋面、地下、水利等工程的多层防水。

过去，纸胎油毡是我国防水材料的主角，但由于其性能较差，使用年限越来越短，其用量越来越少。近年来，通过对油毡胎体材料加以改进、开发，已由最初的纸胎油毡发展成为玻璃布胎沥青油毡等一大类沥青防水卷材，使防水卷材的性能得到了改善，广泛用于地下、水工、工业与民用建筑，尤其是屋面防水工程。自1999年以来，非改性沥青纸胎防水卷材逐步退市，被其他胎基的沥青防水卷材，特别是改性沥青防水卷材和高分子防水卷材取代。

3.2.2 改性沥青防水卷材

由于沥青防水卷材的低温柔性、伸长率、拉伸强度、耐久性差，难以适应建筑物基层伸缩、开裂变形和耐久性的需要，已逐渐从市场中淘汰。在沥青中添加适当的高聚物改性剂，可以改善传统沥青防水卷材的缺点，高聚物改性沥青防水卷材具有高温不流淌、低温不脆裂、拉伸强度较高和伸长率较大等优点。

迄今为止，高聚物改性沥青防水卷材是新型防水材料中使用比例最高的一类。在沥青中掺入聚合物后，可改变沥青的胶体分散结构，也改变了分散成分，聚合物分子彼此之间相互分开，形成网状结构，而沥青则填充到网状高分子化合物中，冷却后，沥青仍停留在那个位置，人为增强聚合物分子链的移动性、弹性和塑性。

掺入沥青中的高分子聚合物必须与沥青之间有较好的相容性，高分子材料中含有分支结构，即使掺入量少，也可生成网状弹性结构，具有较大范围的高聚性状态，因此温度升高时，能有一定的机械强度；低温时，又具有较好的弹性和塑性。

通过高聚物的改性作用，沥青弹性增加，具有可逆变性的能力；沥青的软化点提高，低温流动性增加，使感温性能得到明显改善；低温柔性增加，使用寿命延长；耐老化性和耐硬化性有所提高，使改性沥青具有良好的使用功能，即高温不流淌、低温不脆裂；机械强度、刚性、低温延性也有所改善。因此，改性沥青防水卷材更能满足建筑工程防水应用。

按改性高聚物的种类不同，改性沥青油毡可分为弹性SBS改性沥青防水卷材、塑性APP改性沥青防水卷材和其他改性沥青防水卷材，如丁苯橡胶改性沥青防水卷材、三元乙丙橡胶改性沥青防水卷材、再生胶改性沥青防水卷材及橡塑共混改性沥青防水卷材等；按油毡使用的胎体品种不同，又可分为玻纤胎、聚酯胎、复合玻纤胎、聚乙烯膜胎改性沥青防水卷材等品种。

3.2.2.1 弹性体（SBS）改性沥青防水卷材

SBS是对沥青改性效果最好的高聚物，它是一种热塑性弹性体，是塑料、沥青等脆性材料的增韧性，加入到沥青中的SBS（添加量一般为沥青的10%～15%）与沥青相互作用，使沥青产生吸收、膨胀，形成分子键合牢固的沥青混合物，从而显著改善了沥青的弹性、伸长率、高温稳定性、低温柔韧性、耐疲劳性和耐老化等性能。SBS改性沥青防水卷材是以玻纤毡、聚酯毡等增强材料为胎体，以SBS改性石油沥青为浸渍涂盖层，以塑料薄膜为防黏隔离层，经过选材、配料、共熔、浸渍、复合成型、收卷曲等工序加工而成的一种柔性防水卷材。

SBS 的性能特点如下。

① SBS 改性沥青防水卷材的伸长率高，可达 150%，大大优于普通纸胎防水卷材，对结构变形有很高的适应性。

② 有效使用温度范围广，为 -38~119℃。

③ 耐疲劳性能优异，疲劳循环 1 万次以上仍无异常。

④ 可溶物含量高，可制成厚度大的产品，具有塑料和橡胶特性。

⑤ 具有优良的耐老化性和耐久性，耐酸、碱及微生物腐蚀。

⑥ 施工方便，可选用冷黏结、热黏结和自黏结，可叠层施工。

SBS 改性沥青油毡除用于一般工业与民用建筑防水外，还适用于高级和高层建筑物的层面、地下室、卫生间等的防水防潮，以及桥梁、停车场、屋顶花园、游泳池、蓄水池、隧道等建筑的防水，由于该卷材具有良好的低温柔韧性和极高的弹性延伸性，更适合于北方寒冷地区和结构易变形的建筑物防水。

根据《弹性体改性沥青防水卷材》（GB 18242—2008）的规定，玻纤毡胎基 SBS 改性沥青防水卷材的物理性能见表 3.10。

表 3.10　玻纤毡胎基 SBS 改性沥青防水卷材的物理性能

序号	胎基			PY		G	
	型号			Ⅰ	Ⅱ	Ⅰ	Ⅱ
1	可溶物含量/(g/m²) ≥		2mm	—		1300	
			3mm	2100			
			4mm	2900			
2	不透水性		压力/MPa	0.3		0.2	0.3
			保持时间/min ≥	30			
3	耐热度/℃			90	105	90	105
				无滑动、无流淌、无滴落			
4	拉力/(N/50mm) ≥		纵向	450	800	350	500
			横向			250	300
5	最大拉力时伸长率/% ≤		纵向	30	40	—	
			横向				
6	低温柔度/℃			-18	-25	-18	-25
				无裂纹			
7	撕裂强度/N ≥		纵向	250	350	250	350
			横向			170	200
8	人工气候加速老化		外观	1 级			
				无滑动、无流淌、无滴落			
		拉力保持率/%	纵向	80			
		低温柔度/℃		-10	-20	-10	-20
				无裂纹			

注：表中 1~6 项为强制项目。

3.2.2.2 塑性体（APP）改性沥青防水卷材

APP（无规聚丙烯）改性沥青防水卷材是以玻纤毡或聚酯毡为胎体，以APP改性沥青为预浸涂盖层，然后上层撒上隔离材料，下层覆盖聚乙烯薄膜或撒细砂而成的沥青防水卷材。APP材料的最大特点是分子中极性碳原子少，因而单键结构不易分解，掺入石油沥青后，可明显提高其软化点、黏结性能和伸长率。软化点随APP的掺入比增加而上升，所以，能够提高卷材耐紫外线照射能力，具有优良的耐老性能。石油沥青中加入25%～35%的APP可以大幅度提高沥青的软化点，并能明显改善其低温柔韧性。APP具有良好的化学稳定性，无明显熔化点，在165～176℃之间呈黏稠状，随温度升高黏度下降，在200℃左右流动性最好。

其特点是：

① 拉伸强度高、伸长率大，具有良好的耐热性和耐紫外线老化性能；
② 温度适应范围为-15～130℃；
③ 耐腐蚀性好，自燃点较高（265℃）；
④ 耐热度高，其耐热度比SBS改性沥青防水卷材要好。

根据《塑性体改性沥青防水卷材》（GB 18243—2008）的规定，玻纤毡胎基APP改性沥青防水卷材的物理性能见表3.11。

表3.11 玻纤毡胎基APP改性沥青防水卷材的物理性能

序号	胎基			PY		G	
	型号			Ⅰ	Ⅱ	Ⅰ	Ⅱ
1	可溶物含量/(g/m²) ≥		2mm	—		1300	
			3mm	2100			
			4mm	2900			
2	不透水性		压力/MPa	0.3		0.2	0.3
			保持时间/min ≥	30			
3	耐热度/℃			110	130	110	130
				无滑动、无流淌、无滴落			
4	拉力/(N/50mm) ≥		纵向	450	800	350	500
			横向			250	300
5	最大拉力时伸长率/% ≥		纵向	25	40	—	
			横向				
6	低温柔韧性/℃		-18	-5	-15	-5	-15
				无裂纹			
7	撕裂强度/N ≤		纵向	250	350	250	350
			横向			170	200
8	人工气候加速老化	外观		1级			
				无滑动、无流淌、无滴落			
		拉力保持率/%	纵向	80			
		低温柔度/℃		3	-10	-3	-10
				无裂纹			

注：表中1~6项为强制项目。

APP改性沥青防水卷材适用于工业与民用建筑的屋面、地下室、卫生间等的防水防潮，以及桥梁、停车场、游泳池、蓄水池、隧道等建筑的防水，尤其适用于高温或有强烈太阳辐照地区的建筑物的防水。

3.2.2.3 改性沥青聚乙烯胎防水卷材

改性沥青聚乙烯胎防水卷材是以高密度聚乙烯膜为胎基，以改性沥青（包括用增塑油和催化剂将沥青氧化改性的氧化沥青、用丁苯橡胶和塑料树脂将沥青氧化改性的改性沥青、用SBS和APP等高聚物改性沥青）为基料，并以聚乙烯膜或铝箔覆盖表面，经滚压、水冷、成型而制成的防水卷材。

该类防水卷材具有良好的弹性、塑性、耐候性、低温不脆裂性和高温不流淌性。另外，由于其胎基聚乙烯膜具有良好的可伸缩性能，使该卷材更能适应由于使用环境温度变化而引起的变形，使其具备较强的环境适应能力。改性沥青聚乙烯胎防水卷材的物理性能要求见表3.12。

表3.12 改性沥青聚乙烯胎防水卷材的物理性能要求

上表面覆盖材料			E					AL			
基料			O		M		P		M		P	
型号			Ⅰ	Ⅱ	Ⅰ	Ⅱ	Ⅰ	Ⅱ	Ⅰ	Ⅱ	Ⅰ	Ⅱ
不透水性/MPa	≥		0.3									
			不透水									
耐热度/℃			85	85	90	90	95		85	90	90	95
			无流淌、无起泡									
拉力 /(N/50mm)	纵向		≥100	≥140	≥100	≥140	≥100	≥140	≥200	≥220	≥200	≥220
	横向			≥120		≥120		≥120				
断裂伸长率 /%	纵向		≥200	≥250	≥200	≥250	≥200	≥250				
	横向											
低温柔韧性/℃			0	−5	−10	−15			−15		−10	−15
			无裂纹									
尺寸稳定性	/℃		85	85	90	90	95		85	90	90	95
	/%		≤0.25									
热空气老化	外观		无流淌、无起泡									
	拉力保持率（纵向）/%		≥80						—			
	低温柔韧性 /℃		8	3	−2	−7						
			无裂纹									
人工气候 加速老化	外观								无流淌、无起泡			
	拉力保持率（纵向）/%		—						≥80			
	低温韧性度 /℃								3	−2		−7
									无裂纹			

该防水卷材最适合用于隐藏工程的防水（如水坝、水池和隧道等）和工业与民用建筑的地下工程防水，也适用于非暴露性屋面防水。

3.2.2.4 改性沥青复合胎防水卷材

改性沥青复合胎防水卷材是指以橡胶、树脂等高聚物材料做改性剂制成的改性沥青材料为基料,以两种材料复合(如沥青聚酯毡和玻纤网格布复合、沥青玻纤毡和玻纤网格布复合、沥青涤棉无纺布和玻纤网格布复合、沥青玻纤毡和聚乙烯膜复合)形成的毡为胎体,以细砂、矿物粒(片)料、聚酯膜、聚乙烯膜等为覆面材料,经浸涂、滚压等工艺而制成的防水卷材。

该防水卷材具有改性沥青聚乙烯胎防水卷材的所有特点,另外,由于它采用了两种材料复合而成的胎体,故其力学性能尤佳,使用寿命长,适用范围广。适用于一般的工业与民用建筑的屋面防水、地下防水工程,屋面隔气层以及建筑物防潮,也可用于重要工业与民用建筑屋面工程、地下工程叠层防水结构中的一层。改性沥青聚乙烯胎防水卷材的物理性能见表 3.13。

表 3.13 改性沥青聚乙烯胎防水卷材的物理性能

项目			聚酯毡、网格布		玻纤毡、网格布		无纺布、网格布		玻纤毡、聚乙烯膜	
			一等品	合格品	一等品	合格品	一等品	合格品	一等品	合格品
柔度/℃			−10	−5	−10	−5	−10	−5	−10	−5
			3mm 厚,$r=15$mm;4mm 厚,$r=25$mm;3s,180°无裂纹							
耐热度/℃			90	85	90	85	90	85	90	85
			加热 2h,无气泡,无滑动							
拉力/(N/50mm)	纵向		≥600	≥500	≥650	≥400	≥800	≥550	≥400	≥300
	横向		≥500	≥400	≥600	≥300	≥700	≥450	≥300	≥200
断裂伸长率/%	纵向		≥30	≥20	≥2		≥2		≥10	≥4
	横向									
不透水			0.3MPa		0.2MPa				0.3MPa	
			保持时间 30min,不透水							
人工气候老化处理(30d)	外观		无裂纹、不起泡、不黏结							
	拉力保持率/%	纵向	≥80							
		横向	≥70							
	柔度/℃		−5	0	−5	0	−5	0	−5	0
			无裂纹							

3.2.2.5 自黏橡胶改性沥青防水卷材

指在常温下可以自行与基层或卷材黏结的改性沥青防水卷材,简称自黏卷材。按有无胎基材料分为无胎基自黏防水卷材和有胎基自黏防水卷材两类,其中自黏橡胶沥青防水卷材标准范围的无胎基自黏防水卷材是指以 SBS 等弹性体改性沥青为基料,掺入增塑、增黏材料和填充材料,以铝箔、聚乙烯膜为表面材料或无表面覆盖层(双面自黏),底表面或上下表面覆涂硅隔离防黏材料制成的可自黏的防水卷材。它具有良好的柔韧性、耐热性和延展性,适应基层因应力产生的变形能力强。

有胎基自黏改性沥青防水卷材是指以玻纤毡、聚酯毡为胎基,两面或上表面涂改性沥青(多为 SBS 沥青),卷材下表面涂自黏橡胶改性沥青,并覆涂硅隔离膜或皱纹隔离纸,上表面覆细砂、矿物粒(片)料、塑料膜、金属箔等材料制成的一种胎基自黏改性沥青防水卷材,它具有与 SBS 改性沥青防水卷材相近的性能。只是因前者的上表面或双面可以撕去隔离膜后,直接进行粘贴,而无需使用冷底子油或黏结剂,因而施工简便、快速,减少了施工期。

自黏橡胶改性沥青防水卷材按其表面材料可分为3种:聚乙烯膜(代号:PE)防水卷材、铝箔(代号:AL)防水卷材和无膜(代号:N)防水卷材。自黏橡胶改性沥青防水卷材的物理性能见表3.14。

自黏卷材适于非外漏的防水工程,包括停车场、浴室、地下室、防空洞、上人屋顶和台等。

表 3.14 自黏橡胶改性沥青防水卷材的物理性能

覆面材料		PE	AL	N
不透水性	压力/MPa	0.2		0.1
	保持时间/min	120,不透水		30,不透水
耐热度		70℃,2h,无滑动、无流淌、无滴落	80℃,2h,无滑动、无流淌、无滴落	—
拉力/(N/50mm) ≥		250	100	—
断裂伸长率/% ≥		450	200	450
低温柔度		−20℃,ϕ20mm,3s,180°,无裂纹		
剪切性能/(N/mm) ≥	卷材与卷材	2.0 或黏合面外断裂		黏合面外断裂
	卷材与铝板			
剥离性能/(N/mm) ≥		1.5 或黏合面外断裂		黏合面外断裂
抗穿孔性		不渗水		
人工气候老化处理	外观		无裂纹,无气泡	—
	拉力保持率/%	—	≥80	
	柔度		−10℃,r=10mm,3s,180°,无裂纹	

3.2.3 合成高分子防水卷材

高分子防水卷材是近些年在我国得到迅速发展的防水材料,高分子材料的分子链长,且互相缠绕,使其具有优异的抗拉伸性、弹性和耐老化性。

合成高分子防水卷材是以合成橡胶、合成树脂或两者的共混体为基础,加入适量的助剂和填充料等,经过塑炼、共混或挤出成型、硫化、定型等工序,制成的无胎加筋或不加筋的弹性或塑形卷材(也称片材),统称为合成高分子防水卷材。

该类防水卷材具有拉伸强度高、伸长率大、弹性强、高低温特性好的特点,防水性能优异,是值得大力推广的新型高档防水卷材。目前多用于高级宾馆、大厦、游泳池、厂房等要求有良好防水性能的屋面、地下等防水工程。

根据主体材料的不同,合成高分子防水卷材一般可分为橡胶型(包括橡塑共混型)和塑料型两大类,各类又分别有若干品种。

3.2.3.1 三元乙丙橡胶防水卷材

三元乙丙橡胶防水卷材是以乙烯、丙烯和少量双环戊二烯共聚合成的三元乙丙橡胶为主要原料,掺入适量的丁基橡胶、硫化剂、促进剂、补强剂和软化剂等,经过密炼、拉片、过滤、挤出(或压延)成型、硫化等工序制成的弹性体防水卷材。该卷材是目前耐老化性能最好的一种卷材,使用寿命可达 50 年。它的防水性能好、重量轻、耐候性好、耐臭氧性好,弹性和拉伸强度大,抗裂性强,使用温度范围广,并且可以冷施工,目前在国内属于高档防水材料。三元乙丙橡胶防水卷材的物理性能见表 3.15。

表 3.15 三元乙丙橡胶防水卷材的物理性能

项目名称			一等品	合格品
拉伸强度/MPa		≥	8	7
断裂伸长率/%		≥	450	450
撕裂强度/×10⁴Pa		≥	280	245
脆性温度/℃		≥	−45	−40
不透水性(30min)/MPa			0.3 合格	0.1 合格
臭氧老化	500pphm①;168h×40℃,伸长率40%静态		无裂纹	—
	1000pphm①;168h×40℃,伸长率40%静态		—	无裂纹
热空气老化(80℃,168h)	拉伸强度变化率/%		−20~40	−20~50
	断裂伸长变化率/%	≥	−30	−30
	撕裂强度变化率/%		−40~40	−50~50

① 1pphm 臭氧浓度相当于 1.01MPa 臭氧分压。

三元乙丙橡胶防水卷材是屋面、地下室和水池防水工程的主体材料。它可用于各种建筑防水工程的修缮,外露屋面的防水工程,各种地下工程的防水,厨房、浴室、卫生间的室内防水,桥梁、隧道的防水,带保护层的屋面、楼地面及地下室或蓄水池的防水,电站、水库、排灌渠道、污水处理等防水工程。

3.2.3.2 聚氯乙烯防水卷材

聚氯乙烯防水卷材是以聚氯乙烯树脂为主要原料,掺加填充料和适量的改性剂、增塑剂、抗氧剂、紫外线吸收剂等,经过捏合、混炼、造粒、挤出或压延、冷却、卷曲等工序加工而成的防水卷材。聚氯乙烯防水卷材根据基料的组成与特性可分为 S 型和 P 型。S 型防水卷材的基料是煤焦油与聚氯乙烯树脂的混合料,已禁止使用。P 型防水卷材的基料是增塑的聚氯乙烯树脂,该类卷材的特点是拉伸强度和断裂伸长率较高,对基层伸缩、开裂、变形的适应性强;低温柔韧性好,可在较低的温度下施工和应用;卷材的搭接除了可以用黏结剂外,还可以用热空气焊接的方法,接缝处严密。聚氯乙烯防水卷材适用于大型屋面板、空心板作防水层,并可作刚性层下的防水层及旧建筑混凝土构建屋面的修缮,以及地下室或地下工程的防水和防潮,水池、储水池及污水处理池的防渗,有一定耐腐蚀要求的室内地面工程的防水、防渗。聚氯乙烯防水卷材的力学性能见表 3.16。

表 3.16 聚氯乙烯防水卷材的力学性能

项目		P 型			S 型	
		优等品	一等品	合格品	一等品	合格品
拉伸强度/MPa	≥	15	10	7	5	2
断裂伸长率/%	≥	250	200	150	200	120
热处理尺寸变化率/%	≤	2	2	3	5	7
低温弯折性		−20℃,无裂纹				
抗渗透性		不透水				
抗穿孔性		不渗水				

续表

项目	P 型			S 型	
	优等品	一等品	合格品	一等品	合格品
剪切状态的黏合性	$\sigma_{sa} \geq 2.0 \text{N/mm}$ 或在接缝处断裂				
实验室处理后卷材相对于未处理时的允许变化					
热老化处理 外观质量	无气泡、不黏结、无孔洞				
热老化处理 拉伸强度相对变化率/%	±20		±25		+50
热老化处理 断裂伸长率相对变化率/%					−30
热老化处理 低温弯折性	−20℃,无裂纹		−15℃,无裂纹	−20℃,无裂纹	−10℃,无裂纹
人工气候老化处理 拉伸强度相对变化率/%	±20		±25		+50
人工气候老化处理 断裂伸长率相对变化率/%					−30
人工气候老化处理 低温弯折性	−20℃,无裂纹		−15℃,无裂纹	−20℃,无裂纹	−10℃,无裂纹
水溶液处理 拉伸强度相对变化率/%	±20		±25		+50
水溶液处理 断裂伸长率相对变化率/%					−30
水溶液处理 低温弯折性	−20℃,无裂纹		−15℃,无裂纹	−20℃,无裂纹	−10℃,无裂纹

3.2.3.3 氯化聚乙烯防水卷材

氯化聚乙烯防水卷材是以含氯量为30%～40%的氯化聚乙烯树脂为主要原料,配以大量填充料及适当的稳定剂、增塑剂、颜料等制成的非硫化型防水卷材。聚乙烯分子中引入了氯原子后,破坏了聚乙烯的结晶性,使得氯化聚乙烯不仅具有合成树脂的热塑性,还具有橡胶状的弹性。氯化聚乙烯分子中不含有双键,因而具有优良的耐老化、耐腐蚀等性能。氯化聚乙烯防水卷材的主要理化性能见表3.17。

表3.17 氯化聚乙烯防水卷材的主要理化性能

项 目		N 类卷材		L 类及 W 类卷材	
拉伸强度/MPa	≥	5	8	—	—
拉力/(N/cm)	≥	—	—	70	120
断裂伸长率/%	≥	200	300	125	250
热处理尺寸变化率/%	≤	3	纵向2.5 横向1.5	1	
低温弯折性(无裂纹)		−20℃	−25℃	−20℃	−25℃
抗穿孔性		不渗水			
不透水性(0.3MPa×2h)		不透水			
剪切状态下的黏合性/(N/mm)	≥	N类和L类卷材为3.0或卷材破坏			
		W类卷材为6.0或卷材破坏			

氯化聚乙烯可以制成各种彩色防水卷材,既能起到装饰作用,又能减少对太阳光的吸收,达到隔热的效果。氯化聚乙烯的防水卷材有普通型、玻纤网布增强型和装饰防水型三种,适用于屋面作单层外露防水,以及有保护层的屋面、地下室、水池等工程的防水,也可用于室内装饰用的施工材料,兼有防水与装饰效果。

3.2.3.4 氯化聚乙烯-橡胶共混防水材料

氯化聚乙烯-橡胶共混防水材料,是以氯化聚乙烯树脂和合成橡胶为主体,加入适量的硫化剂、促进剂、稳定剂和填充料等，经过塑炼、混炼、过滤、压延成型、硫化等工序而制成的防水卷材。氯化聚乙烯-橡胶共混防水材料兼有橡胶和塑料的特点，不仅具有氯化聚乙烯所特有的高强度和优异的耐臭氧、耐老化性能，而且具有橡胶类材料特有的高弹性、高延伸性以及良好的低温柔性。该防水卷材适用于新建和维修各种不同结构的建筑屋面、墙体、地下建筑、水池、厕所、浴室以及隧道、山洞、水库等工程的防水、防潮、防渗和补漏。氯化聚乙烯-橡胶共混防水卷材的主要物理力学性能见表 3.18。

表 3.18 氯化聚乙烯-橡胶共混防水卷材主要物理力学性能

项目			指标
拉伸强度/MPa		≥	7.0
断裂伸长率/%		≥	400
直角撕裂强度/(kN/m)		≥	24.5
不透水性(压力 0.3MPa,30min)			不透水
热老化保持率(80℃±2℃,168h)/%	拉伸强度		80
	断裂伸长率		70
脆性温度/℃		≤	−40
加热收缩率/%		<	1.2

3.2.3.5 三元丁基橡胶防水卷材

三元丁基橡胶防水卷材是以废旧丁基橡胶为主要原料，加入丁酯作为改性剂，丁醇作为促进剂加工制成的。该防水卷材具有较好的弹性，且具有耐高低温、耐化学品腐蚀的特点。由于该防水卷材以废旧橡胶为主要原料，故其价格低廉，是一种物美价廉的高分子防水卷材，广泛适用于工业与民用建筑及构筑物的防水，尤其适用于寒冷及温差变化较大地区的防水工程。

3.2.3.6 热塑性聚烯烃弹性体（TPO）

TPO 防水卷材兼有目前两种流行柔性单层防水卷材——三元乙丙橡胶（EPDM）卷材和聚氯乙烯（PVC）卷材的优点，发展迅速，成为热塑性弹性体中增长最快的一个品种，被认为是新一代单层防水卷材。

TPO 是由合成橡胶和聚烯烃两种组分构成的弹性材料。橡胶组分通常为三元乙丙橡胶（EPDM）、丁腈橡胶（NBR）等，聚烯烃组分通常为聚丙烯（PP）、聚乙烯（PE），目前以 EPDM/PP 为主。

TPO 的生产是将质量分数 15%～85% 的 EPDM 和 PP 共混复合或直接聚合而成。生产方法一般分为两种，一种是共混复合型（compounded TPO）；另一种是反应器型（reactor TPO）。共混复合型又包括机械掺混法和动态硫化法两种路线。

（1）共混复合型

① 机械掺混法 TPO　该法通过双螺杆挤出机将 EPDM 和 PP 进行掺混挤出，制造工艺简单，成本低。但由于橡胶组分含量低（质量分数为 20%～30%），耐热性、耐油性、耐高温永久变形性和弹性较其他方法的差，应用受到限制，常用于汽车部件及家用电器等行业。

② 动态硫化法 TPO　动态硫化法是将橡胶相动态硫化获得硫化胶。动态硫化法聚烯烃热塑性弹性体工艺路线有三种：开炼工艺、密炼工艺和双螺杆挤出工艺。其中开炼工艺和密炼工艺采用间歇共混设备，工艺简单，操作方便，适于小规模、多品种共混胶生产。由于该工艺再现性差，共混剪切力小，不适于高温操作，产品质量较低。双螺杆挤出工艺采用连续挤出式共混机械，其共混充油、动态硫化、排气等工序可在同一机组上完成，具有较高的生

产能力和自动控制水平,可严格控制工艺条件,充分保证聚合物混合质量和控制硫化深度,适于大规模生产。美国 AES 公司、荷兰 DSM 公司和日本三井公司等普遍采用该法工业化生产 TPO。我国目前动态硫化法聚烯烃热塑性弹性体生产技术尚处于开发阶段。

(2) 反应器型　随着弹性体生产技术的飞速发展,在反应器中合成的聚烯烃弹性体正冲击着 EPDM 改性 PP 共混配合型的 TPO,产生了反应器合成型 TPO (RTPO) 及其生产工艺。该法生产的 RTPO 的橡胶质量分数可达 60% 以上,性能优越,是今后 TPO 发展的主要方向。目前反应器合成型 TPO 之一是嵌段共聚物,另一种则是茂金属聚烯烃弹性体 (POE)。

反应器合成嵌段共聚物型 TPO 的典型产品是 EPDM/PP 嵌段共聚物。生产方法一般是在丙烯聚合反应器中先生成均聚丙烯,再逐步通入乙烯、丙烯,生成 PP 和 ERP 的嵌段共聚物。在这类 RTPO 制备技术中,一般是通过串联一个或多个附加装置,将橡胶相引入基质中进行生产的。例如 Montell 公司先进的 Catalloy 技术,就是一种使用 3 个互相串联的独立反应器及其共混技术的体系。目前应用较多的是 Unipol 流化床气相聚合工艺和 Himont 的环管式本体均聚、气相嵌段共聚工艺,如 Montell 公司的 Catalloy 工艺、Dow 公司的 Insite 工艺、日本三井公司的 Hypol 工艺等。Basell 公司采用特种催化剂在聚合阶段制备软聚合物,用反应器直接制备 TPO,大大降低了产品成本;Exxon Mobil 公司开发新型反应器制得了 TPOs (柔性聚烯烃),结合茂金属技术,达到硬度和抗冲击的平衡。目前欧洲和美国已经开始使用反应器直接制备热塑性聚烯烃逐渐替代混合型热塑聚烯烃。

另一种反应器合成型的 TPO 就是烯烃直接聚合得到的热塑性弹性体 (POE)。这类 TPO 的最典型代表是乙烯和辛烯在茂金属催化剂作用下聚合而成的聚烯烃热塑性弹性体,简称 EOC (乙烯-辛烯共聚物),是美国 Dow 公司采用 Insite 茂金属催化技术开发成功的,并于 1993 年实现工业化,商品名为 Engage。这种技术生产的 POE 的特点是辛烯质量分数高 (大于 20%),密度较低,分子量非常窄,有一定的结晶度,其结构中结晶的 PE (聚乙烯) 存在于无定形聚单体侧链中,洁净的 PE 链节作为物理交联承受荷载,非结晶的乙烯和辛烯长链提供弹性。这种特殊的形态结构,使得 POE 具有特殊的性质和广泛的用途。它既可用作橡胶,又可用作热塑性弹性体,还可用作塑料的抗冲击改性剂和增韧剂,在多种塑料的增韧改性中得到了较好的应用。它不仅可以增韧改性其他具有一定相容性的聚烯烃塑料,而且可以增韧改性其他不相容的尼龙、聚酯等工程塑料,在多种增韧剂中脱颖而出,并对传统的增韧剂构成了有力竞争。

TPO 防水卷材具有优异的耐候性、耐臭氧性、耐紫外线性,以及良好的耐高温和耐冲击性能。TPO 防水材料适用于建筑物屋面及地下工程、地铁和隧道工程、污水处理厂、垃圾掩埋场等市政工程防水,也广泛应用于汽车、电子电气、工业部件及日用品等领域。

3.2.4　防水卷材施工

防水卷材可用做屋面防水层,也可用于地下防水层。用做屋面防水层时,主要防止雨水、雪水对屋面的间歇性浸透;用做地下防水层时,主要防止地下水对建筑物的经常性浸透。无论是用做屋面防水层还是用做地下防水层,都要做到不渗漏,这就涉及防水层的设计、原材料的质量、施工操作及维修管理。其中,施工操作是保证防水层质量的主要环节。防水层施工质量的好坏,直接影响到建筑物的寿命和使用功能。因此,在防水层施工中,必须严把质量关,以确保防水层的质量。

3.2.4.1　卷材防水屋面常用材料

(1) 基层处理剂　基层处理剂是为了增强防水材料与基层之间的黏结力,在防水层施工之前,预先涂刷在基层上的涂料。常用的基层处理剂有冷底子油及与各种高聚物改性沥青卷材和合成高分子卷材配套的底胶（基层处理剂），主要包括：冷底子油、氯丁胶 BX-12 胶黏剂、3 号胶、稀释剂、氯丁橡胶沥青乳液等。

（2）沥青胶结材料　用一种或两种标号的沥青按一定配合量熔合，经熬制脱水、掺入适当品种和数量的填充材料［如石灰石粉、白云石粉、滑石粉、云母粉、石英粉、石棉粉、木屑粉等（填充量为 10%～25%）］作为胶结材料

（3）胶黏剂　用于粘贴卷材的胶黏剂可分为基层与卷材粘贴的胶黏剂及卷材与卷材搭接的胶黏剂两种。按其组成材料又可分为改性沥青胶黏剂和合成高分子胶黏剂。

胶黏剂的性能指标包括黏结剥离强度、浸水后黏结剥离强度保持率。

（4）沥青卷材　用原纸、纤维织物、纤维毡等胎体材料浸涂沥青，表面撒粉状、黏状或片状材料制成的可卷曲的片状防水材料，称为沥青卷材。常用的有纸胎沥青油毡、玻纤胎沥青油毡和麻布胎沥青油毡。

（5）高聚物改性沥青卷材　以合成高分子聚合物改性沥青为涂盖层，以纤织物或纤维毡为胎体，以粉状、粒状、片状或薄膜材料为覆面材料制成的可卷曲片状防水材料，称为高聚物改性沥青卷材。高聚物改性沥青卷材克服了沥青卷材温度敏感性大、伸长率小的缺点，具有高温不流淌、低温不脆裂、抗拉强度高、伸长率大的特点，能够较好地适应基层开裂及伸缩变形的要求。常用的几种高聚物改性沥青卷材有：SBS 改性沥青卷材、APP 改性沥青卷材、PVC 改性沥青卷材、再生胶改性沥青卷材等。

（6）合成高分子卷材　以合成橡胶、合成树脂或它们两者的共混体为基料，加入适量的化学助剂和填充料等，经不同工序加工而成的可卷曲片状防水材料；将上述材料与合成纤维等复合形成两层或两层以上可卷曲的片状防水材料称为合成高分子防水卷材。

目前使用的合成高分子卷材主要有三元乙丙橡胶防水卷材、聚氯乙烯防水卷材、氯化聚乙烯防水卷材、氯化聚乙烯-橡胶共混防水卷材等。

3.2.4.2　防水屋面构造

卷材防水屋面的典型构造层次如图 3.1 所示，其具体构造层次应根据设计要求而定。

卷材防水层的分类见表 3.19，在选择防水材料和做法时，应根据建筑物对屋面防水等级的要求来确定。沥青类卷材一般只用传统的石油沥青油毡，因其强度低、耐老化性能差，施工时需要多层粘贴，施工复杂，所以现在的工程中已较少采用，而采用较多的是高聚物改性沥青防水卷材和合成高分子防水卷材等新型的防水卷材。

表 3.19　卷材防水层的分类

材料分类	卷材名称举例	卷材黏结剂
沥青类	石油沥青油毡	石油沥青沥青剂
	焦油沥青油毡	焦油沥青沥青剂
高聚物改性沥青	SBS 改性沥青防水卷材	热熔、自粘贴均有
	APP 改性沥青防水卷材	
合成高分子防水卷材	三元乙丙丁基橡胶防水卷材	丁基橡胶为主体的双组分 A 与 B 液 1∶1 配比搅拌均匀
	三元乙丙橡胶防水卷材	
	氯磺化聚乙烯防水卷材	CX-401 胶
	再生胶防水卷材	氯丁胶黏剂
	氯丁胶防水卷材	CY-409 液
	氯丁聚乙烯-橡胶共混防水卷材	BX-12 及 BX-12 乙组分

卷材防水屋面的保护层依据是否考虑人在屋顶上活动的情况可分为不上人屋面和上人屋

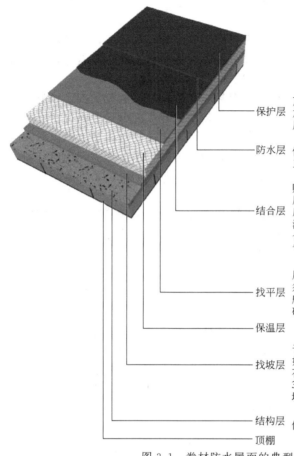

图 3.1 卷材防水屋面的典型构造层次

面两种做法。

（1）不上人屋面保护层 石油沥青油毡防水层的不上人屋面保护层是用沥青胶（俗称玛琋酯）黏结粒径为 3～5mm 的浅色绿豆砂制作的。高聚物改性沥青防水卷材和合成高分子防水卷材在出厂时，卷材的表面一般已做好铝箔面层、彩砂或涂料等保护层，不需再专门做保护层。

（2）上人屋面保护层 是指屋面上要承受人的活动荷载，故应有一定的强度和耐磨度，一般是在防水层上用水泥砂浆或沥青砂浆铺贴缸砖、大阶砖、预制混凝土板等，或在防水层上浇筑 40mm 厚 C20 细石混凝土。

3.2.4.3 卷材防水屋面施工

卷材防水屋面施工方法有采用胶黏剂进行卷材与基层黏结法及卷材与卷材搭接黏结法；利用卷材底面热熔胶热熔黏结法；利用卷材底面自黏胶黏结法；采用冷胶粘贴或机械固定方法将卷材与基层固定，而卷材间搭接采用焊接的方法。

（1）卷材防水屋面施工工艺 卷材防水屋面施工工艺流程，如图 3.2 所示。

① 基层处理 基层处理的好坏直接影响着屋面防水施工的质量，基层应有足够的强度和刚度，以使其承受载荷时不致产生显著的变化，而且还要有足够的排水坡度，使雨水迅速排走。作为防水层基层的找平层一般有水泥砂浆、细石混凝土和沥青砂浆等做法，其技术要求见表 3.20。

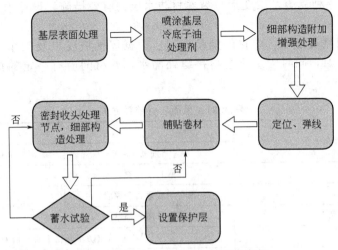

图 3.2 卷材防水屋面施工工艺流程

表 3.20 找平层的厚度和技术要求

找平层类别	基层种类	厚度/mm	技术要求
水泥砂浆	整体混凝土	15～20	水泥与沙砾体积比是(1∶2.5)～(1∶3)，水泥强度等级不低于 325#
	整体或板状材料保温层	20～25	
	装配式混凝土板、松散材料保温层	20～35	
细石混凝土	松散材料保温层	30～35	混凝土强度等级不低于 C20
沥青砂浆	整体混凝土	15～20	沥青与砂的质量比为 1∶8
	装配式混凝土板、整体或板材料保温层	20～25	

② 卷材铺贴的一般方法与要求

a. 施工顺序、卷材与基层的粘贴方法　应先准备好黏结剂，熬制好沥青胶，清除卷材表面的散料，然后完成卷材的铺贴，沥青胶中的沥青成分应与卷材中的沥青成分相同。卷材铺贴层数一般为 2～3 层，沥青胶铺贴厚度一般在 1～1.5mm 之间，最厚不得超过 2mm。

对同一坡面，则应先铺好落水口、天沟、女儿墙泛水和沉降缝等地方，然后按顺序铺贴大屋面防水层。当铺贴连续多跨或高低跨屋面卷材时，应按先高跨后低跨、先远后近的顺序进行。

卷材铺贴前，还应先在干燥后的找平层上涂刷一遍冷底子油，待冷底子油干燥后进行铺贴。卷材与基层的粘接方法可分为空铺法、条粘法、点粘法和满粘法等形式。

ⓐ 空铺法　铺贴防水卷材时，卷材与基层仅在四周一定宽度内黏结，其余部分不进行黏结的施工方法。

ⓑ 条粘法　铺贴防水卷材时，卷材与基层只作条状黏结的施工方法。每幅卷材与基层黏结面不应少于两条；每条宽度不宜小于 150mm。

ⓒ 点粘法　铺贴防水卷材时，卷材与基层仅实施点黏结的施工方法，亦称花铺法。黏结总面积一般为 6%，每平方米黏结 5 个点以上，每点涂胶黏剂面积为 100mm×100mm。铺设第一层卷材采用打孔卷材时，也属于点粘法。

ⓓ 满粘法　铺贴防水卷材时，宜将浇热沥青胶法改为刮热沥青胶法，发现气泡应及时刮破放气，尽量减少和清除屋面卷材防水层的鼓包。

通常都采用满粘法，而条粘法、点粘法和空铺法更适合于防水层上有重物覆盖或基层变形较大的场合。是一种克服基层变形拉裂卷材防水层的有效措施，设计中应明确规定选择适用的工艺方法。

b. 屋面卷材铺贴与搭接　卷材的铺贴方向应根据屋面坡度以及工作条件选定。屋面卷材铺贴方向见表3.21，同时为防止卷材接缝处漏水，卷材间应有一定的搭接，其搭接方法如图3.3所示。

表 3.21　屋面卷材铺贴方向

卷材种类	防　水	
	石油沥青	高聚物改性沥青
坡度小于3%	平行于屋脊	平行于屋脊
坡度为3%~15%	平行于或垂直于屋脊	平行于或垂直于屋脊
坡度大于15%或屋面受到振动	垂直于屋脊铺贴	
坡度大于25%	宜采取防止卷材下滑的措施	
叠铺贴时	上、下层卷材不得相互垂直铺贴	
铺贴天沟、檐口时	顺天沟、檐沟方向铺贴，减少搭接	

图 3.3　屋面卷材的铺贴与搭接
■第一层油毡；■第二层油毡

平行于屋脊铺贴时，由檐口开始。两幅卷材应顺水流方向长边搭接，顺主导方向短边搭接。

垂直于屋脊铺贴时，由屋脊开始向檐口进行。长边搭接应顺主导方向，短边接头应顺水流方向。同时在屋脊处不能留设搭接缝。必须使卷材互相越过屋脊而交错搭接，以增强屋脊的防水性和耐久性。

高聚物改性沥青卷材和合成高分子卷材的搭接宜用与其材料相容的密封材料严封。各种卷材的搭接宽度应符合表3.22所示的要求。

表 3.22　各种卷材的搭接宽度

卷　材		短边搭接/mm		长边搭接/mm	
		满粘法	空铺法、条粘法、点粘法	满粘法	空铺法、条粘法、点粘法
沥青防水材料		100	150	70	100
高聚物改性沥青防水卷材		80	100	80	100
合成高分子防水卷材	胶黏剂	80	100	80	100
	胶粘带	50	60	50	60
	单焊缝	60,有效焊缝接宽不小于25			
	双焊缝	80,有效焊接宽度10×2+空腔宽			

③ 卷材防水屋面的节点构造　卷材屋面节点部位的施工既要保证质量，又要施工方便，卷材防水屋面通常在屋面与突出构件之间、檐口、变形缝等处特别容易产生渗漏，故应加强这些部位的防水处理。

a. 泛水　泛水是指屋面防水层与突出构件之间的防水构造。一般在屋面防水层与女儿墙、上人屋面的楼梯间、突出屋面的电梯机房、水箱间、高低屋面交界处等都需要做泛水。

泛水的高度一般不小于250mm，女儿墙的泛水构造如图3.4所示。

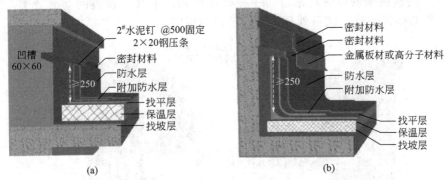

图3.4 女儿墙泛水构造

b. 檐口 檐口是屋面防水层的收头处，其构造处理方法与檐口的形式有关。檐口的形式由屋面的排水方式和建筑物的立面造型要求来确定。

一般有无组织排水檐口、挑檐沟檐口、女儿墙檐口和斜板挑檐檐口等。

ⓐ 无组织排水檐口 无组织排水檐口的挑檐板一般与屋顶圈梁整体浇筑，屋面防水层的收头压入距挑檐板前端40mm处的预留凹槽内，先用钢压条固定，然后用密封材料进行密封，具体做法如图3.5所示。

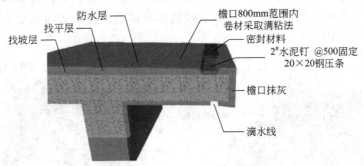

图3.5 无组织排水檐口构造

ⓑ 挑檐沟檐口 当檐口采用挑檐沟檐口时，卷材防水层应与在檐沟处加铺一层附加卷材，并注意做好卷材的收头，挑檐沟檐口构造如图3.6所示。

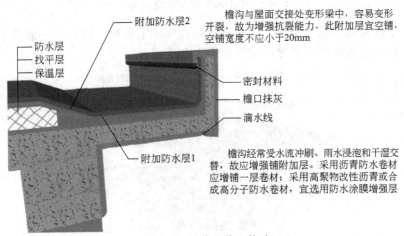

图3.6 挑檐沟檐口构造

ⓒ 女儿墙檐口和斜板挑檐檐口　女儿墙檐口和斜板挑檐檐口的构造要点同泛水，如图 3.7 所示。斜板挑檐檐口是对檐口的一种处理形式，丰富了建筑的立面造型，但应考虑挑檐悬挑构件的倾覆问题，注意处理好构件的拉结锚固。

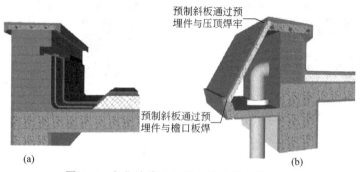

图 3.7　女儿墙檐口和斜板挑檐檐口的构造

c. 变形缝　当建筑物设置变形缝时，变形缝在屋顶处破坏了屋面防水层的整体性，留下了雨水渗漏的隐患，所以必须加强屋顶变形缝处的处理。屋顶在变形缝处的构造分为等高屋面变形缝和不等高屋面变形缝两种。

ⅰ. 等高屋面变形缝　等高屋面变形缝的构造又分为不上人屋面和上人屋面两种做法。

不上人屋面不需要考虑人的活动，从有利于防水方面考虑，变形缝两侧应避免因积水导致渗漏。一般的构造是在缝两侧的屋面板上砌筑半砖矮墙，矮墙的顶部采用镀锌薄钢板或混凝土压顶进行盖缝，如图 3.8 所示。

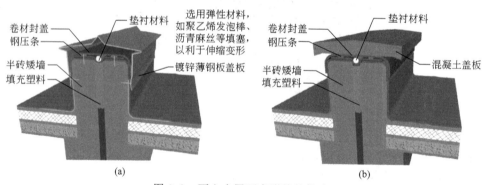

图 3.8　不上人屋面变形缝的构造

上人屋面上需考虑人活动的方便，变形缝处在保证不渗漏、满足变形的需求下，应保证平整以方便行走，上人屋面变形缝的构造如图 3.9 所示。

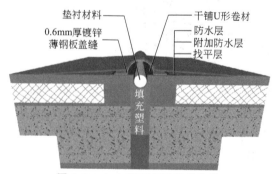

图 3.9　上人屋面变形缝的构造

ⅱ．不等高屋面变形缝　不等高屋面变形缝应在低侧屋面板上砌筑半砖矮墙，与高侧墙体之间留出变形缝。矮墙与低侧屋面之间做好泛水，变形缝上部用由高侧墙体挑出的钢筋混凝土板或在高侧墙体上固定镀锌薄钢板进行盖缝，其构造如图3.10所示。

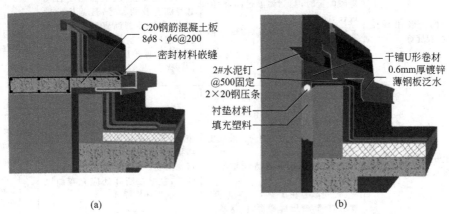

图3.10　高低屋面变形缝的构造

（2）卷材防水屋面常见质量问题及防治方法　卷材防水屋面最容易产生的质量问题有防水层起鼓、开裂，沥青流淌、老化，屋面漏水等。卷材防水屋面常见质量问题及防治方法如表3.23所示。

表3.23　卷材防水屋面常见质量问题及防治方法

名称	现象	产生原因	防止办法	治理办法
开裂	沿预制板支座、变形缝与挑檐出现规律性或不规则裂缝	(1)屋面板板端或桁架变形，找平层开裂；(2)基层产生温度收缩变形；卷材质量低劣，老化脆裂；(3)吊车振动和建筑物不均匀沉陷；(4)沥青胶韧性差，熬制温度过高等	在预制板接缝处铺一层卷材作缓冲层；做好砂浆找平层，留分隔缝；严格控制原材料和铺设质量，改善沥青胶配合比；采取措施，控制耐热度和提高韧性，防止老化；严格操作程序，采取撒油法粘贴	在开裂处补贴卷材
流淌	沥青胶软化使卷材移动而形成褶皱或拉空，沥青胶在下部堆积或流淌	(1)沥青胶的耐热度过低，天热软化；沥青胶涂刷过厚，产生蠕动；(2)未做绿豆砂保护层，或绿豆砂保护层脱落，辐射温度过高，引起软化；(3)坡度过陡时，平行屋脊铺贴卷材	根据实际最高辐射温度、厂房内热源、屋面坡度合理选择沥青胶型号，控制熬制质量和涂刷厚度(小于2mm)，做好绿豆砂保护层，降低辐射温度，屋面坡度过陡，采用垂直屋脊铺贴卷材	可局部切割，重铺卷材
鼓泡	防水层出现大量鼓泡、气泡，局部卷材与基层或下层卷材脱空	(1)屋面基层潮湿，未干就刷冷底子油或铺卷材；基层有水分或卷材受潮；在受到太阳照射后，水分蒸发，造成鼓泡；基层不平整，粘结不实，空气未排净；(2)卷材铺贴扭歪、褶皱不平，或刮压不紧，雨水、潮气浸入；(3)室内有蒸汽，而屋面未做隔汽层	严格控制基层含水率在6%以内；避免雨、雾天施工；防止卷材受潮；加强操作程序和控制，保证基层平整，涂油均匀，封边严密，各层卷材粘贴平顺严实，把卷材内的空气赶净；潮湿基层上铺设卷材，采取排气屋面做法	将鼓泡处卷材割开，采取打补丁的方法，重新加贴小块卷材覆盖

续表

名称	现象	产生原因	防止办法	治理办法
老化与龟裂	沥青胶出现变质、裂缝等	(1)沥青胶的标号选用过低;沥青胶配置时,熬制温度过高,时间过长,沥青炭化 (2)无绿豆砂保护层或绿豆砂撒铺不均 (3)沥青胶涂刷过厚 (4)沥青胶使用年限已到	根据屋面坡度、最高温度合理选择沥青胶的型号;逐锅检验软化点;严格控制沥青胶的熬制和使用温度,熬制时间不要过长;做好绿豆砂保护层,免受辐射作用;减缓老化,做好定期维护检修	定期清除脱落的绿豆砂,表面加保护层;翻修
变形缝漏水	变形缝处出现脱开、拉裂、反水、渗水等	(1)变形缝没按规定附加干铺卷材或铁皮凹棱,铁皮向中间泛水,造成变形缝漏水 (2)变形缝缝隙塞灰不严;铁皮无泛水 (3)铁皮未顺水流方向搭接或安装不牢 (4)变形缝在屋檐部位未断开,卷材直铺,变形缝变形时,将卷材拉裂、漏水	变形缝严格按设计要求和规范施工,铁皮安装注意顺水流方向搭接,做好泛水并装订牢固;缝隙填塞严密;变形缝在屋檐部分应断开,卷材在断开处应有弯曲以适应变形伸缩需要	变形缝铁皮高低不平,可将铁皮掀开,基层修理平整后铺好卷材,安好铁皮顶罩或泛水;卷材脱开拉裂按"开裂"处理

3.3 防水涂料

防水涂料是指将在常温下呈黏稠液状态的物质,涂布在基体表面,经溶剂或水分挥发,或各组分间的化学反应,形成具有一定弹性的连续薄膜,使基层表面与水隔绝,起到防水和防潮作用。广泛应用于工业与民用建筑物的屋面防水工程、地下混凝土工程的防潮防渗等。防水涂料具有以下5个特点。

① 防水涂料在常温下呈液态,特别适宜在立面、阴阳角、穿结构层管道、不规则屋面、节点等处进行防水施工,固化后能在这些复杂表面处形成完整的防水膜。

② 涂膜防水层自重轻,特别适于轻型、薄壳屋面的防水。

③ 防水涂料施工属于冷施工,可刷涂,也可喷涂,操作简便,施工速度快,环境污染小,同时也减小了劳动强度。

④ 涂膜防水层可通过加贴增强材料来提高拉伸强度。

⑤ 容易修补,发生渗漏可在原防水涂层的基础上修补。

防水涂料根据组分的不同可分为单组分防水涂料和双组分防水涂料两类。根据成膜物质的不同可分为沥青基防水材料、高聚物改性沥青防水材料和合成高分子材料防水材料三类。但因沥青基防水涂料的局限性,现已逐渐淡出市场。如按涂料的介质不同,又可分为溶剂型、乳液型和反应型三类,不同介质的防水涂料的性能特点见表3.24。

表3.24 溶剂型、乳液型和反应型防水涂料的性能特点

项目	溶剂型防水涂料	乳液型防水涂料	反应型防水涂料
成膜机理	通过溶剂的挥发、高分子材料的分子链接触、缠结等过程成膜	通过水分子的蒸发,乳胶颗粒靠近、接触、变形等过程成膜	通过预聚体与固化剂发生化学反应成膜
干燥速率	干燥快,涂膜薄而致密	干燥较慢,一次成膜的致密性较低	可一次形成致密的较厚的涂膜,几乎无收缩
储存稳定性	储存稳定性较好,应密封储存	储存期一般不宜超过半年	各组分应分开密封存放

续表

项目	溶剂型防水涂料	乳液型防水涂料	反应型防水涂料
安全性	易燃、易爆、有毒,生产、运输和使用过程中应注意安全使用,注意防火	无毒,不燃,生产使用比较安全	有异味,生产、运输和使用过程中应注意防火
施工情况	施工时应通风良好,保证人身安全	施工较安全,操作简单,可在较为潮湿的找平层上施工,施工温度不宜低于5℃	施工时需现场按照规定配方进行配料,搅拌均匀,以保证施工质量

3.3.1 沥青基防水涂料

沥青基防水涂料使用的沥青基材包括乳化沥青和沥青胶(也称为沥青玛琋酯)两类。前者是沥青微粒(粒径为1μmm左右)分散在有乳化剂的水中而成的乳胶体,后者是沥青和适量粉状或纤维状矿物质填充料的均匀混合物。

建筑沥青防水涂料可使用的乳化剂有阴离子乳化剂、阳离子乳化剂和非离子乳化剂三类。目前国内外大部分还是以使用阴离子乳化沥青为主,但阳离子乳化沥青具有与矿物表面黏结力较强等优点,故有逐步取代阴离子乳化剂的趋势。

填料在涂料中不仅能节约沥青用量,而且可以改善沥青性质。因为沥青对矿物填料有润湿相吸附作用,故沥青可以呈单分子状态在填料表面分布,形成结合力牢固的沥青薄膜,从而使沥青胶的黏结力、耐热性和大气稳定性等得到提高。填料越细,总表面积就越大,由表面吸附作用所产生的这些有利影响也越大。碱性填料由于能与沥青发生一定的化学作用,且对沥青的亲和性较大,可使吸附于填料表面的沥青膜黏结得更为牢固,故用于防水、防潮工程时,一般采用石灰石、白云石、滑石等细粉及普通硅酸盐水泥等暖性物质作填料。但用于耐酸性腐蚀的工程时,则应采用耐酸性强的石英粉等。掺入分散的纤维状填料,如石棉粉、木加粉等,可提高沥青的柔韧性和抗裂能力。一般填料掺入越多,沥青胶的耐热性越高,黏结力越大,但柔韧性降低,施工流动性也越差。

目前常用的沥青基防水涂料有水乳无机矿物厚质沥青涂料、水性石棉沥青防水涂料、水性铝粉屋面反光涂料、溶剂型铝基反光隔热涂料、膨润土沥青乳液防水涂料、膨润土-石棉乳化沥青防水涂料、阳离子乳化高蜡石油沥青防水涂料等。

3.3.1.1 水乳无机矿物类厚质沥青涂料

水乳无机矿物类厚质沥青涂料是以石油沥青为基料,加入无机矿物填料而制成的水乳型厚质建筑防水涂料。

该种涂料具有高温不流淌、低温不龟裂、黏结力强、抗裂性好、耐老化等综合功能,无毒、无味、无污染,施工安全方便。适用于各种屋面的钢筋混凝土、混凝土及水泥砂浆等刚性基层的防水,混凝土和钢筋混凝土构筑物水压面的防水,以及地下室、厕所、卫生间的防水、防潮等。

3.3.1.2 水性石棉沥青防水涂料

水性石棉沥青防水涂料是以石油沥青为基料,以碎石棉纤维为分散剂,在机械作用下制成的一种水溶型厚质防水涂料。

该涂料无味、无毒、无污染,水性冷施工,可在潮湿而无积水的基层上涂布,具有良好的耐热、耐候、耐水和抗裂性能,可形成较厚的涂膜,属厚质涂料,防水效果好,并且原材料价廉易得。其不足是对施工环境温度要求较窄,一般以15℃以上为宜。气温低于10℃,则不宜施工,气温过高,则易粘脚。适用于民用及工业厂房钢筋混凝土屋面的防水,可用于地下各种混凝土、钢筋混凝土构筑物水压面的防水,以及层间楼板的防水,也可用来维修旧屋面。

3.3.1.3 水性铝粉屋面反光涂料

水性铝粉屋面反光涂料是用水性石棉沥青防水涂料、铝粉、助剂和水配制成的铝粉沥青悬浊液。

其特点是涂料成膜后金属感强,具有良好的热、光反射性,耐老化性,耐热性及抗污染性。价格便宜,原材料易得,配制方便,无毒无味等。常温施工,无须采取防火措施,涂膜干燥快。夏天施工,在干燥的银白色涂膜上行走无粘脚现象。主要用于油毡屋面和水乳性石棉沥青基涂膜防水层上做隔热保护层。

3.3.1.4 溶剂型铝基反光隔热涂料

该涂料是上海市建筑防水材料厂生产的产品,适用于各种沥青材料的屋面防水层,起反光隔热和保护作用;也可涂刷在工厂架空管道的保温材料上作装饰保护层,以及金属瓦楞板、纤维瓦楞板、白铁泛水、天沟等的防锈、防腐涂刷。

3.3.1.5 膨润土沥青乳液防水涂料

膨润土沥青乳液防水涂料是以石油沥青为基料,以膨润土为乳化剂,经机械搅拌或胶体磨等方法配制而成的一种水乳型厚质防水涂料。

该涂料可涂布在潮湿基面上,形成厚质涂层,耐久性好;耐热度可高达 90～120℃,涂膜干燥后防水性能优良。原材料资源丰富,价格便宜。适用于各种沥青基防水层的维修,可涂于屋顶钢筋、板面和油毡表面做保护层,延长其使用年限,也可用于复杂屋面、一般屋面及平整的保温面层上,做独立的防水层。

3.3.1.6 膨润土-石棉乳化沥青防水涂料

膨润土-石棉乳化沥青防水涂料是由膨润土、石棉、水玻璃和水配成甲液,由 $10^{\#}$ 和 $100^{\#}$ 沥青等配成乙液,然后甲、乙两液按一定流速流入胶体磨而制成的乳化厚质沥青防水涂料。

该种涂料的耐热性、低温柔性及抗裂性等性能良好,且无毒、无刺激气味,不燃。所用原材料价格便宜,冷施工,无污染,使用方便。适用于屋面防水,特别适合于旧屋面的维修和修补。还可用于地下防水、防潮,卫生间的防渗,木质防腐等。

3.3.1.7 阳离子乳化高蜡石油沥青防水涂料

阳离子乳化高蜡石油沥青防水涂料是以高蜡渣油作原料,通过氧化处理得到适合乳化要求的沥青,用阳离子乳化剂在机械研磨和剪切作用下,把沥青均匀地分散到介质中,成为水包油型的沥青乳液,再加入稳定剂等材料制成的一种防水涂料。

该种涂料的特点是其利用高蜡沥青,原料易得,施工简便,成本低,防水性能好。适用于屋面的维修,也可做独立的防水层。

3.3.2 高聚物改性沥青防水涂料

沥青防水涂料通过适当的高聚物改性可以显著提高其柔韧性、弹性、流动性、气密性、耐化学腐蚀性、耐老化性和耐疲劳等性能,高聚物改性沥青防水涂料一般是用再生橡胶、合成橡胶或 SBS 等对沥青进行改性而制成的水乳型或溶剂型防水涂料。高聚物改性沥青防水涂料的质量要求应符合表 3.25 的规定。

表 3.25 高聚物改性沥青防水涂料的质量要求

项 目		质量要求
固体含量/%	≥	43
耐热度(80℃,5h)		无流淌、无起泡、无滑动

续表

项　目		质量要求
柔度(−10℃)		2mm厚,绕φ20mm圆棒弯曲,无裂纹、无断裂
不透水性	压力/MPa ≥	0.1
	保持时间/mm ≥	30不渗透
延伸(20℃±2℃拉伸)/mm ≥		4.5

3.3.2.1 氯丁橡胶沥青防水涂料

氯丁橡胶沥青防水涂料的基料是氯丁橡胶和石油沥青。溶剂型氯丁橡胶沥青防水涂料是将氯丁橡胶溶于一定量的有机溶剂（如甲苯）中形成溶液，然后将其掺入到液体状态的沥青中，再加入各种助剂和填料经强烈混合而成。水乳型氯丁橡胶沥青防水涂料是阳离子氯丁乳胶与阳离子型石油沥青乳液的混合体，是氯丁橡胶的微粒和石油沥青的微粒借助于阳离子表面活性剂的作用，稳定分散在水中所形成的一种乳状液。两者的技术性能指标相同，溶剂型氯丁橡胶沥青防水涂料的黏结性能比较好，但存在着易燃、有毒、价格高的缺点，因而目前产量日益下降，有逐渐被水乳型氯丁橡胶沥青防水涂料所取代的趋势。

该类涂料的特点是涂膜强度大、延伸性好，能充分适应基层的变化，耐热性和低温柔韧性优良，耐臭氧老化，抗腐蚀，阻燃性好，不透水，是一种安全无毒的防水涂料，已成为我国防水涂料的主要品种之一。适用于工业和民用建筑物的屋面防水、墙身防水和楼地面防水，地下室和设备管道的防水，旧屋面的维修和补漏，还可用于沼气池以提高抗渗性和气密性。水乳型氯丁橡胶沥青防水涂料的物理性能见表3.26。

表3.26　水乳型氯丁橡胶沥青防水涂料的物理性能

项　目		性能指标
外观		深棕色乳状液
黏度/Pa·s		0.25
固含量/%		≥43
耐热性(80℃恒温5h)		无变化
黏结力/MPa		≥0.2
低温柔韧性(−15℃)		不断裂
不透水性(动水压0.1～0.2MPa,0.5h)		不透水
耐碱性[在饱和Ca(OH)$_2$溶液中浸15d]		表面无变化
抗裂性(基层裂缝宽度≤2mm)		涂膜不裂
涂膜干燥时间/h	表干	≤4
	实干	≤24

3.3.2.2 水乳型再生橡胶改性沥青防水涂料

水乳型再生橡胶改性沥青防水涂料是由阴离子型再生胶乳和阴离子型沥青乳液混合均匀构成，再生橡胶和石油沥青的微粒借助于阴离子表面活性剂的作用，稳定分散在水中而形成乳状液。

该涂料以水为分散剂，具有无毒、无味、不燃的优点，可在常温下冷施工作业，并可在稍潮湿、无积水的表面施工，涂膜有一定的柔韧性和耐久性，材料来源广，价格低。它属于薄型涂料，一次涂刷涂膜较薄，需多次涂刷才能达到规定厚度。该涂料一般要加衬玻璃纤维布或合成纤维加筋毡构成防水层，施工时再配以嵌缝密封膏，以达到较好的防水效果。

水乳型再生橡胶改性沥青防水涂料适用于工业与民用建筑混凝土基层屋面防水，以沥青珍珠岩为保温层的保温屋面防水，地下混凝土建筑防潮，以及旧油毡屋面翻修和刚性自防水屋的维修。水乳型再生橡胶改性沥青防水涂料的物理性能见表3.27。

表 3.27 水乳型再生橡胶改性沥青防水涂料的物理性能

项　　目	性能指标
外观	黏稠黑色乳状液
固含量/%	≥45
耐热性(80℃恒温5h)	无变化
黏结力(8字模法)/MPa	≥0.2
低温柔韧性(−10℃,2h,绕φ10mm圆棒弯曲)	无裂纹
不透水性(动水压0.1MPa,0.5h)	不透水
耐碱性[在饱和Ca(OH)$_2$溶液中浸15d]	表面无变化
抗裂性(基层裂缝宽度≤2mm)	涂膜不裂

3.3.2.3　SBS改性沥青防水涂料

SBS改性沥青防水涂料是以沥青、橡胶、合成树脂、SBS及表面活性剂等高分子材料组成的一种水乳型弹性沥青防水涂料。该涂料的优点是低温柔韧性好，抗裂纹性强，黏结性能优良，耐老化性能好，与玻纤布等增强胎体复合，能用于任何复杂的基层，防水性能好，可冷施工作业，是较为理想的中档防水涂料。SBS改性沥青防水涂料适用于复杂基层的防水施工，如厕浴间、地下室、厨房、水池等防水、防潮工程，特别适合于寒冷地区的防水施工。SBS改性沥青防水涂料的物理性能见表3.28。

表 3.28　SBS改性沥青防水涂料的物理性能

项　　目			性能指标
外观			黑色黏稠液体
固含量/%			≥50
黏结力/MPa			≥0.3
低温柔韧性(−20℃±2℃,2h,绕φ3mm圆棒弯曲)			无裂纹、无剥落
耐热性(80℃恒温5h)			无变化
抗裂性(20℃±2℃,膜厚0.3~0.4mm,基层裂缝宽度)/mm			≥1
不透水性	动水压	20℃±2℃,0.1MPa,0.5h	不透水
	静水压	60mm玻璃管注入40mm高水柱,7d	
人工老化(水冷氙灯照射300h)			无异常
耐酸性(20℃±2℃,在1%H$_2$SO$_4$中浸泡15d)			
耐碱性[20℃±2℃,在饱和Ca(OH)$_2$溶液中浸15d]			
湿热性(相对湿度为90%,35~40℃,30d)			

3.3.3　合成高分子防水涂料

合成高分子防水涂料是以合成橡胶或合成树脂为主要成膜物质，加入其他辅料而配制成的单组分或多组分防水涂料。合成高分子防水涂料的品种很多，常见的有聚硅氧烷（硅酮，下文统称硅酮）、氯丁橡胶、聚氯乙烯、聚氨酯、丙烯酸酯、丁基橡胶、氯磺化聚乙烯、偏二氯乙烯等防水涂料。合成高分子防水涂料的质量应符合表3.29的要求。

表 3.29 合成高分子防水涂料的质量要求

项　目			反应型	挥发型
固体含量/%		≥	94	65
拉伸强度/MPa			1.65	0.5
断裂伸长率/%			350	300
柔性			−30℃,弯折,无裂纹	−20℃,弯折,无裂纹
不透水性	压力/MPa		0.3	0.3
	保持时间/min	≥	30 不渗透	30 不渗透

3.3.3.1 聚氨酯涂膜防水涂料

聚氨酯涂膜防水涂料分为双组分反应固化型和单组分湿固化型。

双组分聚氨酯涂膜防水涂料是由含异氰酸酯基（—NCO）的聚氨酯预聚体（甲组分）和含有多羟基（—OH）或氨基（—NH_2）的固化剂及其他助剂的混合物（乙组分）按一定比例混合所形成的一种反应型涂膜防水材料。其又可以分为沥青基聚氨酯防水涂料和纯聚氨酯防水涂料，前者适用于隐蔽工程，而后者适用于外漏防水工程，一般为彩色。

单组分聚氨酯防水涂料是利用涂料中保留的异氰酸根吸收空气中的水分固化成膜的一种涂料。它分沥青基聚氨酯防水涂料、溶剂型聚氨酯防水涂料和以水为稀释剂的聚氨酯防水涂料等数种。目前，双组分聚氨酯涂膜防水涂料的产量高于单组分聚氨酯防水涂料，且应用也较为普遍。

聚氨酯防水涂料具有以下性能特点：

① 耐酸、耐碱、防霉，适用温度范围广，且可制成阻燃型涂料；
② 与各种材料的黏结强度高，适应能力强；
③ 涂膜的拉伸强度和撕裂强度高，弹性类似于橡胶；
④ 施工操作简便，对于大面积施工部位或复杂结构，可实现整体防水涂层。

聚氨酯防水涂料的物理性能见表 3.30。

表 3.30 聚氨酯防水涂料的物理性能

项目			等级	
			一等品	合格品
拉伸强度/MPa	无处理	>	2.45	1.65
	加热处理		无处理值的 80%～150%	不小于无处理值的 80%
	紫外线处理		无处理值的 80%～150%	不小于无处理值的 80%
	碱处理		无处理值的 60%～150%	不小于无处理值的 60%
	酸处理		无处理值的 80%～150%	不小于无处理值的 80%
断裂伸长率/%	无处理	>	450	350
	加热处理		300	200
	紫外线处理		300	200
	碱处理		300	200
	酸处理		300	200
加热收缩率/%	伸长	<	1	1
	缩短		4	6

续表

项目		等级	
		一等品	合格品
拉伸时的老化	加热老化	无裂缝及变形	
	紫外线老化	无裂缝及变形	
断裂伸长率/% ≥	无处理	−35,无裂纹	−30,无裂纹
	加热处理	−30,无裂纹	−25,无裂纹
	紫外线处理	−30,无裂纹	−25,无裂纹
	碱处理	−30,无裂纹	−25,无裂纹
	酸处理	−30,无裂纹	−25,无裂纹
不透水性(0.3Ma,30min)		不渗透	
固体含量/%		≥94	
适用时间/min		≥20,黏度≤10^5 MPa·s	
涂抹干燥时间/h	表干	≤4,不粘手	
	实干	≤12,无黏着	

聚氨酯涂膜防水涂料广泛应用于屋面、地下工程、厕浴间、游泳池等的防水，也可用于室内隔水层及接缝密封，还可用作金属管道、防腐地坪、防腐池的防腐处理等。

3.3.3.2 水性丙烯酸酯防水涂料

水性丙烯酸酯防水涂料是以高固含量丙烯酸酯共聚乳液为基料，掺加填料、颜料及各种助剂，经混炼研磨而成的水性单组分防水涂料。

水性丙烯酸酯防水涂料最大的优点是具有优良的耐候性、耐热性和耐紫外线性；膜柔软，弹性好，能适应基层一定幅度的变形开裂；涂层坚韧，耐水性、耐低温、抗老化性能好，黏结力强；温度适应性强，在−30～80℃范围内性能无大的变化，可以调制成各种色彩，兼有装饰和隔热效果；能在潮湿或干燥的多种材质的基面上直接施工；快速固化、工期短、施工简便、无味。广泛用于现浇混凝土屋面、立面、石棉水泥瓦屋面、地下室、卫生间、仓库等地面、墙面的防水、防潮，以及各类建筑工程防水、防水层的维修和防水层的保护层等。水性丙烯酸酯防水涂料的物理性能见表3.31。

表3.31 水性丙烯酸酯防水涂料的物理性能

项 目	性能指标
外观	白色或各色
黏度/Pa·s	2.0～3.0
固体含量/%	68±2
密度/(g/cm³)	1.4～1.45
表干时间/h	≤2
实干时间/h	≤2
pH 值	7～8
储存稳定性(23℃)	一年
冻融稳定性(三个循环)	良好

3.3.3.3 聚氯乙烯防水涂料

聚氯乙烯防水涂料是以聚氯乙烯树脂为基料，加入适量的防老剂、增塑剂、稳定剂及乳化剂，以水为分散介质所制成的水乳型防水涂料。施工时，一般要铺设玻纤布、聚酯无纺布等胎体进行增强处理。

该类防水涂料弹塑性好、耐寒、耐化学品腐蚀、耐老化性和成品稳定性好，可在潮湿的基层上冷施工，防水层的总造价低。聚氯乙烯防水涂料可用于地下室、厕浴间、储水池、屋面、桥梁、仓库、路基和金属管道的防水和防腐。聚氯乙烯防水涂料的物理性能见表3.32。

表3.32 聚氯乙烯防水涂料的物理性能

项目		性能指标	
		801	802
密度/(g/cm³)		规定值① ±0.1	
耐热性(80℃,5h)		无流淌、无起泡、无滑动	
低温柔韧性(ϕ20mm)/℃		−10	−20
		无裂纹	
	无处理		≥350
	加热处理		≥280
	紫外线处理		≥280
	碱处理		≥280
不透水性(0.1MPa,30min)		不渗水	
恢复率/%		≥70	
黏结强度/MPa		≥0.2	

①规定值是指企业标准或产品说明所规定的密度值。

3.3.3.4 硅橡胶防水涂料

硅橡胶防水涂料是以硅橡胶胶乳以及其他乳液的复合物为主要基料，掺入无机填料及各种助剂配制而成的乳液型防水涂料。它由1号和2号两部分组成，涂布时复合使用，1号和2号均为单组分，1号涂布于底层和面层，2号涂布于中间加强层。

该类涂料兼有涂膜防水材料和渗透性防水材料两者的优良特性，具有良好的防水性、渗透性、成膜性、弹性、黏结性、延伸性和耐高低温特性，适应基层变形的能力强；可渗入基底，与基底牢固黏结，成膜速度快，可在潮湿的基层上施工，可刷涂、喷涂或滚涂。硅橡胶防水涂料适用于地下工程、输水及储水构筑物、卫生间、屋面等防水、防渗及渗漏修补工程。

3.3.3.5 有机硅防水涂料

有机硅防水涂料是以硅橡胶乳液为主要成膜物质，其他高分子乳液为辅助成膜物质，添加助剂、填料而成的乳液型防水涂料。

有机硅防水涂料具有以下性能特点。

① 渗透能力强、抗低温能力强。

② 可形成一层肉眼看不见的透气憎水薄膜，该膜能阻止水汽的侵入，而内部的潮气能透出，因而能防止内部涂料的发霉，并且憎水薄膜有自洁的作用。

③ 与保温材料配合，可最大限度地发挥保温材料的保温能力。

④ 可以加入各种颜料，配成不同的色彩，满足建筑装饰要求。

⑤ 单组分、冷施工，故可加快施工速度。

有机硅防水涂料广泛应用于混凝土、石材、瓷砖、黏土砖等不承受水压的多孔性无机基层的防水或防护。

有机硅防水涂料的理化性能见表3.33。

表 3.33　有机硅防水涂料的理化性能

项　目	性能指标	
	水乳型	溶剂型
pH 值	规定值±0.1	
固体含量/%	≥20	≥5
稳定性	无分层、无漂油、无明显沉淀	
吸水性/%	≤20	
渗透性　标准状态	≤2mm,无水迹无变色	
热处理	≤2mm,无水迹无变色	
低温处理	≤2mm,无水迹无变色	
紫外线处理	≤2mm,无水迹无变色	
酸处理	≤2mm,无水迹无变色	
碱处理	≤2mm,无水迹无变色	

3.3.3.6　聚合物水泥防水涂料

聚合物水泥防水涂料简称 JS 防水涂料,当前国内聚合物水泥防水涂料发展很快,用量日益增多,日本称此类材料为水凝固型涂料。聚合物水泥涂料是以丙烯酸酯等聚合物乳液和水泥为主要原料,加入其他外加剂制得的双组分水性建筑防水涂料。JS 防水涂料分为两类。

Ⅰ型:以聚合物为主的防水涂料,该产品主要用于非长期浸水环境下的建筑防水工程。

Ⅱ型:以水泥为主的防水涂料,该产品主要用于长期浸水环境下的建筑防水工程。

聚合物水泥防水涂料具有以下特点。

① 可针对被防水处的环境来选择不同的水泥含量,低聚灰比适用于长期浸水环境下的建筑防水工程,而高聚灰比适用于非长期浸水环境下的建筑防水工程。

② 施工可采用分层的做法,并可取代建筑表面的抹灰,兼有抹灰和防水的双重功效。

③ 应用方式灵活,无毒、无污染、冷施工。

④ 具有比一般有机涂料干燥快、弹性模量低、体积收缩小、抗渗性好等优点,国外称其为弹性水泥防水涂料。

聚合物水泥防水涂料可广泛用于给水、排水设施,建筑物的屋面、墙面和地面,渡槽、游泳池以及隧道、地下室等的内壁防水、防渗工程。

3.3.3.7　喷涂聚脲弹性体

喷涂聚脲弹性体(以下简称 SPUA)是国外近十年来兴起的一种新型绿色材料。目前,国内已经开始推广和应用此种涂料,极具发展前途。它的固体含量为100%,无溶剂、无污染。

SPUA 是由异氰酸酯组分(简称 A 组分)与氨基化合物组分(简称 R 组分)反应而成。其中 A 组分可以是单体、聚合体、异氰酸酯的衍生物、预聚物和半预聚物等;而预聚物和半预聚物是由端氨基或者端羟基化合物与异氰酸酯反应而得;异氰酸酯可以是芳香族的,也可以是脂肪族的。R 组分中的端氨基聚醚是开发 SPUA 技术的关键原料,R 组分一定是由端氨基树脂和端氨基扩链剂所组成;在端氨基树脂中,不得含有任何羟基成分和催化剂,但可以含有便于颜料分散的助剂。R 组分中常用的扩链剂有二乙基甲苯二胺(DETDA)、二甲硫基甲苯二胺(DMTDA)、N,N'-二烷基甲基二胺、异佛尔酮二胺(IPDA)等。A 组分中的异氰酸酯一般包括 $4,4'$-二苯基甲烷二异氰酸酯(MDI)或 MDI 的改性物和脂肪族异氰酸酯及其改性物。通常，将—NCO含量低于12%的改性物称为预聚物，将—NCO含量在12%～25%之间的改性物称为半预聚物。

SPUA的特点如下。

① 涂料具有强度高、柔韧性好以及防水、防腐蚀、耐磨、抗湿滑、耐老化、抗热冲击、抗冻及装饰性好等特点。

② 与钢、铝、混凝土、木材、沥青等底材有着良好的附着力。

③ 具有优良的施工性能，可在任意曲面、斜面及垂直面上喷涂成型，快速固化，5s凝胶，1min即可达到步行强度，而后进行后续施工。

④ 施工效率高，喷涂100m² 面积仅需30min。

⑤ 施工不受环境温度和湿度的影响，在-28℃的温度下可正常施工，一次施工厚度可达到2mm左右。

SPUA应用广泛，主要如下。

① 各种防护衬里、防腐工程和体育工程等。

② 要求快速固化、无接缝的防水和防潮工程。

③ 要求耐腐蚀、耐紫外线、耐冲击的地面和墙面。

④ 建筑屋面、冷库、隧道等的防水层及地面的防水、防滑耐磨层。

3.3.4 涂膜防水施工

涂膜防水屋面是在屋面基层上涂刷防水材料，经固化后形成一层有一定厚度和弹性的整体涂膜，从而达到防水目的的一种防水屋面形式。它是以高分子合成材料为主体的涂料，涂抹在经嵌缝处理的屋面板或找平层上，形成具有防水效能的坚韧涂膜。涂膜防水屋面主要适用于防水等级为Ⅲ、Ⅳ级的屋面防水，也可作为Ⅰ、Ⅱ级屋面多道设防中的一道防水层。

3.3.4.1 涂膜防水屋面构造

涂膜防水屋面的典型构造层次如图3.11所示。具体施工的层次，应根据设计要求确定。涂膜防水层的涂料分成高聚物改性沥青防水涂料、合成高分子防水涂料两类。

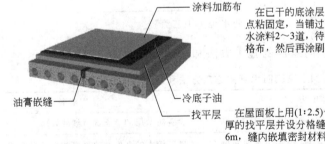

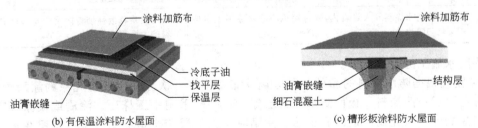

图3.11 涂膜防水屋面的典型构造层次

3.3.4.2 涂膜防水屋面施工

(1) 涂膜防水屋面常用防水涂料　防水涂料按其稠度不同有薄质涂料和厚质涂料之分，施工时有加胎体增强材料和不加胎体增强材料之别，具体做法视屋面构造和涂料本身性质要求而定。

薄质涂料按其形成液态的方式可分成溶剂型、反应型和水乳型3类。溶剂型涂料是以各种有机溶剂使高分子材料等溶解成液态的涂料，如氯丁橡胶涂料以甲苯为溶剂，溶解挥发后而成膜；反应型涂料是以一个或两个液态组分构成的涂料，涂刷后经化学反应形成固态涂膜，如环氧树脂；水乳型涂料是以水为分散介质，使高分子材料及沥青材料等形成乳状液，水分蒸发后成膜，如橡胶沥青乳液等。溶剂型涂料成膜迅速，但易燃、有毒；反应型涂料成膜时体积不收缩，但配制须精确；水乳型涂料可在较潮湿的基面上施工，但黏结力较差，且低温时成膜困难。

厚质涂料主要有石灰乳化沥青防水涂料、膨润土乳化沥青防水涂料、石棉沥青防水涂料等。

(2) 涂膜防水屋面施工工艺　涂膜卷材防水屋面施工的过程与卷材防水的工序基本相同，如图3.12所示。涂膜防水的施工顺序应按照"先高后低、先远后近"的原则进行。对于高低跨屋面，一般先涂布高跨屋面，后涂布低高跨屋面；相同高度屋面上，要合理安排施工段，先涂布距上料点远的部位，后涂布近处部位；同一屋面上，先涂布排水较集中的水落口、天沟、檐口等节点部位，再进行大面积涂布。

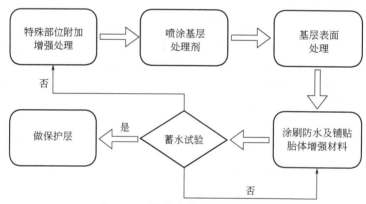

图3.12　涂膜防水施工工艺流程

(3) 涂膜防水层施工　涂膜防水层的施工方法和适用范围见表3.34。

表3.34　涂膜防水层的施工方法和适用范围

施工方法	具体做法	适用范围
涂刷法	用棕刷、长柄刷、圆滚刷蘸防水涂料进行涂刷	涂刷防水层和节点部位细部处理
涂刮法	用胶皮刮板涂布防水涂料，先将防水涂料倒在基层上，用刮板来回涂刮，使其厚薄均匀	黏度较大的高聚物改性沥青防水涂料和合成高分子防水涂料的大面积施工
机械喷涂法	将防水涂料导入设备内，通过喷枪将防水涂料均匀喷出	黏度较小的高聚物改性沥青防水涂料和合成高分子防水涂料的大面积施工

涂膜防水施工的要求如下。

① 涂膜应根据防水涂料的品种分层分遍涂布，不得一次涂成。应待先涂的涂层干燥成膜后，方可涂后一遍涂料。板面防水涂料层施工，一般采用手工抹压、涂刷或喷涂等方法。厚质涂料涂刷前，应先刷一道冷底子油。涂刷时，上下层应交错涂刷，接槎宜留在板缝处，每层涂刷厚度应均匀一致，一道涂刷完毕，必须待其干燥结膜后，方可进行下道涂层施工；

在涂刷最后一道涂层时可掺入2%的云母粉或铝粉，以防涂层老化。在涂层结膜硬化前，不得在其上行走或堆放物品，以免破坏涂膜。

② 为加强涂料对基层开裂、房屋伸缩变形和结构沉陷的抵抗能力，在涂刷防水涂料时，可铺贴加筋材料，如玻璃丝布等。

③ 需铺设胎体增强材料时，屋面坡度小于15%时可平行于屋脊铺设；屋面坡度大于15%时应垂直于屋脊铺设。胎体长边、短边搭接宽度分别不应小于50mm、70mm。采用两层胎体增强材料时，上下层不得相互垂直铺设，搭接缝应错开，其间距不应少于幅度的1/3。

3.4 密封材料

建筑密封材料是一些能使建筑上各种接缝、变形缝（沉降缝、伸缩缝、抗震缝）保持水密、气密性能，并具有一定强度，能连接构件的填充材料。具有弹性的密封材料有时也称为弹性密封胶，简称密封胶。

建筑密封材料的应用范围广泛，譬如在建筑工程中，玻璃幕墙的安装、金属饰面的安装、门窗的安装、建筑屋面的接缝处、混凝土和砌体的伸缩缝，桥梁、道路、机场跑道的伸缩缝，积水排水管道的接缝等；交通运输工具的密封防水及门窗的密封，电气设备的绝缘和密封，仪器仪表元件的密封。

建筑密封材料要求具有良好的黏结性，抗下垂性，不渗水透气，易于施工；还要求具有良好的弹塑性，能长期经受被粘构件的伸缩和振动，在接缝发生变化时不断裂、剥落，并要有良好的耐老化性能，不受热和紫外线的影响，长期保持密封所需的黏结性和内聚力。

建筑密封防水材料基材主要有油基、橡胶、树脂、无机物等几大类，其中橡胶、树脂等性能优异的高分子合成材料作为密封材料的主体，称为高分子密封防水材料。它们特定和最基本的功能是填充构造复杂且不利于施工的间隙，不能与接缝、接头等凹凸不平的表面通过受压变形或流动润湿而紧密接触或黏结，从而起到密封防水作用。在传统密封材料（皮革、麻线等）已不能满足防水的情况下，高分子密封防水材料是随着高分子化学工业和胶黏剂工业的发展而发展起来的一种新型的防水材料，高分子定形密封材料（密封条、橡胶O形圈、密封垫片等）和高分子非定形密封材料（密封胶等）已相继成为解决密封防水的关键性材料，在整个密封防水材料中占主要地位。

建筑密封材料按形态的不同一般可分为不定形密封材料和定形密封材料两大类，见表3.35。常用的多为不定形密封材料。

表3.35 建筑密封材料的分类及主要品种

大类	类型		主要品种
不定形密封材料	非弹性密封材料	油性密封材料	马牌油膏
		沥青基密封材料	橡胶改性沥青油膏、桐油橡胶改性沥青油膏、桐油改性沥青油膏、石棉沥青腻子、沥青鱼油油膏、苯乙烯焦油油膏
		热塑性密封材料	聚氯乙烯胶泥、改性聚氯乙烯胶泥、塑料油膏、改性塑料油膏
	弹性密封材料	溶剂型弹性密封材料	丁基橡胶密封膏、氯丁橡胶密封膏、氯磺化聚乙烯橡胶密封膏、丁基氯丁再生胶密封膏、橡胶改性聚酯密封膏
		水乳型弹性密封材料	水乳丙烯酸密封膏、水乳氯丁橡胶密封膏、改性EVA密封膏、丁苯胶密封膏
		反应型弹性密封材料	聚氨酯密封膏、聚硫密封膏、硅酮密封膏

续表

大类	类型	主要品种
定形密封材料	密封条带	铝合金门窗橡胶密封条、丁腈胶-PVC门窗密封条、自黏性橡胶、水膨胀橡胶、PVC胶泥墙板防水带
	止水带	橡胶止水带、嵌缝止水密封胶、无机材料基止水带、塑料止水带

不定形密封防水材料是指不具有一定形状，只能起到密封作用的密封防水材料。不定形密封材料常温下一般是膏状或黏稠状液体，可以填充建筑中各部位的裂缝和缝隙。不定形密封材料具有以下特点。

① 良好的塑性、黏结性和弹性，耐久可靠。
② 良好的适应能力，适应各种缝隙或裂缝的能力，不受使用部位的制约，操作简便。
③ 环境适应能力强，不同基料制成的不定形密封防水材料，可适应－40～70℃的环境温度。
④ 价格范围广，可根据需要选择不同价位的产品。
⑤ 采用冷操作施工，无污染。

定形密封材料是将密封材料按密封工程特殊部位的不同要求制成带、条、方、垫片等形状，定形密封材料按密封机理的不同可分为遇水非膨胀型定形密封材料和遇水膨胀型定形密封材料两类。定形密封防水材料主要适用于建筑工程的特殊部位，如建筑沉降缝、构件接缝、建筑伸缩缝和门窗框伸缩缝等的密封需要。定形密封材料具有以下特点。

① 良好的防水、耐热和耐低温性能。
② 良好的弹塑性和强度，不会因构件的变形、振动而产生脱落和脆裂。
③ 压缩变形性和恢复功能优异。
④ 制品的尺寸精度高。
⑤ 良好的密封性能，使用寿命长。

3.4.1 常用的密封材料

3.4.1.1 橡胶沥青油膏

橡胶沥青油膏是以石油沥青为基料，加入橡胶改性材料和填充料等经混合加工而成，是一种弹塑性冷施工防水嵌缝密封材料，是目前我国产量最大的品种。它具有优良的防水防潮性能，黏结性好，伸长率高，耐高低温性能好，老化缓慢，适用于各种混凝土屋面及地下工程防水、防渗、防漏和大型轻型板块、墙板的接缝密封等，是一种较好的密封材料。橡胶沥青油膏的物理性能见表3.36。

表3.36 橡胶沥青油膏的物理性能

项 目		性 能	项 目	性 能
外观		黑色膏状物	挥发率/%	≤2.8
耐热度(下垂值)/mm		≤4	施工度/mm	≥28
黏结性/mm		≥25	低温柔度/℃	－20,合格
保油性	渗油幅度/mm	≤5	浸水黏结性/mm	≥25
	渗油张数/张	≤4		

3.4.1.2 聚氯乙烯密封膏

聚氯乙烯密封膏是以煤焦油为基料，聚氯乙烯为改性材料，掺入一定量的增塑剂、稳定剂和填料，在130～140℃下塑化而成的热施工嵌缝材料，是目前屋面防水嵌缝中适用较为广泛的一类密封材料。

聚氯乙烯密封膏的主要特点如下。

① 生产工艺简单，原材料来源广，施工方便。
② 有良好的耐热性、黏结性、弹塑性、防水性。
③ 较好的耐寒性、耐腐蚀性和耐老化性。
④ 价格适中，广泛适用于各类防水工程。

适用于各类工业厂房和民用建筑的屋面防水嵌缝，以及含硫酸、盐酸、硝酸及氢氧化钠等酸碱腐蚀介质的屋面防水，也适用于地下管道的密封和厕浴间等。聚氯乙烯密封膏的物理性能见表3.37。

表3.37 聚氯乙烯密封膏的物理性能

项目			性能	
			703型	802型
耐热度	温度/℃		70	80
	下垂值/mm	≤	4	4
低温柔韧性	温度/℃		−30	−20
	黏结状况		无裂缝,不剥离	
黏结伸长率(25℃±2℃)/%		≥	250	
浸水后黏结伸长率/%		≥	200	
回弹率/%		≥	80	
挥发率/%		≤	3	

3.4.1.3 有机硅建筑密封膏

有机硅建筑密封膏是以有机硅橡胶为基料配制成的一类高弹性、高档密封膏。有机硅建筑密封膏分为双组分和单组分两种，单组分应用最多。

单组分有机硅建筑密封膏是将有机硅氧烷、硫化剂、填料及其他添加剂混合均匀后制成的单包装产品装于密闭的容器中备用。施工时，包装筒中的密封膏体嵌填于作业缝中，硅橡胶分子链端的官能团在接触空气中的水分后发生缩合反应，从表面开始固化形成橡胶状弹性体。单组分密封膏的特点是使用方便，使用时不需要称量、混合等操作，适于野外和现场施工时使用。可在0～80℃范围内硫化，胶层越厚，硫化越慢，对于胶层厚度大于10mm的灌封，一般要添加氧化镁或采用分层灌封来解决。

双组分有机硅建筑密封膏的主剂与单组分的相同，但硫化剂及其机理不同，两者是分开包装的。使用时，两组分按比例搅拌均匀后嵌填于作业缝中，固化后形成三维网状结构的橡胶状弹性体。与单组分型相比，使用时其固化时间较长。

有机硅建筑密封膏具有优良的耐热、耐寒、耐老化及耐紫外线等耐候性能，与混凝土、铝合金、不锈钢、塑料、陶瓷等材料有良好的黏结力，并且具有良好的伸缩耐疲劳性能，防水、防潮、抗震、气密、水密性能好。

有机硅建筑密封膏根据所用硫化剂的不同，可分为醋酸型、酮型、醇型、胺型、酰胺型和氨氧型等品种。一般高模量有机硅建筑密封膏采用醋酸型和醇型两种硫化体系，主要用于建筑物的结构性密封部位,如玻璃幕墙、隔热玻璃黏结密封以及建筑门、窗密封等;中模量有机硅建筑密封膏采用醇型硫化体系,除了不能在极大伸缩性接缝部位使用外,其他部位均可使用;低模量有机硅建筑密封膏采用酰胺型和羟胺型两种硫化体系,主要用于建筑物的非结构型密封部位,如与混凝土墙板、水泥板、大理石板、花岗石的外墙接缝,混凝土与金属框架的粘接,卫生间以及高速公路接缝的防水密封等。有机硅建筑密封膏的物理性能见表 3.38。

表 3.38 有机硅建筑密封膏的物理性能

项目			混凝土及铝合金用		玻璃用	
			优等品	合格品	优等品	合格品
密度			规定值[一般(1.0~1.1)±0.1]			
挤出性/(mL/min)		≥	80(仅单组分要求)			
适用时间/h		≥	3(仅双组分要求)			
表干时间/h		≤	6			
低温柔性(ϕ6mm)/mm		≤	−40			
流动性	下垂值(N 型)/mm	≤	3		3	
	自流平度(L 型)		自流平		—	
定伸性能	定伸黏结性/%		200	160	160	125
	热-水循环后定伸黏结性/%		200	160	—	—
	浸水光照后定伸黏结性/%		—	—	160	160
拉伸-压缩循环性能	弹性恢复率/%		90(定伸 200%)	90(定伸 160%)	90(定伸 160%)	90(定伸 125%)
	级别		9030	8020	9030	8020
	2000 次后黏结破坏面积/%	≤	25			

3.4.1.4 聚硫密封膏

聚硫密封膏是以液态聚硫橡胶(多硫聚合物)为主剂,以金属过氧化物(多数为二氧化铅)为固化剂,加入增塑剂、增韧剂、填充剂及着色剂等配制而成,是目前世界上应用最广、使用最成熟的一种弹性密封材料。聚硫密封材料也分为单组分和双组分两类,目前国内双组分聚硫密封材料的品种最多。

聚硫密封膏的特点如下。

① 弹性高,具有优异的耐候性。
② 极佳的气密性和水密性。
③ 良好的耐油、耐溶剂、耐氧化、耐湿热、耐水和耐低温性能。
④ 使用温度范围广,适用于−40~96℃的环境。
⑤ 工艺性能好,材料黏度低,对混凝土、陶瓷、木材、玻璃铝合金等均具有良好的黏结性能。

聚硫密封材料适用于混凝土墙板、屋面板、楼板等部位的接缝密封,金属幕墙、金属门窗框四周、汽车车身等部位的防水、防尘密封,以及游泳池、储水池、上下水管道、冷藏库、地道、地下室等场所的接缝密封。聚硫密封膏的理化性能要求见表 3.39。

表 3.39 聚硫密封膏的理化性能要求

项目		性能要求				
		A 类		B 类		
		一等品	合格品	优等品	一等品	合格品
密度/(g/cm³)		规定值±0.1				
适用期/h		2~6				
表干时间/h ≤		24				
渗出性指数 ≤		4				
流变性	下垂值(N 型)/mm ≤	3				
	流平性(L 型)	光滑平整				
低温柔性/℃		−30		−40		−30
拉伸黏结性	最大拉伸强度/MPa ≥	1.2	0.8	0.2		
	最大伸长率/% ≥	100		400	300	200
恢复率/% ≥		90		80		
拉伸-压缩循环性能	级别	8020	7010	9030	8020	7010
	黏结破坏面积/% ≤	25				
加热失重/% ≤		10		6		10

3.4.1.5 聚氨酯弹性密封膏

聚氨酯弹性密封膏是由多异氰酸酯与聚醚通过加成反应制成预聚体后,加入固化剂、助剂等在常温下交联固化而成的一类高弹性建筑密封膏,是 20 世纪 80 年代以来发展最迅速的三大密封膏品种之一。聚氨酯弹性密封膏分为单组分和双组分两种,以双组分的应用较广,单组分的目前已较少应用。其性能比其他溶剂型和乳液型密封膏优良,可用于要求中等和偏高的工程。

聚氨酯弹性密封膏对金属、混凝土、玻璃、木材等有良好的黏结性能,具有模量低、伸长率大、弹性高、黏结性好、耐低温、耐水、耐油、耐酸碱、抗疲劳及使用年限长等优点,且与聚硫、有机硅等反应型建筑密封膏相比,其价格较低。

聚氨酯弹性密封膏广泛应用于屋面板、外墙板、混凝土建筑物沉降缝、伸缩缝的密封,阳台、窗框、卫生间等部位的防水密封,以及给排水管道、蓄水池、游泳池、道路桥梁、机场跑道等工程的接缝密封与渗漏修补,也可用于玻璃、金属材料的嵌缝。聚氨酯弹性密封膏的物理性能见表 3.40。

表 3.40 聚氨酯弹性密封膏的物理性能

项目	性能指标		
	优等品	一等品	合格品
密度/(g/cm³)	规定值±0.1		
适用期/h	≥3		

续表

项目		性能指标		
		优等品	一等品	合格品
表干时间/h		≤24	≤48	
渗出性指数		≤2		
流变性	下垂值(N型)/mm	≤3		
	流平性(L型)	5℃自流平		
低温柔韧性/℃		−40	−30	
拉伸黏结性	最大拉伸强度/MPa	≥0.200		
	最大伸长率/%	≥400	≥200	
定伸黏结性/%		200	160	
恢复率/%		≥95	≥90	≥85
剥离黏结性	剥离强度/(N/mm)	≥0.9	≥0.7	≥0.5
	黏结破坏面积/%	≤25	≤25	≤40
拉伸-压缩循环性能	级别	9030	8020	7020

3.4.1.6 水乳型丙烯酸密封膏

水乳型丙烯酸密封膏是以丙烯酸酯乳液为黏结剂，掺入少量表面活性剂、增塑剂、改性剂以及填料、颜料等经搅拌研磨而成。该类密封材料具有良好的黏结性、弹性和低温柔韧性能，无溶剂污染，无毒，不燃，可在潮湿的基层上施工，操作方便，特别是具有优异的耐大气和耐紫外线老化性能，属于中档建筑密封材料，其适用范围广、价格便宜、施工方便，综合性能明显优于非弹性密封膏和热塑性密封膏，但要比聚氨酯、聚硫、有机硅等密封膏差一些。该密封材料中含有约15%的水，故在温度低于0℃时不能使用，而且要考虑其中水分的蒸发所产生的体积收缩，对吸水性较大的材料如混凝土、加气混凝土、石料、石板、木材等多孔材料构成的接缝的密封比较适宜。水乳型丙烯酸密封膏主要用于外墙伸缩缝、屋面板缝、各种门窗缝、石膏板缝及其他人造板材的接缝、女儿墙与屋面接缝、管道与楼层面接缝等处的密封。

3.4.1.7 硅酮密封膏

硅酮（聚硅氧烷）密封膏是以聚硅氧烷为主要成分的室温固化型密封防水材料，按包装形式分为单组分和双组分两种。它具有以下特点。

① 弹性优异、耐磨性能非常好。
② 优异的耐高低温性能，适用温度范围广（−50～250℃），且弹性保持相当好。
③ 耐油性、耐候性和耐化学腐蚀性优异。
④ 施工方便，无毒、无污染。

硅酮密封膏广泛应用于需要密封防水的建筑、机械、化工、食品行业中及有特殊要求的环境中，如洗衣机、洗碗机等高温、高湿设备的密封防水等。

3.4.1.8 止水带

止水带也称为封缝带，是处理建筑物或地下构筑物接缝（伸缩缝、施工缝、变形缝等）用的一类定型防水密封材料。常用品种有橡胶止水带、塑料止水带等。

橡胶止水带是以天然橡胶或合成橡胶为主要材料，掺入各种助剂及填料，经塑炼、混炼、模压而成，具有良好的弹性、耐磨性和抗撕裂性能，适应变形能力强，防水性能好。但使用温度和使用环境对其物理性能有较大影响，当作用于止水带上的温度超过50℃，以及受强烈的氧化作用或受油类等有机溶剂的侵蚀时不宜采用。橡胶止水带一般用于地下工程、小型水坝、储水池、地下通道、河底隧道、游泳池等工程的变形缝部位的隔离防水以及水库、输水洞等处闸门密封止水。

材料止水带目前多为软质聚氯乙烯塑料止水带，是由聚氯乙烯树脂、增塑剂、稳定剂等原料经塑炼、造粒、挤出、加工成型而成。塑料止水带的优点是原料来源丰富，价格低廉，耐久性好，物理力学性能能满足使用要求，可用于地下室、隧道、涵洞、坝体、溢洪道、沟渠等水土构筑物的变形缝的防水。

3.4.1.9 密封条

密封条是指由橡胶或合成橡胶制成的橡胶密封条，主要用于建筑的玻璃门窗和火车、汽车、飞机、电冰箱等的密封防水。

3.4.2 密封材料防水施工

3.4.2.1 施工准备

（1）检查施工条件　首先检查所采购的密封材料是否符合施工规范和设计的规定，熟悉供应方提供的储存、使用条件和使用方法，注意安全事项的具体规定及环境温度对施工质量的影响。弄清设计对异常条件下施工时，接缝应做调节和补偿措施的说明。

（2）检查建筑物接缝　检查接缝形状和尺寸是否符合设计要求，对待密封的接缝缺陷和裂缝，首先进行处理。常见的缺陷和裂缝有：

① 对接焊缝或诱发缝深度、宽度或位置不符合设计规定；

② 连接缝歪斜，妨碍构件自由运动；

③ 过早地在浇灌混凝土构件上锯切诱发缝，造成接缝边缘缺损、干裂，过迟锯切时因混凝土收缩使构件早期产生裂缝；

④ 接缝处金属嵌件、附件错位或偏斜。

（3）密封表面处理　在嵌填密封材料之前，必须清理接缝，应无尘砂、污物和夹杂。玻璃和金属等无孔材料表面，应擦洗（必要时用溶剂）。依据设计要求或密封材料供应方规定，在密封表面涂打底料。接缝应保持干燥，即使使用水性乳胶型密封材料及湿气固化型材料，密封效果仍是在干燥表面为最佳。

（4）嵌填防粘衬垫材料　按设计接缝深度和施工规范，在接缝内填充规定的防粘衬垫材料，保证密封材料的形状系数为设计规定值。

3.4.2.2 不定形密封材料密封接缝施工

（1）施工工具

① 混合工具或机具　双组分材料根据混合量的多少，可用刮刀手工混合，或用电动搅拌器搅拌。工厂内预制密封构件接缝，可用气动静态紊流混合挤注机，保证混合配比准确、均匀，且无空气混入，同时还有自动挤注功能。

② 挤注工具　手动挤注枪、气动挤注枪、气动静态紊流混合挤注机。热熔性密封材料应用热熔枪。枪嘴口径和尺寸，应按接缝宽度和深度进行加工。

③ 修整工具　与接缝型面一致的刮条或棒。

（2）密封施工操作

① 装枪　硬管式包装的单组分材料，可直接装入手动或气动枪内；香肠式软包装的单组分材料，在端头剪口后直接装入有枪管并拧紧带枪嘴儿的端盖，密闭封装在枪内。

② 挤注嵌缝　操作平稳，枪嘴应始终对准接缝底部，倾角约45°，移动时应始终使挤出的密封胶处于枪嘴前端，缝内有挤压力，不要拖着胶走枪，避免虚涂或空穴。胶条应平直、流线、表面光滑美观。宽深接缝处，可分两次或多次挤注。

③ 整形　用工具压实、修饰胶缝，使密封胶充分接触、渗透结构表面、排除气泡和空穴，清除多余的密封胶，形成光滑、流线、整齐的密封缝。

（3）质量控制和技术安全

① 质量控制　施工过程控制是质量控制的关键。应随时监视外观质量，包括嵌填深度一致、表面平整程度和缺陷及夹杂，多余密封胶溢出和污染等。重要的装饰性缝（如门窗外露缝），在接缝边缘贴口胶条，施工后撕掉。

② 技术安全　对含有机溶剂的密封材料及表面清洁使用溶剂时，应注意防火、防蒸气中毒；对含重金属，如铅、铬、有机锡的密封材料，应避免与皮肤过量接触，更不能入口、入眼睛，要注意个人防护。

3.4.2.3　定形密封材料密封施工

可使用手动滚压枪或其他工具施压挤入，但在低温下施工，密封条变硬、嵌入吃力时，应将密封条加热，如用热水、热空气或蒸汽。温度越高，施工越顺利，不会有不利的变化。

门窗玻璃密封条装好后，应注意检查以下事项：

① 密封条边缘有无卷起或出现贴合空隙；

② 边角交汇处间隙不应过大，也不允许互相挤压产生挠曲；

③ 中空玻璃内，铝框在密封条中深度一致，且不准外露；

④ 密封条在水平视线上平直。

3.4.2.4　密封缺陷及维护

（1）密封缺陷的主要原因

① 接缝宽度和形状不能满足接缝的实际位移量要求，仍将密封材料嵌填在接缝中。

② 未掌握设计规定的密封材料的使用条件，或者过分节省工程费用，选用的密封材料档次过低，不能承受接缝位移量，或者未充分认识一些新密封材料的使用局限性，过分信任其宣传。

③ 密封施工准备工作欠佳，施工不认真，操作技术不熟练。

（2）接缝密封缺陷一般修理方法

① 用同种或相容的密封材料修补密封缺陷，严重缺陷时应剔除缝内失效的密封胶，用抗位移等级高一级的材料，增加防粘衬垫，重新密封。

② 接缝内密封材料断裂、贯通时，应剔除嵌缝膏，锯宽接缝，重新密封。

③ 用树脂砂浆修复接缝边缘脱落的混凝土，重新接缝。

④ 出现裂缝时，应将裂缝修成凹槽，用不定形密封材料密封。

（3）密封维护　建筑物接缝密封后，由于密封材料逐渐老化的原因，随着时间延长，性能逐渐衰退。有些密封材料由于自身性质决定，其寿命不可能与建筑物同步。应依据接缝特点、重要性及密封材料类别及等级，决定更换周期，不能等到发现渗漏事故时才予以堵漏。所以，必须在建筑物定期检修、清洗或因其他目的进行检查时，安排专业人员检查接缝密封状态，发现问题及时维护。

一旦发现密封材料出现粉化、龟裂或边缘脱落现象时，尽管未发现渗漏，也应提前安排重新密封。若渗漏或严重渗漏发生后才进行修理，可能会付出更高的花费和代价。

→ 习题与思考题

1. 防水、防水工程的概念是什么？防水工程是如何分类的？
2. 防水材料有哪些分类？

3. 试说明我国防水材料的总体发展现状及趋势。
4. 传统的纸胎沥青油毡在防水应用上有哪些不足?
5. 试说明卷材防水屋面的一般构造。
6. 试说明卷材防水屋面的一般施工流程。
7. 试说明涂膜防水屋面的一般构造。
8. 试说明涂膜防水屋面的一般施工流程。
9. 试说明密封材料的应用范围和性能要求。

第4章
建筑光学材料

案例一：

20世纪80年代初，法国总统密特朗决定改建和扩建世界著名艺术宝库卢浮宫，最终选择了贝聿铭的设计方案，他设计用现代建筑材料在卢浮宫的拿破仑庭院内建造一座玻璃金字塔。不料此事一经公布，在法国引起了轩然大波，人们认为这样会破坏这座具有800年历史的古建筑风格。贝聿铭设计建造的玻璃金字塔，高21m，底宽30m，耸立在庭院中央。它的四个侧面由673块菱形玻璃拼组而成，总平面面积约有2000m²，塔身总重200t，其中玻璃净重105t，金属支架仅有95t。换言之，支架的负荷超过了它自身的重量。因此行家们认为，这座玻璃金字塔不仅是体现现代艺术风格的佳作，也是运用现代科学技术的独特尝试。

在这座大型玻璃金字塔的南、北、东三面还有三座5m高的小玻璃金字塔作点缀，与七个三角形喷水池汇成平面与立体几何图形的奇特美景。人们不但不再指责它，而且称"卢浮宫院内飞来了一颗巨大的宝石"。

案例二：

2015年8月，土超豪门费内巴切队的球员穆罕默德·托帕尔在和队友驾驶梅赛德斯轿车时遭到暴徒枪击，所幸防弹玻璃救了他们的命，俩人并没有受伤。

1. 大师为什么会选用玻璃来建造这么重要的建筑？建筑完成之后为什么会被称为"宝石"？
2. 普通玻璃经过怎样的工艺会变成能抵挡子弹的防弹玻璃？

4.1 概述

玻璃是一种古老而新兴的建筑光学材料，它的历史约有5000年，早期主要用作珠宝装饰和容器。而随着现代建筑技术的不断发展和建筑对玻璃使用功能要求的提高，建筑玻璃制品正在向多品种、多功能的方向发展。近年来，同时具有装饰性和功能性的新品种玻璃不断问世，使装饰玻璃的功能概念有了根本改变，为现代建筑设计提供了更加广阔的选择空间，达到了光控、温控、节能、降噪、隔声以及降低结构自重、美化环境等多种目的，使其在建筑工程装饰用量上有了很大比例的提升，得以广泛应用。

4.1.1 玻璃的制造

4.1.1.1 原料及组成

玻璃是一种无定形、非结晶、均质、各向同性的硅酸盐固体材料。玻璃是以石英砂（SiO_2）、纯碱（Na_2CO_3）、长石（R_2O、Al_2O_3、SiO_2，其中 R_2O 是指 Na_2O 或 K_2O）和石灰石（$CaCO_3$）等为主要原料，在 1550～1600℃ 高温下烧至熔融，再成型，并经急冷而制得。其化学成分较为复杂，主要成分为 SiO_2（含量 72% 左右）、Na_2O（含量 15% 左右）和 CaO（含量 9% 左右），另外还含有少量的 Al_2O_3、MgO 等。

制造玻璃的原料主要是以下三类氧化物。

（1）酸性氧化物　主要有 SiO_2、B_2O_3 等，在煅烧中能单独熔融成为玻璃的主体，决定玻璃的主要性质。

（2）碱性氧化物　主要有 Na_2O、K_2O 等，在煅烧中能与碱性氧化物形成易熔的复盐，起助熔剂的作用。

（3）增强氧化物　主要有 CaO、MgO、BaO、ZnO、PbO、Al_2O_3 等，不同程度地影响玻璃的性能。

表 4.1 为上述各种氧化物在玻璃中的作用。

表 4.1　各种氧化物在玻璃中的作用

氧化物	作用	
	增加	降低
SiO_2	熔融温度、退火温度、化学稳定性、热稳定性、机械强度	密度、热膨胀系数
B_2O_3	化学稳定性、热稳定性、折射率、光泽	熔融温度、析晶倾向、韧性
Na_2O K_2O	热膨胀系数	化学稳定性、热稳定性、熔融温度、退火温度、析晶倾向、韧性
CaO	硬度、机械强度、化学稳定性、析晶倾向、退火温度	耐热性
MgO	热稳定性、化学稳定性、退火温度、机械强度	析晶倾向、韧性
BaO	软化温度、密度、光泽、折射率、析晶倾向	熔融温度、化学稳定性
ZnO	热稳定性、化学稳定性、熔融温度	热膨胀系数
PbO	密度、光泽、折射率	熔融温度、光学稳定性
Al_2O_3	熔融温度、化学稳定性、机械强度、韧性	析晶倾向

此外，玻璃的制造，特别是特种玻璃的制造，某些辅助原料必不可少，表 4.2 列出了玻璃常用的辅助性原料及其主要作用。

表 4.2　玻璃常用的辅助性原料及其主要作用

名称	常用化合物	主要作用
助熔剂（加速剂）	萤石、氟硅酸钠、硼砂、纯碱等	降低熔融温度、加速熔制过程
着色剂	氧化铁、氧化钴、氧化锰、氧化铜、氧化铬等	使玻璃呈现不同颜色
脱色剂	硝酸钠、硝酸钾、硝酸钡、白砒、三氧化二锑、二氧化锰、氧化钴、氧化镍等	消除玻璃中的杂质颜色，使其接近无色，增加透光度

续表

名称	常用化合物	主要作用
澄清剂	白砒、硫酸钠、硝酸钠、氯化锑等	降低玻璃熔液的黏度,促进玻璃中气泡的排除
乳浊剂	冰晶石、氟硅酸钠、萤石、磷酸钙、二氧化锡、二氯化锡等	使玻璃产生不透明的乳白色物质
氧化剂	硝酸钠、三氧化二砷、氧化铈等	在玻璃熔制时,能放出氧,使低价氧化物转变为高价氧化物
还原剂	碳化物、氧化亚锡、二氯化锡等	在玻璃熔制时,能夺取氧,加速氧化物在熔剂中的还原反应

4.1.1.2 制造工艺简介

玻璃的品种与用途虽各不相同,但它们的生产工艺却有如下相近的生产流程。

成分设计→原料加工→配合料制备→坩埚窑熔化或池窑熔化→成型→退火窑退火→缺陷检验→一次制品→深加工→检验→二次制品。

在上述流程中,不同制品的差异处在于:有各自的成分设计和各自的成型方法;一次制品经不同深加工可得到不同的二次制品。把一次制品经深加工后,增加了新的性质与新的用途,这种玻璃称二次制品,常称深加工玻璃。例如,把一次制品的窗用玻璃,经磁控离子溅射法制成二次制品的镀膜玻璃,使玻璃增加了彩色和反射光的性质等。

建筑玻璃的制造方法主要有垂直引上法和浮法。

(1) 垂直引上法 垂直引上法是将玻璃液垂直向上拉引制造平板玻璃的生产工艺过程,又可分为有槽垂直引上法、无槽垂直引上法和对辊法三种。

有槽垂直引上法是把中间开有纺锤形缝隙的槽子砖压入玻璃液中,从缝隙中涌出的玻璃液呈带状被向上引拉,经冷却变硬,制成连续的平板玻璃。优点是比较容易制得厚度均匀的平板玻璃;缺点是容易产生波筋。

无槽垂直引上法又称匹兹堡法,是以浸没在玻璃溶液中的耐火引砖代替有槽垂直引上法中的槽子砖,将引砖设置在玻璃溶液表面下70～150mm处,使冷却器能集中冷却在引砖之上流向玻璃原板的起始线的玻璃液层,使其迅速达到玻璃带的成型温度。优点是工艺比较简单,玻璃质量比有槽引上法有较大改进;缺点是玻璃薄厚不易控制。

对辊法是用一对外侧可旋转的细长圆筒状耐火材料代替有槽垂直引上法中的槽子砖,流动液从间隙中涌出,采用与有槽垂直引上法相同的方式引上。由于对辊旋转,不会出现失透现象而产生波筋,在一定程度上改善了有槽垂直上引法的缺点。

(2) 浮法 浮法是指让熔融的玻璃液流入锡槽,使其在高温、自重、表面张力及机械牵引力作用下,在干净的锡液面上自由摊平、展薄,逐渐降温退火的工艺。浮法工艺是一种现代生产玻璃的方法,它具有产量高、质量好、品种多、规模大、容易操作、劳动率高等优点。浮法工艺最大的特点是玻璃不变形,表面光滑平整、厚薄均匀、两面平行、光畸变极小、无波筋厚波纹,具有磨光玻璃的光学性能。

目前浮法玻璃已完全代替了机械磨光玻璃,用于汽车、火车、轮船的风窗玻璃、高级建筑物的窗用玻璃、玻璃门和橱窗玻璃以及有机玻璃的模具玻璃、夹层玻璃的原片等。浮法工艺生产的玻璃规格有厚度0.55～25mm多种,生产的原板玻璃宽度可达2.4～4.6m,几乎能满足各种使用要求。

4.1.2 玻璃的分类

玻璃的种类多样,分类的方法也很多,通常按照其化学组成和功能进行分类。

4.1.2.1 按化学组成分

按照对玻璃的性质起决定性作用的化学组成分，可分为以下几类。

（1）钠玻璃　钠玻璃又名钠钙玻璃或普通玻璃，是过去和现在用量最多的一种玻璃，原材料是硫酸钠和纯碱，主要由 SiO_2、Na_2O、CaO 组成，其软化点较低，易于熔制，由于含杂质多，制品常带绿色，其力学性能、热性能、光学性能和化学稳定性均较差，成本低，用于制造普通建筑玻璃和日常玻璃制品。

（2）钾玻璃　钾玻璃又名硬玻璃，以 K_2O 代替钠玻璃中的部分 Na_2O，并提高 SiO_2 的含量。它质硬且有光泽，其他性质也较钠玻璃好。钾玻璃多用于制造化学仪器和用具以及高级玻璃制品。

（3）铝镁玻璃　铝镁玻璃是通过降低钠玻璃中碱金属和碱土金属氧化物的含量，引入 MgO，并以 Al_2O_3 代替部分 SiO_2 制成的。它软化点低，析晶倾向弱，力学性能、光学性能和化学稳定性等各项性能指标均比钠玻璃高，常用以制造高档建筑装饰材料。

（4）铅玻璃　铅玻璃又名铅钾玻璃、重玻璃或晶质玻璃，由 PbO、K_2O 和少量的 SiO_2 组成。它光泽透明，质软而易加工，对光的折射和反射性能强，化学稳定性好，可制成特种玻璃用于制造光学仪器、高级器皿和装饰品等。

（5）硼硅玻璃　硼硅玻璃又名耐热玻璃，由 B_2O_3、SiO_2 及少量 MgO 组成。它具有较好的光泽和透明度，较强的力学性能，耐热性、绝缘性和化学稳定性好。常用于制造高级化学仪器和绝缘原材料。

（6）石英玻璃　石英玻璃由纯 SiO_2 制成，具有极强的力学性能和优良的热学性能、光学性能和化学稳定性，并能透过紫外线。常用于制造耐高温仪器及杀菌灯等特殊用途的仪器和设备，装饰上少见。

4.1.2.2 按功能分

（1）平板玻璃　平板玻璃主要利用其透光感和透视特性，常用作建筑物的门窗、橱窗及屏风等装饰。这类玻璃制品包括普通平板玻璃、磨砂平板玻璃、磨光平板玻璃、浮法平板玻璃和装饰平板玻璃。

（2）建筑艺术玻璃　建筑艺术玻璃是指用玻璃制成的具有建筑艺术性的屏风、花饰、扶栏、雕塑以及马赛克等制品。这一类玻璃主要品种有辐射玻璃、釉面玻璃、镜面玻璃、拼花玻璃、水晶玻璃、彩色玻璃和矿蓝微晶玻璃等。

（3）安全玻璃　安全玻璃是将玻璃进行淬火，或在玻璃中夹丝、夹层而制成的玻璃。安全玻璃主要利用其高强度、抗冲击及破碎后无伤害人的危险性等特性，用于装饰建筑物安全门窗、阳台走廊、采光天棚、玻璃幕墙等。这类玻璃主要品种有钢化玻璃、夹丝玻璃、夹层玻璃等。

（4）特殊性能玻璃　这类玻璃一般具有吸热或反射热、吸收或反射紫外线、光控或电控变色等特性，多用于高级建筑物的门窗、橱窗等装饰用，在玻璃幕墙中也多采用特殊性能玻璃。这类玻璃主要品种有吸热玻璃、热反射玻璃、低辐射玻璃、选择吸收玻璃、防紫外线玻璃、光致变色玻璃、中空玻璃、电致变色玻璃等。

（5）玻璃建筑构件　玻璃建筑构件主要有空心玻璃砖、特厚玻璃、玻璃锦砖、波形瓦、平板瓦、门及壁板等，主要用于屋面和墙面装饰。

（6）玻璃质绝热、隔声材料　这类玻璃质材料主要有泡沫玻璃、玻璃棉毡、玻璃纤维等。

以上玻璃种类中，以普通平板玻璃最为重要，这不仅因其用量大，而且许多玻璃新品种都是在普通平板玻璃的基础上进行加工处理而成的。

4.2 玻璃的基本特性

4.2.1 玻璃的基本性质

玻璃是由原料的熔融物经过凝结而形成的无定形结构的固体，其物理性质和力学性质是各向同性的。

4.2.1.1 密度

玻璃的密度主要取决于构成玻璃的原子的质量，也与原子堆积紧密程度以及配位数有关，是表征玻璃结构的一个重要标志。

玻璃的密度随成分、温度、压力和热处理的变化而变化。不同成分的玻璃，密度差别很大，如石英玻璃的密度最小，为 $2.2g/cm^3$，而含大量氧化铅的重火石玻璃密度可达 $6.5g/cm^3$，普通钠钙硅玻璃的密度为 $2.5\sim 2.6g/cm^3$；随着温度的升高，玻璃密度减小，对于一般工业玻璃，当温度从室温升高至 1300℃ 时，密度下降 6%～12%；玻璃密度变化的幅度与加压的方法、玻璃的组成、压力的大小和加压的时间有关；玻璃从高温状态冷却时，淬火（急冷）玻璃比退火（缓冷）玻璃的密度低，在一定退火温度下，保温一定时间后，玻璃的密度趋向平衡，而淬火玻璃处于较大的不平衡状态。冷却速率越快，偏离平衡密度的温度越高。在玻璃工业中，应用测定的玻璃密度可控制工艺生产，借以控制玻璃的成分。

玻璃的密实度接近于 1，孔隙率接近于 0，故可以认为玻璃基本是绝对密实的材料。

4.2.1.2 力学性质

玻璃的力学性质与其化学组成、制品结构和制造工艺有关。当制品中含有未熔夹杂物、结石、节瘤或细裂纹时，易造成应力集中，可使其机械强度急剧降低。玻璃的机械强度一般用抗压、抗拉、抗弯、弹性模量等指标表示。

（1）抗压强度　玻璃的抗压强度随着化学组成的不同一般在 600～1600MPa 之间波动，荷载时间的长短对其影响很小，高温下抗压强度会急剧下降。玻璃承受荷载后，表面可能产生极细微的裂纹，并随着荷载的次数增多及使用期加长而增多增大，最后导致破碎。因此，玻璃制品长期使用后，可用氢氟酸处理其表面，消除细微裂纹，恢复其强度。其抗压强度远大于抗拉强度，是一种典型的脆性材料。

（2）抗拉强度　玻璃的抗拉强度是决定玻璃品质的主要指标，因其值很小，通常只为其抗压强度的 1/15～1/14，为 40～120MPa，故玻璃在冲击力作用下易破碎。

（3）抗弯强度　玻璃的抗弯强度取决于其抗拉强度，并随荷载时间的延长和制品宽度的增大而减少。

（4）弹性模量　玻璃的弹性模量受温度影响很大。在常温下玻璃具有弹性，弹性模量非常接近其断裂强度，因此脆而易碎；随着温度升高，弹性模量下降，甚至出现塑性变形。在用于容易变形的结构上时，须选用弹性模量小的玻璃。普通玻璃的弹性模量为 60000～75000MPa，为钢的 1/3，而与铝接近。

（5）硬度　玻璃的硬度随其化学成分和冷加工方法的不同而不同，一般其莫氏硬度 4～7 之间。

从力学性能的角度来看，玻璃之所以得到广泛应用，原因之一就是它的抗压强度高，硬度也高。然而，由于它的抗拉强度和抗弯强度不高，并且脆性较大，在其软化温度下施加负载时，玻璃不发生任何可以觉察的塑性变化，易在一个很小面积上产生高应力，故易破碎，使玻璃的应用受到了一定的限制。为了改善玻璃的力学性能，可采用多种方法，例如：退火、钢化（淬火）、表面处理与涂层、微晶化、与其他材料复合等。

4.2.1.3 光学性质

玻璃具有优良的光学性质，对光线具有反射、透射和吸收能力。玻璃属各向同性的均质材料，其均匀程度可与光的波长相比（材料透明的条件之一），且对某些可见光的波长具有吸收能力（材料透明的另一条件），广泛用于建筑采光和装饰，也用于光学仪器和日用器皿等。

（1）透射能力　是指光线能透过玻璃的性质，用透射率或透射系数表示，即透射光能与投射光能之比。光线经过玻璃，因为反射和吸收而发生衰减，透光率高低是玻璃的重要性能指标。清洁的玻璃透光率达85%～90%。玻璃透光率随厚度的增加而减小，厚玻璃和重叠多层的玻璃往往是不易透光的。

（2）反射能力　是指光线被玻璃阻挡，按一定角度反射出的能力，用反射系数表示，即反射光能与投射光能之比。其大小取决于反射面的光滑程度、折射率及投射光线的入射角的大小等。玻璃的反射对光的波长没有选择性。

（3）吸收能力　是指光线通过玻璃后，一部分光能量损失，用吸收系数表示，即吸收光能与透射光能之比。玻璃对光线的吸收能力随着化学组成和颜色而异，无色玻璃可透过各种颜色的光线，但吸收红外线和紫外线。各种着色玻璃透过同色光线而吸收其他颜色光线。石英玻璃和磷、硼玻璃能透过紫外线；锑、钾玻璃能透过红外线；铅、铋玻璃对X射线和γ射线有较强的吸收能力。

玻璃对光能的吸收有选择性，所以在玻璃中加入少量着色剂而使玻璃着色，便能选择吸收某些波长的光。玻璃中含有少量杂质，也会使玻璃着色而降低采光的效能。

4.2.1.4 热性质

玻璃的热性质包括比热容、热导率、热膨胀系数和热稳定性等，其中以热膨胀系数最为重要，对玻璃制品的使用和生产都有密切关系。

（1）比热容　比热容是指单位质量（kg）的材料，温度上升（或下降）1K时所需要的热量。玻璃的比热容与温度和化学组成有关，在低于软化温度和高于流动温度的情况下，玻璃的比热容几乎不变，但在软化温度与流动温度范围内比热容随温度的上升而急剧变大。在15～100℃范围内，玻璃的比热容为 $(0.33\sim1.05)\times10^3$ J/(kg·℃)。SiO_2、Al_2O_3、B_2O_3、MgO、Na_2O，特别是 Li_2O 能提高玻璃的比热容，铅、钡的氧化物可降低玻璃的比热容，其余的氧化物影响不大。

（2）热导率　材料传导热量的能力，称为导热性。材料的导热性用热导率表示。玻璃的导热性能差，其导热性与化学组成和温度有关，但主要取决于密度。玻璃的热导率随 SiO_2、Al_2O_3、B_2O_3、Fe_2O_3 含量的增加而增大；常温下玻璃的热导率仅为铜的 1/400，但会随温度的升高而增大，在700℃以上时，还会受玻璃颜色和化学组成的影响。

（3）热膨胀系数　热膨胀性指材料受热发生体积膨胀的性质，用热膨胀系数表示。由于玻璃的导热性差，当玻璃局部受热时，这些热量不能及时传递到整块玻璃上，玻璃受热部位产生膨胀，使玻璃产生内应力。玻璃的热膨胀对玻璃的成型、退火、钢化，玻璃与玻璃、玻璃与陶瓷的封接，以及玻璃的热稳定性等性质都有重要的意义。玻璃的热膨胀系数受化学成分及其纯度的影响。不同成分的玻璃其热膨胀系数可在 $(5.8\sim150)\times10^{-7}℃^{-1}$ 范围内变化。若干非氧化物玻璃的热膨胀系数甚至超过 $200\times10^{-7}℃^{-1}$；一般纯度越高，热膨胀系数越小。有些特种玻璃具有零膨胀系数或负膨胀系数，如微晶玻璃，从而为玻璃开辟了新的使用领域。

（4）热稳定性　玻璃抵抗温度变化而不破坏自身性能称热稳定性。热稳定性的大小，用试样在保持不破坏条件下所能经受的最大温度差来表示。玻璃对急热的稳定性比对急冷的稳定性要强，这是因为急热时受热表面产生压应力，而急冷时产生拉应力，玻璃的抗压强度远高于抗拉强度。

热稳定性与体积有关，玻璃制品越厚，体积越大，热稳定性就越差。玻璃的热稳定性与热导率的平方根成正比，与热膨胀系数成反比。须用热处理方法来提高玻璃制品的热稳定性。

4.2.1.5 化学稳定性

玻璃具有较高的化学稳定性，能抵抗大多数酸的侵蚀（氢氟酸除外），但长期遭受侵蚀性介质的腐蚀，也能导致变质和破坏。

能水解形成薄膜或难溶物的硅酸盐玻璃、铝酸盐玻璃和硼酸盐玻璃其化学稳定性最好，磷酸盐玻璃不能形成薄膜，化学稳定性最差。

此外，硅酸盐玻璃一般不耐碱，经退火处理，可使硅酸盐玻璃表面含碱量降低，其化学稳定性将大大提高。

玻璃长期受水汽的作用能水解生成碱和硅酸，这种现象称为玻璃的风化。

$$NaO \cdot SiO_2 + (n+1)H_2O \longrightarrow 2NaOH + SiO_2 \cdot nH_2O$$

玻璃中碱性氧化物在潮湿空气中或微生物的长期作用下，能与 CO_2 结成碳酸盐，随水分的蒸发，碳酸盐集聚于玻璃表面形成白色斑点或斑块，破坏了玻璃的透光性，这种现象称为玻璃发霉。可用酸处理硅酸盐类玻璃表面，并加热到 400～500℃，不仅可溶出斑点和薄膜，还能得到致密的表面薄膜，提高它的化学稳定性。

4.2.1.6 导电性

在常温下一般玻璃是电绝缘材料。但是，随着温度的上升，玻璃的导电性迅速提高，特别是在玻璃化温度 T_g 以上，电导率有飞跃的增加，当温度升到玻璃呈熔融状态时，玻璃变成良导体。例如，一般玻璃的电阻率，在常温下是 $(10^{11} \sim 10^{12})\Omega \cdot m$，而在熔融状态下降至 $(10^{-3} \sim 3 \times 10^{-2})\Omega \cdot m$。

利用玻璃在常温下的低电导率可用来制造照明灯泡、电子真空管、气体放电管、高压绝缘子、电阻、被覆绝缘导线等。玻璃已成为电子工业中的重要材料。

4.2.1.7 磁学性质

含有过渡金属离子和稀土金属离子的氧化物玻璃一般具有磁性。例如，以磷酸盐玻璃、硼酸盐玻璃或氟化物玻璃为基础，掺入钇、镝、钛和铕就具有磁性，而且是一种强磁性物质，可作电子计算机的记忆元件。

4.2.2 玻璃体的缺陷

在玻璃的实际生产中，理想、均一的玻璃体是极少的。玻璃体内往往存在各种夹杂物，会引起玻璃体的均匀性破坏，称为玻璃体的缺陷。缺陷的存在不仅使玻璃质量大大降低，影响装饰效果，甚至会严重影响玻璃的进一步成型和加工，造成大量废品。因此不同用途的玻璃对匀质性有不同的要求。

玻璃体的缺陷是很难避免的。按状态不同，玻璃体的缺陷夹杂物可以分成三类：气泡（气体夹杂物）、结石（固体夹杂物）及条纹和节瘤（玻璃态夹杂物）。

玻璃缺陷的研究方法有：简单的物理方法（如偏光显微镜、密度及折射率的测定等）及现代方法（如 X 射线荧光分析、电子显微镜法、电子探针微量分析等）。

4.2.2.1 气泡（气体夹杂物）

玻璃中的气泡是可见的气体夹杂物，是在制品成型过程中产生的，大小为零点几毫米到几毫米，气泡中常含有 O_2、N_2、CO、CO_2、SO_2、SO_3、氧化氮和水蒸气等。

根据尺寸大小可分为灰泡（直径<0.8mm）和气泡（直径>0.8mm）；根据形状可分为

球形的、椭圆形的和线状的；根据气泡产生原因的不同，又可分为一次气泡、二次气泡、外界空气气泡、耐火材料气泡及金属铁引起的气泡等。一次气泡产生的主要原因是澄清不良，解决办法主要是适当提高澄清温度和适当调整澄清剂的用量。此外，降低窑压、降低玻璃表面与气体界面上的表面张力也可促使气体逸出。在操作上，严格遵守正确的熔制制度是防止一次气泡的重要措施。在澄清结束后，玻璃液同溶解于其中的气体处于平衡状态，这时玻璃液中不含可见气泡，但溶解于玻璃液中的气体在条件改变时（例如窑内气体介质的成分改变），则已经澄清的玻璃液内又出现气泡或灰泡，即二次气泡。这些气泡很小且排除非常困难。外界空气气泡产生于配合料和成型操作过程，气泡比较大。玻璃和耐火材料间的物理化学作用也会引起许多气泡的产生，称为耐火材料气泡。

气泡的存在主要影响玻璃的外观质量、透明度和机械强度。

4.2.2.2　结石（固体夹杂物）

结石是玻璃体内最危险的夹杂物，它不仅破坏了玻璃制品的外观和光学均一性，而且降低了玻璃制品的使用价值。结石与它周围玻璃的膨胀系数相差越大，产生的局部应力也就越大，这就大大降低了制品的机械强度和热稳定性，甚至会使制品自行破裂。在玻璃制品中，通常不允许结石存在，应尽量设法排除它。

固体夹杂物按产生的原因分为配合料结石（未熔化的颗粒）、耐火材料结石、玻璃液的析晶结石、硫酸盐夹杂物（碱性类夹杂物）以及由于多种原因形成的"黑斑子"夹杂物等。

4.2.2.3　条纹和节瘤（玻璃态夹杂物）

条纹和节瘤是玻璃主体内存在的异类玻璃态夹杂物，它属于一种比较普遍的玻璃不均匀性方面的缺陷，其化学组成和物理性质（折射率、密度、黏度、表面张力、热膨胀、机械强度、颜色）不同于玻璃主体。不仅影响外观，也使玻璃体性能降低。根据其产生的原因不同，可分为熔制不均匀、窑碹玻璃滴、耐火材料侵蚀和结石熔化等。另外还有一种是工作池中玻璃液温差大，或料滴局部冷却所引起，这种条纹的特征是粗大。对于一般玻璃制品，在不影响使用性能的情况下，允许存在一定程度的不均匀性条纹和节瘤。

4.2.3　玻璃的储存与运输

玻璃应完好无碎裂，边角齐整，板面平直、光洁，颜色均匀无杂色（普通平板玻璃允许带浅绿、淡蓝色），没有破坏性夹杂物，质量需符合标准的规定。

玻璃属易碎品，故通常用木箱或集装箱（架）包装，箱（架）应便于装卸、运输，采取防护和防霉措施。包装箱（架）应附有合格证，标明产品名称、生产厂、注册商标、厂址、质量级别、颜色、尺寸、厚度、数量、生产日期、本标准号和轻搬轻放、易碎、防水防湿的标志或字样。

玻璃在运输中必须将其直立靠紧，箱头向运行方向，谨防摇晃、碰撞或震动，箱顶加盖布，谨防雨淋受潮。装卸时必须轻取轻放，不能随意溜滑，防止震动和倒塌。短距离运输，应把木箱立放，用抬杠抬运，不能几人抬角搬运。

仓库收到玻璃，应首先检查包装箱是否坚固完好，箱内衬垫物料有无雨淋受潮情况。可由每箱或若干箱各取两三片进行抽验，如箱已破损，应开箱逐片检查，衬垫物料如已受潮，应将玻璃擦干，另换干燥衬垫物料并填紧塞实。

玻璃应按品种、规格、等级分别储存于通风、干燥的仓库内。不应露天存放，以免受潮发霉，也不能与潮湿物料或石灰、水泥、酸、碱、盐、酒精、油脂等挥发物品放在一起。玻璃淋雨后应立即擦干，否则受日光直接暴晒，易引起碎裂。

玻璃堆垛时应将箱盖向上立放，不能歪斜或平放，不得受重压和碰撞。堆垛不宜过高，小尺寸和薄玻璃（2~3mm厚）可堆2~4层，大尺寸和厚玻璃只能堆1~2层，堆垛下必须用垫木，使箱底高于地面10~30cm，以便通风。堆垛间要留通道，以便查点和搬运。垛顶木箱须用木条连接钉牢，以防倾倒。

玻璃在储存中应定期检查，如发现发霉、破损情况，应及时整理。如发现玻璃已受潮发霉，可用盐酸、酒精或煤油涂抹有霉部分，停放约10h后用干布擦拭，可恢复明亮。发霉严重的地方，用丙酮擦拭效果更好。发霉的玻璃，有时会粘在一起，可置于温水中即可分开，再擦拭存放。

4.2.4 玻璃的表面加工和装饰

玻璃制品成型后，除了少数（如瓶罐等）能直接符合要求外，大多数还需要进行加工。经加工后可改变玻璃的外观，改善其表面性质，使玻璃具有各种装饰效果。玻璃制品的加工可分为冷加工、热加工和表面处理三大类。

4.2.4.1 冷加工

冷加工是在常温下，通过机械方法来改变玻璃制品的外形和表面状态的过程，其基本方法有磨光、喷砂、切割和钻孔等。

磨光包括研磨和抛光两个不同的工序。玻璃的研磨是指采用比玻璃硬度大的研磨材料，如金刚石、刚玉、石英砂等，将玻璃表面粗糙不平或成型时余留部分的玻璃磨掉，使其满足所需的形状或尺寸，获得平整的表面，以及使研磨后的表面状态达到最有利于以后抛光的状态。玻璃在研磨时首先用粗磨料进行粗磨，然后用细磨料进行细磨，最后用抛光材料，如用氧化铁、氧化铬等进行抛光。抛光的目的在于使研磨后的毛面玻璃表面变得光滑、透明并具有光泽。经研磨、抛光后的玻璃制品，即称磨光玻璃。

喷砂是利用高压空气通过喷嘴时形成的高速气流，挟带石英砂或金刚砂等细粉喷吹到玻璃表面，玻璃表面在高速小颗粒的冲击作用下，形成毛面，有时还可以钻孔。喷砂可用来制作毛玻璃或在玻璃表面制作图案。

切割是利用玻璃的脆性和残余应力，在切割点处加一道刻痕造成应力集中，使其易于折断。对于厚度在8mm以下的玻璃可用玻璃刀具进行裁切。厚度较大的玻璃可用电热丝在所需切割的部位进行加热，再用水或冷空气在受热处急冷，使其产生很大的局部应力，从而形成裂口进行切割。厚度更大的玻璃用金刚石锯片和碳化硅锯片进行切割。

玻璃表面钻孔的方法有研磨钻孔、钻床钻孔、冲击钻孔和超声波钻孔等。在装饰施工时，以研磨钻孔和钻床钻孔方法使用较多。研磨钻孔是用钢或黄铜棒压在玻璃上转动，通过碳化硅等磨料和水的研磨作用，使玻璃形成所需要的孔，孔径范围为3~100mm。钻床钻孔的操作方法与研磨钻孔相似，它是用碳化硅或硬质合金钻头，钻孔速度较慢，可用水、松节油等进行冷却，孔径范围为3~15mm。超声波钻孔精密度高，可以同时钻多孔，钻孔速度也快。

4.2.4.2 热加工

玻璃制品的热加工主要是利用玻璃黏度随温度升高而减小以及表面张力大、热导率小等特性来进行，主要方法有烧口、火抛光、火焰切割或钻孔等。

烧口是用集中的高温火焰将其局部加热，依靠玻璃表面张力的作用使玻璃在软化时变得圆滑。

火抛光是利用高温火焰将玻璃表面的波纹、细微裂纹等缺陷进行局部加热，并使该处熔融平滑，玻璃表面的这些细微缺陷即可消除。

火焰切割与钻孔是用高速的火焰对制品进行局部集中加热，使受热处的玻璃达到熔化流动状态，此时用高速气流将制品切开。

经过热加工的制品，为防止炸裂或产生大的永久应力，应缓慢冷却，必要时可进行二次退火。

玻璃制品的热加工在器皿玻璃、仪器玻璃等的生产中是十分重要的。有很多复杂形状和特殊要求的制品，需要通过热加工进行成型。另一些玻璃制品，需要用热加工来改善其性能和外观质量。

4.2.4.3 表面处理

表面处理的技术在玻璃生产中应用比较广泛，通过表面处理可以清洁玻璃表面，并能制造各种涂层。按照使用的材料和方法的不同，可归纳为三大类型。

第一类，通过表面处理形成玻璃的光滑面或散光面，以控制玻璃表面的凹凸。例如玻璃的化学蚀刻和化学抛光等。

玻璃的化学蚀刻是用氢氟酸（HF）在有水或水蒸气的情况下溶解掉玻璃表面层的二氧化硅，根据生成的盐类性质、溶解度大小、结晶的大小以及是否容易从玻璃表面清除等决定蚀刻后玻璃的表面性质。当生成盐类溶解度小，且以结晶状态留存在玻璃表面不易清除时，进一步的反应将受到阻碍，玻璃表面受侵蚀不均匀，粗糙而无光泽；若反应物不断被消除，则腐蚀作用很均匀，可得到非常平滑或有光泽的表面。

化学抛光的原理与化学蚀刻相同，是利用氢氟酸破坏玻璃表面原有的硅氧膜，生成一层新的硅氧膜，从而使玻璃得到光洁的表面和很高的透光度。化学抛光比机械抛光效率高，而且能节约大量的动力。

采用化学抛光时，除用氢氟酸外，还需要加入浓硫酸，因为浓硫酸具有吸水性，借此加速氢氟酸对玻璃的侵蚀作用。

第二类，通过改变玻璃表面的薄层组成，而使表面改性，获得新的性能。其典型的方法是表面着色（扩散着色），即在高温中用着色离子的金属、熔盐、盐类的糊膏覆在玻璃表面上，使着色离子与玻璃中的离子进行交换，扩散至玻璃表层中使其着色。

此外，用 SO_2、SO_3 处理玻璃表面，可增加玻璃表面的化学稳定性。

第三类，通过在玻璃表面涂上涂层而得到新的性质，如镜子的镀银、各种反射玻璃、吸热玻璃、光学玻璃表面的涂膜等。

镀膜的工艺方法可分为化学法和物理法两种，化学法包括热喷镀法、电涂法、浸镀法及化学还原法，物理法包括真空气相沉积法和真空磁控阴极溅射法等，其中最为常用的是化学法中的热喷镀法和物理法中的真空磁控阴极溅射法。

4.3 常用建筑玻璃

建筑装饰玻璃除了玻璃本身的性能外还具有从属性和审美性，由过去的单一功能向多功能、安全性、节能性、环保性发展，装饰玻璃板材成为现代装饰领域不可缺少的重要材料之一。建筑工程装饰用的玻璃品种主要有五大类：平板玻璃、饰面玻璃、安全玻璃、功能玻璃和玻璃砖。本节介绍各类建筑玻璃的品种、主要特性和装饰用途。

4.3.1 平板玻璃

平板玻璃是建筑玻璃中用量最大的一类，它包括普通平板玻璃、浮法玻璃、磨光玻璃、磨砂玻璃、花纹玻璃和彩色玻璃等。

4.3.1.1 普通平板玻璃

普通平板玻璃是未经研磨加工的平板玻璃，也称单光玻璃、净片玻璃，简称为玻璃，属于钠玻璃类。普通平板玻璃既透光又透视，具有一定的机械强度，但性脆，且紫外线透过率较低。该类玻璃一般用于门窗玻璃，起透光、挡风、保温和隔声的作用。

(1) 普通平板玻璃的分类

① 按颜色属性分为无色透明平板玻璃和本体着色平板玻璃。

② 按外观质量分为合格品、一等品和优等品。

③ 按公称厚度分为2mm、3mm、4mm、5mm、6mm、8mm、10mm、12mm、15mm、19mm、22mm、25mm。

(2) 普通平板玻璃的质量标准　普通平板玻璃的质量指标必须符合国家标准《平板玻璃》(GB 11614—2009)的规定。

① 尺寸及尺寸允许偏差　平板玻璃应切裁成矩形,其长度和宽度的尺寸偏差应不超过表4.3的规定。

表 4.3　尺寸偏差　　　　　　　　　　　　　　　　　　单位:mm

公称厚度	尺寸偏差	
	尺寸≤3000	尺寸>3000
2~6	±2	±3
8~10	+2,-3	+3,-4
12~15	±3	±4
19~25	±5	±5

② 对角线偏差　平板玻璃对角线偏差应不大于其平均长度的0.2%。

③ 厚度偏差和厚薄偏差　平板玻璃的厚度偏差和厚薄偏差应不超过表4.4的规定。

表 4.4　厚度偏差和厚薄偏差　　　　　　　　　　　　　单位:mm

公称厚度	厚度偏差	厚薄偏差
2~6	±0.2	0.2
8~12	±0.3	0.3
15	±0.5	0.5
19	±0.7	0.7
22~25	±1.0	1.0

④ 外观质量　普通平板玻璃合格品外观质量要求见表4.5。

表 4.5　普通平板玻璃合格品外观质量要求

缺陷种类	质量要求	
点状缺陷[①]	尺寸(L)/mm	允许个数限度
	0.5≤L≤1.0	2S
	1.0<L≤2.0	1S
	2.0<L≤3.0	0.5S
	L>3.0	0
点状缺陷密集度	尺寸≥0.5mm的点状缺陷最小间距不小于300mm;直径100mm圆内尺寸≥0.3mm的点状缺陷不超过3个	
线道	不允许	
裂纹	不允许	
划伤	允许范围	允许条数限度
	宽≤0.5mm,长≤60mm	3S

续表

缺陷种类	质量要求		
光学变形	公称厚度/mm	无色透明平板玻璃/(°)	本体着色平板玻璃/(°)
	2	≥40	≥40
	3	≥45	≥40
	≥4	≥50	≥45
断面缺陷	公称厚度不超过 8mm 时，不超过玻璃板的厚度；8mm 以上时，不超过 8mm		

①光畸变点视为 0.5～1.0mm 的点状缺陷。

注：S 是以平方米为单位的玻璃板面积数值，按 GB/T 8170—2008 修约，保留小数点后两位。点状缺陷的允许个数限度及划伤的允许条数限度为各系数与 S 相乘所得的数值，按 GB/T 8170—2008 修约至整数。

普通平板玻璃一等品外观质量要求见表 4.6。

表 4.6 普通平板玻璃一等品外观质量要求

缺陷种类	质量要求		
点状缺陷①	尺寸(L)/mm	允许个数限度	
	$0.3 \leqslant L \leqslant 0.5$	$2S$	
	$0.5 < L \leqslant 1.0$	$0.5S$	
	$1.0 < L \leqslant 1.5$	$0.2S$	
	$L > 1.5$	0	
点状缺陷密集度	尺寸≥0.3mm 的点状缺陷最小间距不小于 300mm；直径 100mm 圆内尺寸≥0.2mm 的点状缺陷不超过 3 个		
线道	不允许		
裂纹	不允许		
划伤	允许范围	允许条数限度	
	宽≤0.2mm，长≤40mm	$2S$	
光学变形	公称厚度/mm	无色透明平板玻璃/(°)	本体着色平板玻璃/(°)
	2	≥50	≥45
	3	≥55	≥50
	4～12	≥60	≥55
	≥15	≥55	≥50
断面缺陷	公称厚度不超过 8mm 时，不超过玻璃板的厚度；8mm 以上时，不超过 8mm		

①点状缺陷中不允许有光畸变点。

注：S 是以平方米为单位的玻璃板面积数值，按 GB/T 8170—2008 修约，保留小数点后两位。点状缺陷的允许个数限度及划伤的允许条数限度为各系数与 S 相乘所得的数值，按 GB/T 8170—2008 修约至整数。

普通平板玻璃优等品外观质量要求见表 4.7。

表 4.7 普通平板玻璃优等品外观质量要求

缺陷种类	质量要求	
点状缺陷①	尺寸(L)/mm	允许个数限度
	$0.3 \leqslant L \leqslant 0.5$	$1S$
	$0.5 < L \leqslant 1.0$	$0.2S$
	$L > 1.0$	0

续表

缺陷种类	质量要求		
点状缺陷密集度	尺寸≥0.3mm 的点状缺陷间距不小于 300mm；直径 100mm 圆内尺寸＞0.1mm 的点状缺陷不超过 3 个		
线道	不允许		
裂纹	不允许		
划伤	允许范围	允许条数限度	
	宽≤0.1mm，长≤30mm	2S	
光学变形	公称厚度/mm	无色透明平板玻璃/(°)	本体着色平板玻璃/(°)
	2	≥50	≥50
	3	≥55	≥50
	4～12	≥60	≥55
	≥15	≥55	≥50
断面缺陷	公称厚度不超过 8mm 时，不超过玻璃板的厚度；8mm 以上时，不超过 8mm		

① 点状缺陷中不允许有光畸变点。

注：S 是以平方米为单位的玻璃板面积数值，按 GB/T 8170—2008 修约，保留小数点后两位。点状缺陷的允许个数限度及划伤的允许条数限度为各系数与 S 相乘所得的数值，按 GB/T 8170—2008 修约至整数。

4.3.1.2　磨光玻璃

磨光玻璃又称镜面玻璃或白片玻璃，是用平板玻璃经过机械研磨后抛光加工制成的，分单面磨光和双面磨光两种，其表面平整光滑且有光泽，物像透过玻璃不变形，透光率大于84%，从任何地方透视或反射景物都不发生畸变。厚度一般为 5~6mm，尺寸大小可按需订制。作为室内装饰材料，磨光玻璃性能好，适用于光面装饰，常用作大型高级门窗、橱窗及制作镜子。缺点是加工费时且不经济，近年来随浮法玻璃的出现，其用量已逐渐减少。

4.3.1.3　浮法玻璃

浮法玻璃是用海沙、石英砂岩粉、纯碱、白云石等原料，按一定比例配制，经熔窑高温熔融，玻璃液从池窑连续流至并浮在金属液面上，摊成厚度均匀平整、经火抛光的玻璃带，冷却硬化后脱离金属液，再经退火切割而成的透明无色平板玻璃。其表面特别平整光滑，厚度非常均匀，光学畸变很小。

(1) 浮法玻璃的分类

① 按外观质量分为合格品、一等品和优等品。

② 按公称厚度分为 2mm、3mm、4mm、5mm、6mm、8mm、10mm、12mm、15mm、19mm、22mm、25mm。

(2) 浮法玻璃的质量标准　浮法玻璃的质量指标必须符合国家标准《平板玻璃》(GB 11614—2009) 的规定，详见表 4.3~表 4.7。

4.3.1.4　磨砂玻璃

磨砂玻璃又称毛玻璃、暗玻璃，是用普通平板玻璃、磨光玻璃、浮法玻璃经机械喷砂、手工研磨（磨砂）或氢氟酸溶蚀（化学腐蚀）等方法将表面处理成均匀毛面而制成。因其表面粗糙，使光线产生漫射，故只有透光性而不能透视，使室内光线柔和而不刺目。常用于需要隐蔽和不受干扰的房间，如浴室、卫生间、办公室的门窗及隔断，还可用作教学黑板。

毛玻璃也可自行加工，根据需要控制毛面的粗糙程度，常用研磨材料有金刚砂、氧化硅砂、石榴石粉等。

磨砂玻璃安装时注意糙面向室内。

4.3.1.5 花纹玻璃

花纹玻璃是将玻璃按设计要求加以印刻、雕刻等工艺处理，使玻璃表面产生各式图案、花纹及肌理。根据加工方法的不同，花纹玻璃可分为压花玻璃、喷花玻璃、刻花玻璃及冰花玻璃。

（1）压花玻璃　压花玻璃又称花纹玻璃或滚花玻璃，是将熔融的玻璃液在冷却过程中，通过带图案的花纹辊轴连续对辊压延而成。可一面压花，也可两面压花。压花玻璃有一般压花玻璃、真空镀膜压花玻璃、彩色膜压花玻璃等。

真空镀膜压花玻璃给人以一种素雅、美观、清新的感觉，花纹的立体感强，并具有一定的反光性能，是一种良好的室内装饰材料。

彩色膜压花玻璃是采用有机金属化合物和无机金属化合物进行热喷涂而成。彩色膜的色泽、坚固性、稳定性较其他方法优越。这种玻璃具有良好的热反射能力，而且花纹图案的立体感比一般压花玻璃和彩色玻璃更强，配置灯光后，装饰效果更佳。

由于压花玻璃花纹凹凸不平，使光线漫射而失去透视性，降低透光度，因此从玻璃一面看另一面的物体时，物像就模糊不清。其兼有功能性和装饰性，广泛应用于办公室、会议室，厨房、卫生间以及公共场所分隔室等的门窗和隔断等。

（2）喷花玻璃　喷花玻璃又称胶花玻璃，是在平板玻璃表面贴上花纹图案，抹以护面层，并经喷砂处理而成，其性能和装饰效果与压花玻璃相同。喷花玻璃透光不透视，兼有使用功能和装饰效果。主要应用于玻璃屏风、桌面、家具、门窗、隔断等。一般厚度为6mm，最大加工尺寸为2200mm×1000mm。

（3）刻花玻璃　刻花玻璃由平板玻璃涂漆、雕刻、围蜡与酸蚀、研磨而成。刻花玻璃色彩丰富，图案富有立体层次，具有很好的装饰性。适用于门窗、家具、屏风、灯具、隔断玻璃和墙面装饰。刻花玻璃的厚度为3~12mm，规格尺寸及图案均可按设计要求加工。

（4）冰花玻璃　冰花玻璃是一种表面具有冰花图案的平板玻璃。其加工工艺是在磨砂玻璃的毛面上均匀涂布一层薄骨胶溶液，经自然或人工干燥后，胶液因脱水收缩而龟裂，并从玻璃表面剥落，剥落时由于骨胶与玻璃表面黏结力的关系，可将部分薄层玻璃带下，从而在玻璃表面上形成许多不规则的冰花状图案。胶液浓度越高，冰花图案越大；反之则小。冰花玻璃具有立体感强、花纹自然柔和、透光不透视、视感好等特点。它可用无色或有色平板玻璃制造，适用于宾馆、饭店、酒吧、居室的门窗、隔断、屏风、家具、吊顶等装饰。冰花玻璃的厚度为3~5mm，尺寸按设计要求加工。

4.3.2　饰面玻璃

饰面玻璃是用作建筑装饰的玻璃的统称，主要品种包括如下几种。

4.3.2.1　釉面玻璃

釉面玻璃是在玻璃表面涂覆一层彩色易熔性色釉。其方法是在熔炉中加热至釉料熔融，使釉层与玻璃牢固地结合在一起，再经退火或钢化等不同热处理而制成。玻璃基板可采用普通平板玻璃、压延玻璃、磨光玻璃或玻璃砖等。

釉面玻璃具有良好的化学稳定性和装饰性，它不透明，永不褪色。可用于食品工业、化学工业、商业、公共食堂等室内装饰面层，也可用作教学、行政和交通建筑的主要房间、门厅和楼梯的饰面层，尤其适用于建筑和构筑物立面的外饰面层，具有良好的装饰效果。

釉面玻璃的性能见表4.8。

表 4.8 釉面玻璃的性能

项目	退火釉面玻璃	钢化釉面玻璃	项目	退火釉面玻璃	钢化釉面玻璃
密度/(kg/m³)	2500	2500	抗拉强度/MPa	45.0	230.0
抗弯强度/MPa	45.0	250.0	线膨胀系数℃⁻¹	$(8.4\sim9.0)\times10^{-6}$	$(8.4\sim9.0)\times10^{-6}$

注：退火釉面玻璃可进行切裁，其力学性能符合合同规定平板玻璃的技术性能，钢化后的釉面玻璃不能进行切裁等加工，其力学性能符合合同规定钢化玻璃的技术性能。

4.3.2.2 拼花玻璃

拼花玻璃是将各种颜色的玻璃拼接成一定花纹、图案及彩画的装饰玻璃。拼花玻璃主要用于高级宾馆及公共建筑的门厅、餐厅及会客室等处，用作门窗、屏风及内墙饰面等，它无一定规格，可按不同艺术设计制作，装饰效果极佳。

4.3.2.3 水晶玻璃

水晶玻璃也称石英玻璃，它是采用玻璃珠在耐火材料模具中制成的一种装饰材料。玻璃珠是以二氧化硅和其他添加剂为主要原料，经配料后用火焰烧熔结晶而制成。

水晶玻璃的外层是光滑的，并带有各种形式的细丝网状或仿天然石料的不重复的点缀花纹，具有良好的装饰效果，机械强度高，化学稳定性和耐大气腐蚀性较好。水晶饰面玻璃的反面较粗糙，与水泥黏结性好，便于施工。

水晶玻璃饰面板适用于各种建筑物的内墙饰面、地坪面层、建筑物外墙立面或室内制作壁画等，其性能指标及规格见表 4.9。

表 4.9 水晶玻璃饰面板的性能指标及规格

项目名称		指标		规格/mm
		特级品	一级品	
密度/(kg/m³)		2500	2500	
抗弯极限强度/MPa		9.8	4.0	
抗压极限强度/MPa		24	21	
吸水率/%		1	3	形状为长方形、矩形，规格尺寸:597×797,597×197,397×297,297×197,300×300,300×150。厚度:15~20
热稳定性/%	≥	60	60	
外饰面的抗冻性(循环次数)/次		100	100	
地坪材料质量磨损/(g/cm³)	≤	0.07	0.08	
地坪材料抗冲击/(N/cm)	≤	85	80	

4.3.2.4 矿渣微晶玻璃

矿渣微晶玻璃是以高炉矿渣为基础，掺入硅砂和适当的晶核剂，熔化成矿渣玻璃，成型为制品后，经热处理生成均匀微晶结构的玻璃结晶材料，其矿渣微晶大小只有 6~10mm。

矿渣微晶玻璃是介于玻璃与陶瓷之间的一种新材料，是一种含有大量微晶体和玻璃体的多晶固体材料，为结晶相与玻璃相的复合物。由于微晶玻璃是将玻璃在特定环境下晶化而成的复合材料，因此其综合性能主要取决于晶体的种类、微晶体的尺寸和数量、残余玻璃相的性质和数量。通过调整上述各因素，就可以生产出各种预定性能的微晶玻璃。

矿渣微晶玻璃具有光、电、热、磁等方面的优良特性，具有较低的热膨胀系数，较高的机械强度，显著的耐腐蚀、抗风化能力，良好的抗热震性能，使用温度高，结构均匀致密及坚硬耐磨等特点。可广泛应用于建筑、生物医学、机械工程、电力工程、电子技术、航天技术、核工业、电磁学等领域。其中建筑装饰用微晶玻璃的使用量最大，经济效益显著，已成为当今世界建筑装饰的新型材料。

4.3.2.5 有色玻璃

（1）有色玻璃的制造方法与分类　有色玻璃又称彩色玻璃，分透明的和不透明两种。透明有色玻璃是在原料中加入一定的金属氧化物使玻璃带色。不透明有色玻璃是在一定形状的平板玻璃的一面喷以色釉，烘烤而成，具有耐磨、抗冲刷、易清洗等特点，并可拼成各种花纹图案，产生独特的装饰效果。

有色玻璃色泽多为深色，有蓝色、紫色、茶色、黄色、绿色、白色、红色、灰色、黑色等颜色。厚度 5～6mm、长度 150～1000mm、宽度 150～800mm。型号有普通型、异型、特异型，特殊规格可按设计要求定制。

有色玻璃的主要品种有彩色玻璃砖、玻璃贴面砖、乳浊饰面玻璃和本体着色浮法玻璃等。

彩色玻璃砖是国际上近十年来才出现的一种新型建筑装饰材料。它是乳白色玻璃浓缩着色后采用压制或压延方法成型，再经过晶化处理的一种彩色玻璃砖。尤其是经过表面喷涂处理后，具有坚固、美观、防火、防腐、耐磨和色彩丰富等特点。

玻璃贴面砖也是近年来推出的新型装饰材料。它是以玻璃作为主要基材，经上色和粘贴处理而成。它的组成是玻璃片、玻璃屑、釉。主要组合形式为：在要求尺寸的玻璃块的一面用一定浓度釉液喷涂，再在喷涂液表面均匀地撒上一层玻璃碎屑产生毛面，经过高温（500～550℃）处理，使三者牢固地结合在一起。

玻璃贴面砖的颜色及其深浅是由喷涂的釉液的种类和浓度所确定的，其表面光滑、平整、反射性良好，并且具有抗冻、防水、耐酸、耐碱和防腐性能。施工时，撒有玻璃碎屑的毛面与水泥粘贴，结合牢固，便于施工，且表面易于清洗。

乳浊饰面玻璃包括乳浊有色饰面玻璃、微晶玻璃与矿渣微晶玻璃砖板等。乳浊玻璃可以着上各种颜色，在工艺上能够制成基本色调和纹理差别极大的大理石状材料。用玻璃可以制造小型饰面砖和尺寸达几平方米的饰面板，饰面工程能够用工业化方法施工。

用乳浊饰面玻璃制成的砖和板或护墙板是很好的装饰材料，容易清洗，在湿气和化学侵蚀介质的作用下，不受腐蚀、耐酸、耐碱、不吸水等，具有高度的装饰性能，多用于建筑物的外墙装饰，也可供医院手术室和其他医疗房间装饰使用。

本体着色浮法玻璃是直接在浮法平板玻璃原片本体上进行着色处理而生产的彩色玻璃，打破了以往平板玻璃原片一律无色透明的格局。彩色浮法平板玻璃本身是一种理想的建筑装饰材料，一般不需另行深加工即可直接用于建筑装饰工程。

（2）有色玻璃的应用　有色玻璃可拼成各种图案花纹，并耐蚀、抗冲刷、易清洗等特点，可用于制作玻璃家具、屏风、天花吊顶及门厅装饰和外墙装饰，适用于酒店、餐厅、夜总会和居室装饰。

4.3.2.6 镭射玻璃

镭射玻璃又称激光玻璃，是以玻璃为基材的新一代建筑装饰材料，经特种工艺处理后，玻璃背面出现全息或其他光栅，在阳光、月光、灯等光源照射下形成物理衍射分光，经金属反射后会出现艳丽的七色光，且同一感光点或感光面，将因光源的入射角的不同而出现不同的色彩变化，使被装饰物显得华贵高雅，梦幻迷人，其装饰效果是一般材料无法比拟的，有着全新的观赏价值，是高新技术与艺术的结晶。

镭射玻璃的技术性能十分优良，可适应不同用户装修需要，标准型镭射玻璃的技术性能见表 4.10。

表 4.10　标准型镭射玻璃的技术性能

性能指标	普通夹层	钢化夹层
硬度（莫氏）	5.5	8.0
热膨胀系数/℃$^{-1}$	$(8\sim10)\times10^{-5}$	$(8\sim10)\times10^{-5}$
耐磨强度及抗冲击性		高于大理石、地面装饰瓷砖
抗老化	50年以上	50年以上
抗拉强度（夹层间）/MPa	30	30
抗剪强度（夹层间）/MPa	25	25
抗酸碱性	好	好
耐温性/℃	-60～240	-60～240

镭射玻璃可分为两种：一种以普通平板玻璃为基材，适用于地面、窗户、顶棚等部位的装饰；另一种以钢化玻璃为基材，适用于地面装饰。此外还有专门用于柱面装饰的曲面镭射玻璃、专门用于大面积幕墙的夹层镭射玻璃以及镭射玻璃砖等产品。

镭射玻璃适用于酒店、宾馆以及各种商业、文化、娱乐设施的装饰，如内外墙面、招牌、地砖、桌面、吧台、隔断、柱面、天顶、雕塑贴面、电梯门、艺术屏风与装饰面、高级喷泉、发廊、大中型灯饰以及电子产品外装饰等。

4.3.3　安全玻璃

普通玻璃具有质脆、易碎、破碎后具有尖锐的棱角、容易伤人等缺点，为减小玻璃的脆性，提高使用强度，可以通过对普通玻璃进行增强处理，或者与其他材料复合或采用特殊成分制成安全玻璃。通常可采用的方法有：用退火法消除玻璃的内应力；消除平板玻璃的表面缺陷；通过物理钢化（淬火）和化学钢化而在玻璃中形成可缓解外力作用的均匀预应力；采用夹丝或夹层处理等。

安全玻璃具有力学性能好、抗冲击性、抗热震性强，破碎时碎块无尖利棱角且不会飞溅伤人等优点。常用的安全玻璃有：钢化玻璃、夹丝玻璃、夹层玻璃、防火玻璃、防盗玻璃和防弹玻璃等。

4.3.3.1　钢化玻璃

（1）钢化玻璃增强工艺与原理　钢化玻璃是普通平板玻璃的二次加工产品，普通平板玻璃质脆的原因，除因脆性材料本身固有的特点外，还由于其在冷却过程中，内部产生了不均匀的内应力所致。为了减小玻璃的脆性，提高玻璃的强度，通常采用物理钢化（淬火）和化学钢化的方法使玻璃中形成可缓解外力作用的均匀预应力。

① 物理钢化玻璃　物理钢化玻璃采用淬火增强，将玻璃均匀加热到接近软化温度（650～700℃），用高压空气等冷却介质使其骤冷，从而获得高强度钢化玻璃。在冷却过程中，玻璃表面迅速冷却固化，当内部逐渐冷却并伴有体积收缩时，外表必然阻止内部的收缩使玻璃表面产生压应力，而内部为拉应力。当平板玻璃受弯曲荷载时，玻璃的上表层受拉应力，下表层受压应力，玻璃的抗拉强度较低，它所受的拉应力超过极限抗拉强度时就破裂。而钢化玻璃受弯曲作用时，载荷产生的应力与钢化玻璃残余内应力叠加，玻璃板表面将处于较小的拉应力和较大的压应力状态。玻璃抗压强度较高，故钢化玻璃可承受更大载荷而不破坏，物理钢化玻璃一旦破坏，即碎成无数小碎块，这些小碎块无尖棱角，不易伤人。钢化玻璃应力状态如图4.1所示。

② 化学钢化玻璃　化学钢化玻璃是应用离子交换法进行钢化，其方法是将含碱金属离子钠或钾的硅酸盐玻璃，浸入熔融状态的锂盐中，用离子半径小的锂离子交换离子半径大的钾、钠离子，使表面层形成锂离子的交换层，由于锂离子的膨胀系数小于

钠、钾离子，从而在冷却过程中造成外层收缩较小而内层收缩较大，当冷却至常温后，玻璃便处于内层受拉应力而外层受压应力的状态，其效果类似于物理钢化玻璃，因此也就提高了强度。

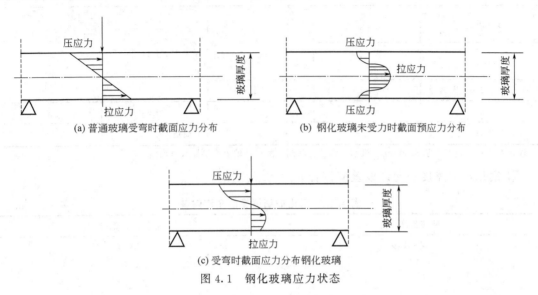

图 4.1 钢化玻璃应力状态

化学钢化玻璃强度虽然较高，但是破碎后仍然形成尖锐的碎片，因此一般不作安全玻璃使用。

（2）钢化玻璃的特性

① 机械强度高　钢化玻璃的抗弯强度和抗冲击强度是普通平板玻璃的3～5倍，如平板玻璃的抗弯强度约为50MPa，钢化玻璃则高达200MPa。

② 弹性好　钢化玻璃的弹性比普通玻璃的弹性大得多，一块1200mm×350mm×6mm的钢化玻璃受力后，可达到100mm的弯曲挠度，并且外力撤除后仍能恢复原状，而普通平板玻璃只有几毫米的挠度。

③ 热稳定性好　平板玻璃钢化增强后，热稳定性大大提高，在受急冷急热作用时不易破坏。这是因为钢化玻璃表面的压应力可抵消一部分因急冷急热产生的拉应力。钢化玻璃耐热冲击，最大安全工作温度为288℃，能承受204℃的温差变化，故可用来制造炉门上的观测窗、辐射式气体加热器、干燥器和弧光灯等。

④ 安全性好　通过物理方法处理后的钢化玻璃等于内部产生了均匀的内应力，一旦局部破损就会破碎成无数小碎块，这些小碎块没有尖锐的棱角，不易伤人，所以物理钢化玻璃是一种安全玻璃。

⑤ 不可切割性　钢化玻璃的压应力与拉应力处于平衡状态，任何可能破坏这种平衡状态的机械加工如切裁、打孔、磨槽都能使钢化玻璃完全破坏，因此钢化玻璃不能再进行任何加工。

（3）钢化玻璃的分类及规格

① 根据国家标准《建筑用安全玻璃　第2部分：钢化玻璃》（GB 15763.2—2005）的规定，钢化玻璃按形状分为平面钢化玻璃和曲面钢化玻璃；按生产工艺分类，可分为垂直法钢化玻璃（在钢化过程中采取夹钳吊挂的方式生产出来的钢化玻璃）和水平法钢化玻璃（在钢化过程中采取水平辊支撑的方式生产出来的钢化玻璃）。

② 平面钢化玻璃边长的允许偏差应符合表4.11的规定。

表4.11　建筑用平面钢化玻璃的尺寸及尺寸允许偏差　　　单位：mm

厚度	边长(L)允许偏差			
	L≤1000	1000<L≤2000	2000<L≤3000	L>3000
3、4、5、6	+1 -2	±3	±4	±5
8、10、12	+2 -3			
15	±4	±4		
19	±5	±5	±6	±7
>19	供需双方商定			

注：对于一边长度大于3000mm、机车车辆及特殊制品的尺寸偏差由供需双方商定。

③ 钢化玻璃厚度的允许偏差应符合表4.12的规定。

表4.12　钢化玻璃厚度的允许偏差　　　单位：mm

玻璃公称厚度	厚度允许偏差
3、4、5、6	±0.2
8、10	±0.3
12	±0.4
15	±0.6
19	±1.0
>19	供需双方商定

④ 平面钢化玻璃的弯曲度，弓形时应不超过0.3%，波形时应不超过0.2%。

（4）钢化玻璃的外观质量标准　钢化玻璃的外观质量应满足表4.13的要求。

表4.13　钢化玻璃的外观质量

缺陷名称	说　明	允许缺陷数
爆边	每片玻璃每米边长上允许有长度不超过10mm、自玻璃边部向玻璃板表面延伸深度不超过2mm、自板面向玻璃厚度延伸深度不超过厚度1/3的爆边个数	1个
划伤	宽度在0.1mm以下的轻微划伤，每平方米面积内允许存在条数	长≤100mm时4条
	宽度大于0.1mm的划伤，每平方米面积内允许存在条数	宽0.1~1mm、长≤100mm时4条
夹钳印	夹钳印与玻璃边缘的距离≤20mm,边部变形量≤2mm	
裂纹、缺角	不允许存在	

（5）主要技术性能　钢化玻璃的各项性能及其试验方法应符合《建筑用安全玻璃　第2部分：钢化玻璃》（GB 15763.2—2005）相应条款的规定。其中安全性能要求为强制性要求。建筑用钢化玻璃的主要技术指标见表4.14。

表4.14　建筑用钢化玻璃的主要技术指标

名　称		技术要求	实验方法
尺寸及外观要求	尺寸及其允许偏差	GB 15763.2—2005中5.1	GB 15763.2—2005中6.1
	厚度及其允许偏差	GB 15763.2—2005中5.2	GB 15763.2—2005中6.2
	外观质量	GB 15763.2—2005中5.3	GB 15763.2—2005中6.3
	弯曲度	GB 15763.2—2005中5.4	GB 15763.2—2005中6.4

续表

名称		技术要求	实验方法
安全性能要求	抗冲击性	GB 15763.2—2005 中 5.5	GB 15763.2—2005 中 6.5
	碎片状态	GB 15763.2—2005 中 5.6	GB 15763.2—2005 中 6.6
	霰弹袋冲击性能	GB 15763.2—2005 中 5.7	GB 15763.2—2005 中 6.7
一般性能要求	表面应力	GB 15763.2—2005 中 5.8	GB 15763.2—2005 中 6.8
	耐热冲击性能	GB 15763.2—2005 中 5.9	GB 15763.2—2005 中 6.9

(6) 钢化玻璃的用途　钢化玻璃主要用于有安全要求的建筑，如中小学校舍的门窗、高层建筑门窗、宾馆饭店、商店门厅、门窗、展品橱窗、商品柜台等，同时还用于制造夹层玻璃、防盗玻璃、防火玻璃等。在使用过程中必须注意严禁接触火花，否则将导致全面破碎。钢化玻璃不可切割、钻孔、磨削，用户必须按现成尺寸规格选用或具体设计尺寸规格向生产商订购。

4.3.3.2　夹丝玻璃

夹丝玻璃又称防碎玻璃。它是将普通平板玻璃加热到红热软化状态时，再将预热处理过的金属丝或金属丝网压入玻璃中间而制成。夹丝玻璃通常采用压延法生产，也可采用浮法工艺生产浮法夹丝玻璃。

(1) 夹丝玻璃的分类　夹丝玻璃分为夹丝压花玻璃和夹丝磨光玻璃两类。

按厚度分为：6mm、7mm、10mm。

按等级分为：优等品、一等品和合格品。

尺寸一般不小于 600mm×400mm，不大于 2000mm×1200mm。

(2) 夹丝玻璃的技术要求

① 丝网要求　夹丝玻璃所用的金属丝网和金属丝线分为普通钢丝及特殊钢丝两种，普通钢丝直径在 0.4mm 以上，特殊钢丝直径在 0.3mm 以上。夹丝网玻璃应采用经过处理的点焊金属丝网。

② 尺寸偏差　长度和宽度允许偏差为±4.0mm，厚度偏差的允许偏差应符合表 4.15 的规定。

表 4.15　厚度偏差的允许范围　　　　　　　　单位：mm

厚度	允许偏差/mm	
	优等品	一等品、合格品
6	±0.5	±0.6
7	±0.6	±0.7
10	±0.9	±1.0

③ 弯曲度　夹丝压花玻璃应在 1.0% 以内，夹丝磨光玻璃应在 0.5% 以内。

④ 玻璃边部凸出、缺口、缺角和偏斜　玻璃边部凸出、缺口的尺寸不得超过 6mm，偏斜的尺寸不得超过 4mm。一片玻璃只允许有一个缺角，缺角的深度不得超过 6mm。

(3) 夹丝玻璃的特性

① 安全性　由于夹丝玻璃体内有金属丝或网，所以其整体性有很大提高，具有均匀的内应力和较高的抗冲击强度，受外力而破裂时，其碎片能黏附在金属壁（网）上，不致脱落伤人。

② 防火性　夹丝玻璃受热破碎后，碎片仍不脱落，可在相当程度上保持整体性，防止空气的流动，对火灾蔓延有较好的阻隔作用，属于防火（二级）玻璃的一种。

③ 防盗性　普通玻璃很容易被打碎，所以小偷可以潜入室内进行非法活动，而夹丝玻璃则不然，即使玻璃破碎，仍有金属线网在起作用，所以小偷不能轻易进行偷盗。夹丝玻璃的这种防盗性，给人们心理上带来了安全感。

④ 装饰性　金属丝可编成菱形、方格形、六角形等艺术图案；玻璃料可采用颜色玻璃和吸热玻璃，成型时在嵌入金属丝（网）时可以进行压花，也可以对夹丝玻璃进行磨光、涂覆彩色膜、吸热膜、热反射膜等，能起到特有的装饰效果。

夹丝玻璃的缺点是透视性不好，因其内部有丝网存在，对视觉效果有一定干扰。另外在玻璃边部裸露的金属丝易被腐蚀，金属丝锈蚀体积膨胀而压迫玻璃，导致玻璃产生锈裂。为此，夹丝玻璃尽量采用悬挂式安装法。

(4) 夹丝玻璃的应用　夹丝玻璃不仅具有安全、防火特性，还可以用作调节采光、美化环境的装饰效果，可广泛用于震动较大的工业厂房的门窗、屋面、采光天窗，需要安全防火的仓库、图书馆的门窗，建筑物复合外墙材料及透明栅栏等。

4.3.3.3　夹层玻璃

夹层玻璃是由两片或多片玻璃之间夹了一层或多层有机聚合物中间膜，经过特殊的高温预压（或抽真空）及高温高压工艺处理后，使玻璃和中间膜永久黏合为一体的复合玻璃产品。它具有较高的强度，受到破坏时产生辐射状或同心圆形裂纹，碎片不易脱落，且不会影响透明度和产生折光现象。

生产夹层玻璃的原片可采用普通平板玻璃、钢化玻璃、浮法玻璃、彩色玻璃、吸热玻璃或热反射玻璃等。夹层材料常用聚乙烯醇缩丁醛（PVB）、聚氨酯（PU）、聚酯（PES）、丙烯酸酯类聚合物、聚醋酸乙烯酯及其共聚物、橡胶改性酚醛等。此外，还有一些比较特殊的如彩色中间膜夹层玻璃、SGX类印刷中间膜夹层玻璃、XIR类Low-E中间膜夹层玻璃、内嵌装饰件（金属网、金属板等）夹层玻璃、内嵌PET材料夹层玻璃等装饰及功能性夹层玻璃。

夹层玻璃属于复合材料，具有可设计性，可以根据性能要求人为地去设计和构造某种最新的异型或特种夹层玻璃，如隔声、防紫外线、遮阳、电热、吸波性、防弹、防爆夹层玻璃等。

(1) 夹层玻璃的分类　夹层玻璃按形状分有平面夹层玻璃和曲面夹层玻璃；按霰弹袋冲击性能分类有Ⅰ类夹层玻璃、Ⅱ-1类夹层玻璃、Ⅱ-2类夹层玻璃和Ⅲ类夹层玻璃。

(2) 夹层玻璃的质量标准　夹层玻璃的质量指标必须符合国家标准《建筑用安全玻璃 第3部分：夹层玻璃》（GB 15763.3—2009）的规定。

① 尺寸及其允许偏差　夹层玻璃长度和宽度的尺寸允许偏差应符合表4.16的规定。

表4.16　夹层玻璃长度和宽度的尺寸允许偏差　　　　　　　　　　　　单位：mm

公称尺寸(边长L)	公称厚度≤8	公称厚度>8	
		每块玻璃公称厚度<10	至少一块玻璃公称厚度≥10
L≤1100	+2.0 -2.0	+2.5 -2.0	+3.5 -2.5
1100<L≤1500	+3.0 -2.0	+3.5 -2.0	+4.5 -3.0
1500<L≤2000	+3.0 -2.0	+3.5 -2.0	+6.0 -3.5
2000<L≤2500	+4.5 -2.5	+5.0 -3.0	+6.0 -4.0

续表

公称尺寸(边长 L)	公称厚度≤8	公称厚度＞8	
		每块玻璃公称厚度＜10	至少一块玻璃公称厚度≥10
L≥2500	+5.0 -3.0	+5.5 -3.5	+6.5 -4.5

② 厚度及其允许偏差 对于三层原片以上（含三层）制品、原片材料总厚度超过24mm 及使用钢化玻璃作为原片时，其厚度允许偏差由供需双方商定。

干法夹层玻璃的厚度偏差，不能超过构成玻璃的原片厚度允许偏差和中间层材料厚度允许偏差总和。中间层的总厚度＜2mm 时，不考虑中间层的厚度偏差；中间层总厚度≥2mm时，其厚度允许偏差为±0.2mm。

湿法夹层玻璃的厚度偏差，不能超过构成玻璃的原片厚度允许偏差和中间层材料厚度允许偏差总和。湿法夹层玻璃中间层厚度允许偏差应符合表 4.17 的规定。

表 4.17　湿法夹层玻璃中间层厚度允许偏差　　　　　　　　单位：mm

湿法中间层厚度 d	允许偏差 δ
d＜1	±0.4
1≤d＜2	±0.5
2≤d＜3	±0.6
d≥3	±0.7

(3) 夹层玻璃的特性及应用　　夹层玻璃的透明度好，抗冲击性能比普通平板玻璃高几倍。玻璃破碎时不裂成分离的碎块，只有辐射的裂纹和少量的碎玻璃屑，且碎片粘在薄衬片上，不致伤人，属于安全玻璃。夹层玻璃的透光率高，还具有耐久、耐热、耐湿、耐寒等性能。

在使用过程中，应尽量避免外力冲击，尤其是钢化夹层玻璃要避免尖端受力冲击。清洁玻璃时注意不要划伤或擦伤、磨伤玻璃表面，以免影响其光学性能、安全性能及美观。夹层玻璃在安装时应使用中性胶，严禁与酸性胶接触。

夹层玻璃主要用作汽车和飞机的挡风玻璃、防弹玻璃以及有特殊安全要求的建筑门窗、隔墙、工业厂房的天窗和某些水下工程等。

(4) 夹层玻璃的运输与储存　　夹层玻璃产品用各种类型车辆进行运输，搬运规则及条件应符合国家有关规定。运输时，木箱不得平放或斜放，长度方向与输送车辆运动方向相同，应有防雨等设施。夹层玻璃产品应垂直储存在干燥的室内。

4.3.3.4　防火玻璃

(1) 防火玻璃的品种　　防火玻璃是指透明，能阻挡和控制热辐射、烟雾及火焰，防止火灾蔓延的玻璃。当它暴露在火焰中时，能成为火焰的屏障，这种玻璃的特点是能有效地限制玻璃表面的热传递，并且在受热后变成不透明，使居民在着火时看不见火焰或感觉不到温度升高及热浪，避免了撤离现场时的惊慌。防火玻璃还具有一定的抗热冲击强度，而且在800℃左右仍具有保护作用。

防火玻璃按结构可分为复合防火玻璃和单片防火玻璃；按耐火性能可分为隔热型防火玻璃和非隔热型防火玻璃；按耐火极限可分为五个等级，即 0.50h、1.00h、1.50h、2.00h、3.00h。

复合防火玻璃是在两片玻璃或钢化玻璃之间凝聚一种透明而具有阻燃性能的凝胶，这种凝胶遇到高温时发生分解吸热反应，能吸收大量的热能，变成不透明、有良好隔热作用的玻璃。它能保持在一定的时间内不炸裂，炸裂后碎片不掉落，可隔断火焰，防止火焰蔓延。如果同时向凝胶中添加阻燃剂，在高温下能放出阻燃气体，就会同时具有阻燃和灭火功能；如果在复合层中嵌入金属丝网，则可以提供保温、防止热扩散和防护的多重效果；如果在防火夹层中嵌入热敏传感元件，并与自动报警装置、自动灭火装置串接起来，就可以同时具有报警和灭火功能。

（2）防火玻璃的应用　防火玻璃主要用于公共建筑物，如高级宾馆、影剧院、机场、展览馆、医院、图书馆、博物馆、商场等的楼梯间、升降井、走廊、平台及防火门、防火墙等处。

4.3.3.5　防盗玻璃

防盗玻璃是指透明而强度高，用简单工具无法将它破坏，能有效地防止偷盗或破坏事件发生的玻璃。

防盗玻璃通常是用多层高强玻璃和高强有机透明玻璃材料与胶合层材料复合制成的。为了赋予预警的性能，胶合层中还可以夹入金属丝网，埋设可见光、红外、温度、压力等传感器和报警装置，一旦盗贼作案，触动玻璃中的警报装置，甚至触发与之相串联的致伤武器或致晕气体等，便可以及时擒拿盗贼，保护财物不致失盗。

防盗玻璃主要用于银行金库、武器仓库、文物仓库及展览橱窗、贵重商品柜台等。

4.3.3.6　防弹玻璃

防弹玻璃是能够抵御枪弹乃至炮弹射击而不被穿透破坏，最大限度地保护人身安全的玻璃。这种玻璃通常可以按防弹性能要求，如防御武器的种类、弹体的种类、弹体的速度、射击的角度及距离等进行结构设计，最有效地选择增强处理的方法、玻璃的厚度、胶合层材料以及其他透明增强材料等。

（1）防弹玻璃的结构　防弹玻璃通常由下列三层结构组成，并可根据性能的要求做适当的调整。

① 承力层　一般采用硬度大、强度高的玻璃，由于其硬度大、强度高，能破坏弹头或改变弹头形状，使其失去继续前进的动力。

② 过渡层　一般采用有机胶合材料，要求黏结力强，耐光性好，有延展性和弹性，能吸收部分冲击能，改变弹体的前进方向。在夹层玻璃中夹一层非常结实而透明的化学薄膜。这不仅能有效地防止枪弹射击，而且还具有抗浪涌冲击、抗爆、抗震和撞击后也不出现裂纹等性能。

③ 安全防护层　一般采用高强度玻璃或高强透明有机材料，要求强度高、韧性好，吸收绝大部分的冲击能，保证弹体不穿透该层。

（2）防弹玻璃的要求　防弹玻璃要求重量轻、光学性能好、有最大的防护能力、固定框架和相邻的部件有相应的防弹能力。防弹玻璃最重要的性能指标就是防弹能力，防弹能力的指标是从两方面来衡量的，一方面是安全防护能力；另一方面是所防护枪支的杀伤能力。

（3）防弹玻璃的应用

① 航空用　如歼击机、强击机以及轰炸机用防弹玻璃等。

② 地面用　如坦克、装甲车、专用汽车、火车及前沿观察哨所、指挥所用防弹玻璃等。

③ 水上用　如舰艇及潜艇窗口等。

④ 建筑用　如银行、珠宝店、博物馆及重要部门的门窗玻璃。

4.3.4　功能玻璃

功能玻璃是指兼有采光、调制光线、调节热量的进入或散失、防止噪声、增加装饰效果、改善居住环境、节约空调能源及降低建筑物自重等多种功能的玻璃制品。功能玻璃的主要品种和特性见表 4.18。

表 4.18　功能玻璃的主要品种和特性

品　种	特　性
吸热玻璃	吸热性好、装饰性佳、节能、光线柔和
热反射玻璃	反射红外线、透过可见光、单面透视、装饰性好
低辐射玻璃	透过太阳光和可见光，能阻止紫外线透过，热辐射率低
选择吸收玻璃	吸收或透过某一波长的光线，起到调制光线的作用
低(无)反射玻璃	反射率极低，透过玻璃观察特别清晰
透紫外线玻璃	透过大量紫外线
防电磁波玻璃	能导电，屏蔽电磁波，具有抗静电性
光致变色玻璃	弱光时无色透明；在强光或紫外线下变暗
电加热玻璃	通电可控制升温
电致变色玻璃	通电时变暗或着色，切断电源后复用
中空玻璃	保温、隔热、隔声、不结雾结霜、节约能源

4.3.4.1　吸热玻璃

吸热玻璃是能吸收大量红外线辐射能，并保持较高可见光透过率的平板玻璃。生产吸热玻璃的方法有两种：一是在普通钠钙硅酸盐玻璃的原料中加入一定量的有吸热性能的着色剂，如氧化铁、氧化镍、氧化钴以及硒等，使玻璃带色并具有较高的吸热性能；另一种是在平板玻璃表面喷镀一层或多层金属或金属氧化物薄膜，如氧化锡、氧化钴、氧化锑薄膜等。

吸热玻璃的颜色有蓝色、灰色、茶色、天蓝色、蓝灰色、金黄色、绿色、蓝绿色、黄绿色、深黄色、古铜色、青铜色等，我国目前主要生产前三种颜色的吸热玻璃。

(1) 吸热玻璃的特点

① 吸收太阳的辐射热。如 6mm 厚的透明浮法玻璃，在太阳光照下总透热率为 84%，而同样条件下吸热玻璃的总透热率为 60%。吸热玻璃的厚度和色调不同，对太阳的辐射热吸收程度也不同。根据地区日照条件可以选择不同品种的吸热玻璃以达到节能的目的。

② 吸收太阳光中的可见光能，减弱太阳光的强度，起到反眩作用，使刺眼的太阳光变得柔和舒适。

③ 吸收太阳光中的紫外线，减轻紫外线对人体和室内物品的损害，如对家具、日用品、书籍等物品的褪色、变质的影响。

④ 吸热玻璃的透明度比普通平板玻璃略低，能清晰地观察室外景物。

⑤ 吸热玻璃绚丽多彩，能增加建筑物的美观，且色泽稳定，经久不变。

(2) 吸热玻璃的质量标准　吸热玻璃产品的尺寸允许偏差范围及外观质量应与相同的普通平板玻璃和浮法玻璃的规定相同，应符合国家标准 GB 11614—2009 的规定。

吸热玻璃的光学性能用可见光透射比和太阳光直接透射比来表述，见表 4.19。

表 4.19　吸热玻璃的光学性质

颜色	可见光透射比/%　≥	太阳光直接透射比/%　≤
茶色	42	60
灰色	30	60
蓝色	45	70

吸热玻璃应着色均匀且对观察物的清晰度没有明显影响。

(3) 吸热玻璃的用途　吸热玻璃广泛用于现代建筑物的门窗和外墙，以及用作车、船等的挡风玻璃等,起到采光、隔热、防眩作用。吸热玻璃的色彩具有极好的装饰效果,已成为一种新型的外墙和室内装饰材料。

吸热玻璃可以进一步加工制成磨光、钢化、夹层或中空玻璃。吸热玻璃还可以阻挡阳光和冷气,使房间冬暖夏凉。

4.3.4.2 镀膜玻璃

镀膜玻璃是在玻璃表面上镀以金、银、铝、铬、镍、铁等金属或金属氧化薄膜或非金属氧化物薄膜;或采用电浮法、等离子交换法,向玻璃表面层渗入金属离子以置换玻璃表面层原有的离子而形成的,具有突出的光、热效果,其品种主要有阳光控制镀膜玻璃(又称为热反射玻璃)和低辐射镀膜玻璃。

(1)阳光控制镀膜玻璃 阳光控制镀膜玻璃指通过膜层,改变其光学性能,对波长范围为 300~2500nm 的太阳光具有选择性反射和吸收作用的镀膜玻璃。

阳光控制镀膜玻璃按镀膜工艺分为离线阳光控制镀膜玻璃和在线阳光控制镀膜玻璃。

① 与吸热玻璃的区别 阳光控制镀膜玻璃与吸热玻璃的区分可用下式表示。

$$S = \frac{A}{B} \tag{4.1}$$

式中 A——玻璃整个光通量的吸收系数;

B——玻璃整个光通量的反射系数,$S>1$ 时称为吸热玻璃,$S<1$ 时称为热反射玻璃(即阳光控制镀膜玻璃)。

② 阳光控制镀膜玻璃的质量标准 《镀膜玻璃 第 1 部分:阳光控制镀膜玻璃》(GB/T 18915.1—2013)对阳光控制镀膜玻璃的外观、光学性能、耐酸碱、耐磨、颜色均匀性等均做了规定。表 4.20 为阳光控制镀膜玻璃的外观质量要求。

表 4.20 阳光控制镀膜玻璃的外观质量

缺陷名称	说明	要求
针孔	直径<0.8mm	不允许集中
	0.8mm≤直径<1.5mm	中部:允许个数为 2.0S 个,且任意两缺陷之间的距离大于 300mm 边部:不允许集中
	1.5mm≤直径<2.5mm	中部:不允许 边部允许个数:1.0S 个
	直径>2.5mm	不允许
斑点	1.0mm≤直径<2.5mm	中部:不允许 边部允许个数:2.0S 个
	直径>2.5mm	不允许
斑纹	目视可见	不允许
暗道	目视可见	不允许
膜面划伤	宽度≥0.1mm 或长度>60mm	不允许
玻璃面划伤	宽度≤0.5mm,长度≤60mm	允许条数:3.0S 个
	宽度>0.5mm 或长度>60mm	不允许

注 1. 集中是指在 φ100mm 的圆面积内超过 20 个。
2. S 是以 m^2 为单位的玻璃板面积,保留小数点后两位。
3. 允许个数及允许条数为各系数与 S 相乘所得的数值,按 GB/T 8170 修约至整数。
4. 玻璃板的边部是指距边 5% 边长距离的区域,其他部分为中部。

阳光控制镀膜玻璃的光学性能包括紫外线透射比、可见光透射比、可见光反射比、太阳光直接透射比、太阳光直接反射比和太阳能总透射比，这些性能的应符合表 4.21 的规定要求。

表 4.21　阳光控制镀膜玻璃的光学性能要求

检测项目	允许偏差最大值(明示标称值)/%	允许最大差值(未明示标称值)/%
光学性能	±1.5	≤3.0

注：对于明示标称值（系列值）的样品，以标称值作为偏差的基准，偏差的最大值应符合本表的规定；对于未明示标称值的产品，则取 3 块试样进行测试，3 块试样之间差值的最大值应符合本表的规定。

阳光控制镀膜玻璃的颜色均匀性以色差来表示，其色差应不大于 2.5。耐磨性要求试验前后试样的可见光透射比差值的绝对值应不大于 4%。耐酸性和耐碱性均要求试验前后试样的可见光透射比差值的绝对值应不大于 4%，且膜层变化应均匀，不允许出现局部膜层脱落。

③ 阳光控制镀膜玻璃的特性

a. 对太阳辐射热有较高的反射能力　普通平板玻璃的辐射热反射率为 7%～8%，阳光控制镀膜玻璃的辐射热反射率则可高达 30% 左右。热反射玻璃对太阳辐射热的透过率小，在日晒时室内光线柔和，还能产生冷房效应。

b. 镀金属膜的阳光控制镀膜玻璃具有单向透射性　该作用使阳光控制镀膜玻璃在迎光面具有镜子的效能，而在背光面则又如玻璃那样透视，使白天能在室内看到室外景物，而室外看不到室内景物，对建筑物内部起到遮蔽及帷幕作用。

c. 遮蔽系数小　玻璃对太阳辐射热的遮蔽系数 s_e 用下式计算。

$$s_e = \frac{g}{\tau_3} \tag{4.2}$$

式中　g——各种玻璃的太阳能总透射率，%；
　　　τ_3——3mm 的透明平板玻璃的太阳能总透射率，%。

遮蔽系数越小，通过玻璃射入室内的太阳能越少，冷房效果越好。阳光控制镀膜玻璃的遮蔽系数小，有良好的隔热效果。

d. 装饰性好　单向透射的阳光控制镀膜玻璃一般都具有美丽的颜色，用来制成门窗或玻璃幕墙可反映出周围的景物，给整个建筑物增加美感。

④ 用途　阳光控制镀膜玻璃主要用于避免由于太阳辐射而增热及设置空调的建筑。适用于各种建筑物的门窗、汽车和轮船的玻璃窗、玻璃幕墙以及各种艺术装饰。目前，国内外还常采用阳光控制镀膜玻璃来制成中空玻璃或夹层玻璃窗，以提高其绝热性能。

(2) 低辐射镀膜玻璃　低辐射镀膜玻璃指对 4.5～25μm 红外线有较高反射比的镀膜玻璃，也称 Low-E 玻璃，是一种对太阳能和可见光具有高透光率，能阻止紫外线透过和红外线辐射，即热辐射率很低，保温性能良好的涂层玻璃。其膜层由三层组成：最内层为绝缘性金属氧化物膜，中间层是导电金属层，表层是绝缘性金属氧化物层。

① 低辐射镀膜玻璃分类　低辐射玻璃按镀膜工艺不同可分为离线低辐射镀膜玻璃和在线低辐射镀膜玻璃，按膜层耐高温性能不同可分为可钢化低辐射镀膜玻璃和不可钢化低辐射镀膜玻璃。

② 低辐射镀膜玻璃的基本原理　太阳辐射能量的 97% 集中在波长为 0.3～2.5μm 的范围内，这部分能量来自室外；100℃ 以下物体的辐射能量集中在 2.5μm 以上的长波段，这部分能量主要来自室内。

若以室窗为界的话，冬季或在高纬度地区我们希望室外的辐射能量进来，而室内的辐射能量不要外泄。若以辐射的波长为界的话,室内、室外辐射能的分界点就在 2.5μm 这个波长处。3mm 厚的普通浮法白玻璃对太阳辐射能具有 87% 的透过率,白天来自室外的辐射能量大部分可透过;但夜晚或阴雨天气,来自室内物体热辐射能量的 89% 被其吸收,使玻璃温度升高,然后再通过向室内、外辐射和对流交换散发其热量,故无法有效地阻挡室内热量泄向室外。因此,选择具有一定功能的室窗就成为关键。

辐射率是某物体的单位面积辐射的热量同单位面积黑体在相同温度、相同条件下辐射热量之比。辐射率定义是某物体吸收或反射热量的能力。理论上完全黑体对所有波长具有 100% 的吸收,即反射率为零。因此,黑体辐射率为 1.0。普通玻璃的表面辐射率在 0.84 左右,低辐射镀膜玻璃的表面辐射率为 0.08~0.15。

低辐射镀膜玻璃的低辐射膜层厚度不到头发丝的 1/100,但其对远红外热辐射的反射率却很高,能将 80% 以上的远红外热辐射反射回去,而普通透明浮法玻璃、吸热玻璃的远红外反射率仅在 12% 左右,所以低辐射镀膜玻璃具有良好的阻隔热辐射透过的作用。冬季,它对室内暖气及室内物体散发的热辐射,可以像一面热反射镜一样,将绝大部分热辐射反射回室内,保证室内热量不向室外散失,从而节约取暖费用。夏季,它可以阻止室外地面、建筑物发出的热辐射进入室内,节约空调制冷费用。低辐射镀膜玻璃的可见光反射率一般在 11% 以下,与普通白玻璃相近,低于普通阳光控制镀膜玻璃的可见光反射率,可避免造成反射光污染。正是由于低辐射镀膜玻璃的这些优良特性,所以称其为绿色、节能、环保的建材产品。

低辐射镀膜玻璃对阳光中的红外热辐射部分有较高的反射率,对可见光部分则有较高的透过率。与热反射镀膜玻璃相比,当两者具有相同遮阳作用时,低辐射镀膜玻璃可获得较高的可见光透过率和较低的反射率,可避免室内白天无谓的人工照明和室外所谓的"光污染"。换句话说,当两者可见光透过率相等时,低辐射镀膜玻璃比热反射镀膜玻璃有更好的遮阳效果。

通过对膜层的适当调整,可制作出分别适用于北方寒冷地区或南方温热地区,或具有不同颜色,或具有不同光学参数的多种类型的低辐射镀膜玻璃。

适用于北方地区使用的低辐射镀膜玻璃具有较高的阳光透过率,为的是在冬季白天让更多的阳光直接进入室内。同时,它仍具有很低的表面辐射率和极高的远红外反射率。适用于南方地区使用的低辐射镀膜玻璃具有较多的阳光遮挡效果。与热反射镀膜玻璃一样,低辐射镀膜玻璃的阳光遮挡效果也有多种选择,而且在同样可见光透过率情况下,它比热反射镀膜玻璃多阻隔太阳热辐射 30% 以上。

低辐射中空玻璃不论在南北、冬夏、有无阳光照射都能起到良好的隔热作用,故是目前世界上公认的、最理想的窗玻璃材料。低辐射膜的以上两个特性与中空玻璃对热的对流传导的阻隔作用相配合,便构成了绝热性极好的低辐射中空玻璃。它可阻隔热量从热的一端向冷的一端传递。即冬季阻挡室内的热量泄向室外,夏季阻挡室外热辐射进入室内。低辐射中空玻璃对 0.3~2.5μm 的太阳能辐射具有 60% 以上的透过率,白天来自室外的辐射能量可大部分透过,但夜晚和阴雨天气,来自室内物体的热辐射约有 50% 以上被其反射回室内,仅有少于 15% 的热辐射被其吸收后通过再辐射和对流交换散失,故可有效地阻止室内的热量泄向室外。低辐射玻璃的这一特性,使其能控制热能单向流向室内。太阳光短波透过窗玻璃后,照射到室内的物品上。这些物品被加热后,将以长波的形式再次辐射。这些长波被低辐射窗玻璃阻挡,返回到室内,极大地改善了窗玻璃的绝热性能。

③ 低辐射镀膜玻璃的质量要求　国家标准《镀膜玻璃　第 2 部分:低辐射镀膜玻璃》(GB/T 18915.2—2013)对低辐射玻璃的外观、光学性能、耐酸碱、耐磨、颜色均匀性等均做了规定。其中光学性能包括紫外线透射比、可见光透射比、可见光反射比、太阳光直接透

射比、太阳光直接反射比和太阳能总透射比，这些性能应符合表 4.22 的规定。

表 4.22　低辐射镀膜玻璃的光学性能要求

项目	允许偏差最大值(明示标称值)/%	允许最大差值(未明示标称值)/%
指标	±1.5	≤3.0

注：对于明示标称值（系列值）的产品，以标称值作为偏差的基准，偏差的最大值应符合本表的规定；对于未明示标称值的产品，则取三块试样进行测试，三块试样之间差值的最大值应符合本表的规定。

④ 低辐射镀膜玻璃的性能跟用途　低辐射镀膜玻璃最突出的性能是保温性，可以保持90%的室内热量，可大幅度节约采暖费用，尤其适用于寒冷地区建筑物的门窗，此外，因其常有美丽淡雅的色泽，能使建筑物与环境保持和谐，具有极佳的装饰效果。

低辐射镀膜玻璃主要用于寒冷地区、需要透射大量阳光的建筑。用这种玻璃制成的中空玻璃有极佳的采光取暖及保温效果。

4.3.4.3　变色玻璃

变色玻璃分为光致变色玻璃和电致变色玻璃。

(1) 光致变色玻璃　光致变色玻璃是一种随光线增强而改变颜色的玻璃，在玻璃中加入卤化银，或在玻璃与有机夹层中加入钼和钨的感光化合物，即能获得光致变色玻璃。该种玻璃在受太阳光或其他光线照射时，颜色会随光线的增强而逐渐变暗。当照射停止时，又恢复原来的颜色。

光致变色玻璃的应用已从眼镜片开始向交通、医学、摄影、通信和建筑领域发展。光致变色玻璃从 1964 年开始研究、应用已有 50 多年历史，由于这种玻璃要耗用大量的银，因此使用受到限制。

(2) 电致变色玻璃　电致变色是指材料的光学属性（反射率、透过率、吸收率等）在外加电场的作用下发生稳定、可逆的颜色变化的现象，在外观上表现为颜色和透明度的可逆变化。

电致变色玻璃是指在电场作用下，通过发生可逆的电化学反应产生可见光吸收的色效应的玻璃，具有光吸收透过的可调节性，可选择性地吸收或反射外界的热辐射和内部的热扩散，减少办公大楼和民用住宅在夏季保持凉爽和冬季保持温暖而必须消耗的大量能源。同时达到改善自然光照程度、防窥的目的。其主要特点如下。

① 可见光透过率可以在较大的范围内任意调节，发生多色的连续变化。
② 变色的驱动电源简单，电压低，耗电省。
③ 有记忆存储功能。
④ 显色-消色速度快，不受环境因素影响。

因此，电致变色玻璃可用作建筑物门窗，交通工具（汽车、火车、飞机等）的挡风玻璃，以调节光照强度和玻璃的温度，以及作大面积文字、数字、图像显示材料，如广告、指示牌等。

4.3.4.4　太阳能玻璃

太阳能玻璃是指应用研发的新科技，加一层涂层能够利用采集来的太阳能并供能的玻璃。玻璃作为一种利用太阳能的材料具有很多优越性：玻璃对太阳能有很高的透光率和较低的反射率，也能在玻璃中掺入某些着色剂，对不同波长的光线进行选择吸收；玻璃能耐几百摄氏度的高温，能加工成各种几何形状、尺寸和厚度；玻璃表面平整光滑，容易清洗，也能抵抗大气的风化；成本也较低。玻璃脆而易碎的缺点可通过钢化处理增加强度来解决，因此玻璃仍是太阳能装置的较理想的材料。

(1) 太阳能利用对玻璃的要求　在太阳能利用方面，对玻璃的要求大致有以下几个方面：

① 透光率要高，一般应高于80%；

② 有一定的强度，包括抗冲击和耐风压；

③ 表面光反射尽可能少，以增加透过率；

④ 用于集热器盖板时，抑制吸热板的红外辐射。

（2）太阳能玻璃的生产特点

① 以现有玻璃工艺成型方法，生产低铁或提高高价铁系数的玻璃。

② 采用新的工艺方法，如美国康宁玻璃公司采用"溢流法"生产工艺生产太阳能薄玻璃，玻璃的平整度很好。

③ 玻璃表面减反射处理。

④ 镀制抑制红外辐射散热膜。

（3）太阳能玻璃的应用　目前，已有两种类型的太阳能转换装置被广泛研究和应用：一类是吸收或反射辐射能并转换成热能，即光热转换，如太阳能集热器；另一种是利用光电效应转换成电能，如太阳能电池。

4.3.4.5　电磁屏蔽玻璃

电磁屏蔽玻璃是一种防电磁辐射、抗电磁干扰的透光屏蔽器件，是将含金、银、铜、铁、钛、铬、锡、铝等金属或无机或有机化合物盐类，通过物理（真空蒸发、阴极溅射等）或化学（气相沉积、化学热分解、溶胶-凝胶等）的方法，在玻璃表面形成上述金属或金属氧化物膜层，这种膜具有很强的反射电磁波的功能，可以用于电子计算机、电台保密和抗干扰的屏蔽材料。同时这种涂膜玻璃还具有导电、热反射、热选择吸收及美丽的色彩等性能，成为很有发展前景的安全玻璃、电加热玻璃和装饰玻璃。

生产电磁屏蔽玻璃膜的工艺如下。

（1）物理气相沉积　真空蒸发法、阴极溅射法、等离子溅射法。

（2）化学气相沉积　热气相沉积法、激光气相沉积法、等离子气相沉积法等。

（3）化学热分解　液体喷涂、固体微粒喷涂、等离子气相沉积法。

（4）溶胶-凝胶法　多层浸渍-热分解。

4.3.4.6　中空玻璃

中空玻璃是由两片或多片玻璃以有效支撑均匀隔开并周边粘接密封，使玻璃层间形成有干燥气体空间的玻璃制品。制作中空玻璃的各种材料的质量与中空玻璃的使用寿命密切相关，使用符合标准规范的材料生产的中空玻璃，其使用寿命一般不少于15年。

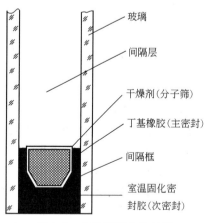

图4.2　中空玻璃构造示意

中空玻璃按形状可分为平面中空玻璃和曲面中空玻璃；按中空腔内气体分类可分为普通中空玻璃（中空腔内为空气）和充气中空玻璃（中空腔内充入氩气、氪气等气体）。

两片玻璃间用的隔框一般多用薄铝材，型材为空腹，内充干燥剂，其构造见图4.2。

（1）中空玻璃的性能　由于玻璃与玻璃之间留有一定空腔，中空玻璃具有保温、隔热、隔声等性能。使用时若代替部分围护墙，并以单层窗取代双层窗，还可减轻墙体重量，节省窗框材料。此外根据不同用途，采用一片或多片不同品种的玻璃原片，如着色玻璃、钢化玻璃、夹层玻璃、压花玻璃、镀膜反射玻璃、无反射玻璃，还可获得兼备多种功能的产品。

① 光学性能　根据所选的玻璃原片不同,中空玻璃具有不同的光学性能。可见光透过率10%~80%,光反射率25%~80%,总透过率25%~50%。

② 隔热性　普通平板玻璃的热导率为0.8W/(m·K),而空气的热导率为0.03 W/(m·K),这就是具有中间空气层的中空玻璃大幅度提高保温隔热性能的原因。普通中空玻璃的隔热性已相当于10mm厚的混凝土墙,三层中空玻璃的隔热性已接近370mm厚的砖墙。

中空玻璃与其他材料的热导率比较见表4.23。

表4.23　中空玻璃与其他材料的热导率比较

材料名称	热导率/[kJ/(m²·h·℃)]
3mm 平板玻璃	24.58
5mm 平板玻璃	24.16
普通中空玻璃(3+A6+3)	12.92
三层中空玻璃(3+A6+3+A6+3)	8.76
混凝土墙(100mm)	12.04
砖墙(370mm)	7.54

③ 隔声性　中空玻璃的隔声效果与其单位面积的质量和噪声种类、声强等有关,噪声的频率越高,中空玻璃的隔声性越好。中空玻璃的隔声能力与气体间隔层的厚度和面积有关,厚度和面积越大,隔声性能好;空气间隔层层数多,隔声效果好。另外,采用不同厚度的玻璃板和气体间隔层是提高中空玻璃隔声能力最有效的措施。采用中空玻璃一般可使噪声下降30~40dB,对交通噪声可降低31~33dB。

④ 防结露性　窗玻璃表面出现冷凝水的现象叫作结露。结露的原因是由于同一块玻璃的两面温差较大。玻璃窗上结露,不仅遮挡视线,也使窗框、窗帘、墙壁被污损。若采用中空玻璃则可大大改善这种现象。因为在冬季室内采暖的情况下,虽然中空玻璃的内外层玻璃具有较大的温差,但由于中空玻璃的气体间隔层具有良好的隔热性能,其同一块玻璃的两面温差却很小,故具有较好的防结露性能。

(2) 中空玻璃的质量要求　中空玻璃的有关技术性能指标应符合国家标准《中空玻璃》(GB/T 11944—2012)的规定。

① 材料　对于玻璃而言,可采用平板玻璃、镀膜玻璃、夹层玻璃、钢化玻璃、防火玻璃、半钢化玻璃和压花玻璃等,所用玻璃应符合相应标准要求;对于边部密封材料而言,中空玻璃边部密封材料应符合相应标准要求,应能满足中空玻璃的水汽和气体密封性能,并能保持中空玻璃的结构稳定;对于间隔材料而言,可为铝间隔条、不锈钢间隔条、复合材料间隔条、复合胶条等,并应符合相应标准和技术文件的要求;对于干燥剂而言,应符合相关标准要求。

② 尺寸及尺寸允许偏差　中空玻璃的尺寸及尺寸允许偏差见表4.24。

表4.24　中空玻璃的尺寸及尺寸允许偏差　　　　　　　　　单位:mm

长(宽)度 L	允许偏差	公称厚度 D	允许偏差
$L<1000$	±2.0	$D<17$	±1.0
$1000 \leqslant L<2000$	+2.0、−3.0	$17 \leqslant D<22$	±1.5
$L \geqslant 2000$	±3.0	$D \geqslant 22$	±2.0

③ 外观质量　中空玻璃的外观质量应符合表4.25的规定。

表4.25　中空玻璃的外观质量

项　目	要　求
边部密封	内道密封胶应均匀连续,外道密封胶应均匀整齐,与玻璃充分黏结,且不超出玻璃边缘
玻璃	宽度≤0.2mm、长度≤30mm 的划伤允许 4 条/m^2,0.2mm＜宽度≤1mm、长度≤50mm 的划伤允许 1 条/m^2;其他缺陷应符合相应玻璃标准要求
间隔材料	无扭曲,表面平整光洁;表面无污痕、斑点及片状氧化现象
中空腔	无异物
玻璃内表面	无妨碍透视的污迹和密封胶流淌

④ 性能要求　中空玻璃的主要性能要求见表4.26。

表4.26　中空玻璃的主要性能要求

项　目	性能要求
露点	中空玻璃的露点应＜－40℃
耐紫外线辐照性能	试验后,试样内表面应无结雾、水汽凝结或污染的痕迹且密封胶无明显变形
水汽密封耐久性能	水分渗透指数 I≤0.25,平均值 I_{av}≤0.20
初始气体含量	充气中空玻璃的初始气体含量应≥85%(体积分数)
气体密封耐久性能	充气中空玻璃经气体密封耐久性能试验后的气体含量应≥80%(体积分数)
U 值	由供需双方商定是否有必要进行本项试验

(3) 中空玻璃的用途　中空玻璃具有优良的性能,广泛地用于需要采暖、安装空调、防止噪声和结露以及需要无直接光和特殊光线的建筑上,如住宅、饭店、宾馆、办公楼、学校、医院、商店等,也可用于火车、轮船。

4.3.4.7　防紫外线玻璃

防紫外线玻璃是指具有能阻止（反射或吸收）紫外线透过功能的玻璃。

(1) 防紫外线玻璃的分类和制作

① 本体吸收型防紫外线玻璃　除了纯净的二氧化硅玻璃、硼酸盐玻璃和磷酸盐玻璃外,绝大部分玻璃都具有不同程度的吸收紫外线的功能,向普通硅酸盐玻璃中加二氧化钛、氧化二钒、氧化铁等金属氧化物,并严格控制熔制气氛,就可以制得性能优良的本体吸收型防紫外线玻璃。

② 表面涂层型防紫外线玻璃　向无色透明的平板玻璃表面涂覆金属或金属氧化物,就可以制得表面涂层型防紫外线玻璃。

(2) 防紫外线玻璃的用途　紫外线虽具有杀灭细菌的功效,但在某些场合却要对它避而远之,故防紫外线玻璃适用于高档写字楼、高档家具、高档衣物、图书馆、博物馆、载人航天器的观察口、医疗用治疗室、焊接防护、特种灯具等场合。

4.3.4.8　自洁净玻璃

自洁净玻璃表面涂镀了一层透明的二氧化钛（TiO_2）光催化剂涂层。当这层光催化剂的薄膜层遇到太阳光或紫外线灯光照射后,附着在玻璃表面的有机污染物会很快被氧化,变成 CO_2 和 H_2O 自动挥发消除,从而实现自洁净功能。

自洁净玻璃已被广泛应用于医院门窗、器具的玻璃盖板,高档建筑物室内浴镜、卫生间整容镜，汽车玻璃及高层建筑物的装饰装潢和幕墙玻璃等场所。

4.3.5 玻璃砖

玻璃砖是块状玻璃的统称，包括透明、不透明、有色、表面施釉、表面涂层的块状实心玻璃、块状空心玻璃、泡沫玻璃以及制品等。

4.3.5.1 特厚玻璃

指厚度超出 20mm 的玻璃，通常由透明或有色的硅酸盐或硼酸盐玻璃用浮法（厚度小于 30mm 者）或压延法制成，分空心玻璃砖和实心玻璃砖两种。实心玻璃砖是采用机械压制方法制成的。空心玻璃砖是采用箱式模具压制而成的两块凹形玻璃熔接或胶结成具有一个或两个空腔的玻璃制品，空腔中充以干燥空气，经退火、涂饰侧面而成。

玻璃实心砖因其具有透光性，主要用于高级宾馆、体育馆等高级建筑和特殊建筑物门窗，还可以制成防弹、防爆玻璃，用作高压容器的观察口、舰船及游泳池的水下摄影玻璃等。

空心砖有单孔和双孔两种。按性能分有：在内侧做成各种花纹，赋予它特殊的采光性，使外来光扩散的特厚玻璃；使外来光向一定方向折射的指向性特厚玻璃。玻璃空心砖有其独特而卓越的性能，其避光性可在较大范围内变化并能透散射光或将光折射到某一方向，改善室内采光深度和均匀性；其保温隔热、隔声性能好，密封性强，耐火、耐水，机械强度高、化学稳定性好，使用寿命长，因此可用于砌筑透光屋面、墙壁，非承重结构外墙、内墙、门厅、通道及浴室等隔断，特别适用于宾馆、展览厅馆、体育场馆等既要求艺术装饰，又要防太阳眩光，控制透光，提高采光深度的高级建筑。

4.3.5.2 玻璃马赛克

玻璃马赛克在我国又称玻璃锦砖，是以玻璃为基料并含有未熔解的微小晶体（主要为石英）的乳浊制品，一般采用熔融法或烧结法生产。熔融法生产玻璃马赛克的方法实际上与普通玻璃生产方法相似，是以石灰石、石英砂、长石、纯碱、着色剂、乳化剂等为主要原料，经高温熔融后用对辊压延或链压延成型、退火制成。烧结法是以废玻璃为主，加上工业废料或矿物废料、胶结剂和水等，经压块、干燥（表面染色）、烧结、退火而成。

玻璃马赛克是一种小规格的彩色饰面玻璃。有透明、半透明、不透明的乳白、乳黄、红、黄、蓝、白、黑和各种过渡色及金色、银色斑点或条纹的各种马赛克制品。它一面光滑，另一面带有槽纹，以利于砂浆粘贴。

(1) 玻璃马赛克的质量指标　玻璃马赛克的技术指标应符合国家标准《玻璃马赛克》（GB/T 7697—1996）的规定。

① 规格尺寸及其偏差　玻璃马赛克一般为正方形，如 20mm×20mm、25mm×25mm、30mm×30mm，其他规格尺寸由供需双方协商。单块玻璃马赛克边长和厚度的尺寸偏差应符合表 4.27 的规定。

表 4.27　单块玻璃马赛克加长和厚度的尺寸偏差　　　　　　　单位：mm

边长	允许偏差	厚度	允许偏差
20	±0.5	4.0	±0.4
25	±0.5	4.2	±0.4
30	±0.6	4.3	±0.5

② 外观质量　玻璃马赛克的外观质量应符合表 4.28 的规定。

表 4.28 玻璃马赛克的外观质量

缺陷名称		表示方法	允许范围/mm	
变形	凹陷	深度	≤0.3	
	弯曲	弯曲度	≤0.5	
缺角		损伤长度	≤4.0	
缺边		长度	≤0.4	允许一处
		宽度	≤2.0	
疵点		—	不明显	
裂纹		—	不允许	
皱纹		—	不密集	
开口式气泡		长度	≤2.0	
		宽度	≤0.1	

③ 技术要求 玻璃马赛克的技术性能应符合表 4.29 的规定。

表 4.29 玻璃马赛克的技术性能

试验项目		条件	指标
与铺贴面的黏合牢度		直立平放法、卷曲摊平法	均无脱落
脱纸时间		水浸	5min 时,无单块脱落;40min 时,有 70% 以上的单块脱落
热稳定性		90℃水→18~25℃水 30min→30min 循环 2 次	全部试样均无裂纹、破损
化学稳定性	盐酸溶液	1mol/L,100℃,4h	$K \geq 99.90\%$ 且外观无变化
	硫酸溶液	1mol/L,100℃,4h	$K \geq 99.93\%$ 且外观无变化
	氢氧化钠溶液	1mol/L,100℃,4h	$K \geq 99.88\%$ 且外观无变化
	蒸馏水	100℃,4h	$K \geq 99.96\%$ 且外观无变化

注:K 为质量变化率。

(2) 玻璃马赛克的用途 玻璃马赛克色泽柔和、颜色绚丽、典雅且永不褪色,可呈现辉煌豪华气派;此外,玻璃马赛克还具有化学稳定性和热稳定性好、抗污性强、不吸水、不积尘、雨天自洗、经久常新、易于施工、价格便宜等优点,故而广泛应用于宾馆、医院、办公楼、礼堂、住宅等建筑物外墙和内墙,也可用于壁画装饰。

4.3.5.3 泡沫玻璃

泡沫玻璃又称多孔玻璃,是以玻璃碎屑为基料,加入少量发气剂(闭口孔用炭黑,开口孔用碳酸钙),按比例混合粉磨,磨好的粉料装入模内并送入发泡炉发泡,然后脱模退火,制成一种多孔轻质玻璃制品,其孔隙率可达 80%~90%,孔径为 0.5~50mm 或更小。根据所用配合料和生产工艺的不同,气孔分为非连通孔、连通孔和部分连通孔三种。

泡沫玻璃是一种典型的无机材料,性能优异:自重小,表观密度仅为普通玻璃的 1/10 (120~500kg/m³);热导率小[0.053~0.14W/(m·K)],保温隔热效果好;吸声效果好;机械强度高(抗压强度 0.4~8MPa);使用温度为 240~420℃。此外,泡沫玻璃不透气、不透水、耐酸、耐碱、耐虫蛀、耐细菌侵蚀、抗冻、耐热、防火,可以锯、钉、钻并可以制成各种颜色,因而用途广泛,如用于建筑物的屋面、建筑围护结构和地面的隔热材料,冷冻、船舱、冷藏等工程的保冷材料,地面和墙面的吸声材料。

各类泡沫玻璃的用途见表 4.30。

表 4.30　各类泡沫玻璃的用途

名称	用　途
隔热泡沫玻璃	主要用作化工、石油、食品、交通等部门作冷冻装置,地下工程、特殊建筑、交通工具、化工设备的热绝缘材料
吸声泡沫玻璃	用作各种类型管道的消声器,地下、地面工程、特殊建筑物的墙面吸声材料,以降低室内噪声
彩色泡沫玻璃	可作各种建筑物墙壁装饰材料,兼有吸声效果
石英泡沫玻璃	用于化工、军工等行业,在耐高温、温度急变等特殊场合作保温、绝缘材料
熔岩泡沫玻璃	可用作建筑及热工设备的保温隔热材料

4.3.6　有机玻璃

有机玻璃是一种具有极好透光性的热塑性塑料。它是以甲基丙烯酸甲酯为主要原料,加入引气剂、增塑剂等聚合而成。主要品种有无色透明有机玻璃、有色玻璃和珠光有机玻璃三种。

有机玻璃与无机玻璃相比,具有如下性能特点：透光性好,可透过99%的光线,并能透过73.5%的紫外线；机械强度较高（抗拉强度高达50～70MPa）；抗寒性及耐候性较好；耐腐蚀性及绝缘性能好；在一定条件下,尺寸稳定,易于成型加工。但其明显的缺点是容易老化,表面硬度低,易于溶解于低酮、酯类苯等溶剂中。

有机玻璃的典型力学性能见表 4.31。

表 4.31　有机玻璃的典型力学性能

力学性能	材料类型		
	聚甲基丙烯酸甲酯	定向的聚甲基丙烯酸甲酯	改性的聚甲基丙烯酸甲酯
抗拉强度/MPa	67.6～72.3	68.9	72～75.8
抗拉弹性模量/GPa	3.1～3.2	2.96	3.1
极限伸长率/%	4.9～6.4	3.5	6.7
弯曲强度/MPa	110	111.7	110
弯曲模量/GPa	3.1	3.17	3.1
剪切强度/MPa	62～69	—	66
缺口冲/kJ/m^2	2	71.6	
无缺口冲击/kJ/m^2	10		5
洛氏硬度/M	92	96～98	93～96
泊松比	0.40		0.40
相对密度	1.09	1.19	1.17

无色透明有机玻璃的性能见表 4.32。

表 4.32　无色透明有机玻璃的性能

力学性能								耐热性			电气性能		
密度/(g/cm^3)	吸水率/%	伸长率/%	抗拉强度/MPa	抗压强度/MPa	抗弯强度/MPa	冲击强度(缺口)/MPa	硬度(布氏)	热变形温度(18.6MPa)/℃	马丁	连续	熔点/℃	热膨胀系数/×10^{-5}℃$^{-1}$	介电系数/×10^{5}Hz	击穿电压/(kV/mm)
1.2～1.8	0.3～0.4	2～10	49.0～77.0	84.0～126.0	91.0～120.0	0.8～1.0	14～18	74～107	60～88	100～120	>108	5～9	3～3.6	20

有机玻璃在建筑上主要用作室内高级装饰材料及特殊大型吸顶灯具,或作建筑的防护材料等。

4.4 玻璃光学效果及设计

玻璃装饰材料具有平滑光亮的质感和其他装饰材料所没有的光学装饰效果,在建筑装饰中具有独特的魅力。

4.4.1 玻璃光学装饰效果

玻璃作为一种现代建筑装饰材料,无论是用于建筑造型还是室内外装饰,都具有区别于陶瓷、石材、木材、塑料及金属等装饰材料的十分独特的光学效果特征。

(1) 透明　透明是玻璃的基本装饰特性之一。普通玻璃、浮法玻璃、水晶玻璃等透明度良好,望过去无障碍感。既满足了采光功能,又达到了一种通透的装饰效果,既分隔了空间,又延续了空间。例如,建筑装饰常用的玻璃通廊和玻璃天棚形成了明快、敞亮的室内空间,既扩大了空间感,又增加了空间层次。

(2) 透光不透视　除了透明玻璃有较高的透光率之外,在建筑室内外装饰设计中还常常运用玻璃透光的特性来表现一种朦胧的装饰效果,或体现设计中的功能要求。如磨砂玻璃、压花玻璃等,它的不透明而透光的特性,阻断视线而又不遮挡光线,使室内光线柔和、恬静,创造一种朦胧美的环境。有时加上彩灯照耀、明暗变化,更显得扑朔迷离,渲染了一种神秘的、变幻莫测的气氛。

(3) 反射　反射是当代功能玻璃的基本装饰特征之一。采用热反射玻璃和镀膜玻璃的玻璃幕墙建筑,人们可以从幕墙上欣赏到蓝天白云的影像。在反射下建筑表面变化为纯透明性的表面"消失",似乎"无物存在"。有时反射带来的眩光更给人一种多姿多彩的感觉。

(4) 多彩　各种各样的透光玻璃、反射玻璃或彩釉玻璃在室内外装饰方面,通过各种艺术形式形成绚丽多姿的装饰效果,如现代化大都市各种色泽的反射玻璃、镀膜玻璃组成的玻璃幕墙大厦,在阳光照射下,五光十色,高低错落,形成了绚丽多彩的玻璃建筑群。

(5) 光亮　在建筑室内外墙面装饰中,材料质地表现对建筑风格有很大影响,是建筑造型及空间视觉环境的一个重要组成部分,对于建筑视觉形象和人的情感有强烈的影响。

在建筑和装饰上,玻璃以其极丰富的光学装饰效果使得建筑师可利用玻璃分割空间,同时又能让光、色、景物透射,形成既隔绝又联系的封闭与开放的统一,达到既隔声防风又可传递信息的建筑艺术与工程技术的结合,尤其是采用了灯光、构造等工艺方法,使玻璃的光、色、图案和质感,得到了淋漓尽致的发挥,使玻璃装饰作品达到了尽善尽美的境界。

玻璃建筑装饰光学效果非常突出,它为建筑及其装饰带来的"朦胧美""洁净美""光亮美"以及光影色彩的变化等,为建筑的大千世界平添了许多韵味。

4.4.2 玻璃装饰的设计

(1) 造型设计　玻璃幕墙建筑的造型设计多种多样,常见的有立方体、角锥体、圆柱体、棱柱体等多种造型及其组合。设计中,其体量大小、高度、色泽等应当考虑所处位置及周围环境。

(2) 空间设计　建筑空间是人们凭借着一定的物质材料,从自然空间中围隔出来的,由原来的自然空间变为人造空间,既要满足一定的使用功能要求,又要满足一定的审美要求。

玻璃的运用在空间的设计中十分重要,它可以将固定空间、封闭空间转化为开敞空间或可变空间,可以增加空间的层次感,形成借景和对景,还可以形成多向流动空间。

比如在机场候机厅设计中，面向停机坪都是大面积的玻璃窗，人们在候机时就可以透过玻璃窗看到辽阔的停机坪及客机的起落，心情顿觉开朗。在别墅设计中，常把面对景区的窗子处理成整片的落地大玻璃窗，视野开阔，空间感觉开敞明快，形成了与周围空间的融洽。在旅馆设计中也常采用以上的设计手法，利用玻璃幕墙将窗外的景色导入室内，和室内景点互相呼应，形成多层次空间。

使用玻璃隔断进行自由灵活的空间分隔是建筑空间设计中常用的手法。如英国某住宅，透过一层层的玻璃隔断，不仅可以看到庭院内的景物，还可以看到另一内部空间乃至更远的自然景色，增加空间的层次感，给人以无限深远的感觉。同一个大空间采用玻璃隔断还可以造成空间似分非分、似隔非隔的效果。

玻璃隔断在形成多向流动空间方面作用也不小，博览会展厅设计也可采用，其空间组织用纵横交错的玻璃、大理石墙把空间分隔成几部分，各部分空间又互相贯通、隔而不断，形成典型的多向流动空间。

采用镜面玻璃作为一片墙面，以假乱真，打碎空间层次，使人们心理上感觉空间开敞。这种做法在餐饮、娱乐建筑中常常见到。

（3）应用设计　玻璃作为墙体和室内装饰材料，应用部位十分广泛，设计手法千变万化。常用的设计手法如下。

① 玻璃屋面　很多建筑采用玻璃屋面，直接对室外进行大面积采光，明亮、开敞、节约能源。有的通廊采用玻璃顶，遮蔽雨雪，同时形成活跃的气氛。

② 玻璃幕墙　现代建筑中，玻璃幕墙十分流行，但要注意色彩的选择和框格的划分，以创造较好的艺术效果。

③ 玻璃顶棚　顶棚常用彩色印花玻璃顶棚，里面灯光照耀别有情趣。玻璃空心砖用于顶棚上，色彩变幻，也不失为当代装饰的一大发明。

④ 玻璃墙面　内墙面用镜面玻璃及茶色镜面玻璃，或华贵富丽，或深沉高雅。可以隐约反映周围的影像，常为装饰设计师所采用。

此外，各种形式的玻璃门、窗，镶嵌着镜面玻璃的柱子和壁柱，有色玻璃做的阳台或楼梯栏板，用于观景的玻璃电梯轿厢等做法，在建筑室内外装饰中屡见不鲜。表 4.33 列出了各种装饰玻璃的主要特点和装饰用途，可供应用设计选材参考。

表 4.33　各种装饰玻璃的主要特点及装饰用途

分类		特点	装饰用途
平板玻璃	普通平板玻璃	用引上平拉等工艺生产，透光、透视，表面平整	普通建筑工程窗
	磨砂平板玻璃	表面毛糙，光线漫反射，透光而不透明	浴室、卫生间、办公室隔断、黑板
	磨光平板玻璃	表面平整，无波筋，无光学畸变	制镜、高级建筑门窗、橱窗
	浮法平板玻璃	用浮法工艺生产，特性同磨光平板玻璃	制镜、高级建筑门窗、橱窗
	花纹平板玻璃	透漫射光，不透视花纹图案	浴室、卫生间、办公室隔断
饰面玻璃	镭射（激光）玻璃	光线的入射或人的视觉不同可产生不同色彩的图案	门窗、墙面、顶棚、地面装饰
	釉面玻璃	表面施釉，可饰以花纹图案	门厅、内外墙面
	镜面玻璃	具有镜面反射功能	制镜、内墙饰面
	拼花玻璃	用工字铅（或塑料）条拼接图案花纹	屏风、门窗、内外墙装饰
	水晶玻璃	表面晶亮光滑，强度高，化学稳定性好	内墙饰面、地坪、壁画
	彩色玻璃	各种美丽鲜艳的色彩，透明、不透明或半透明	门窗、立面装饰
	矿渣微晶玻璃	乌黑发亮，强度高，化学稳定性好	室内外立面装饰

续表

分类		特 点	装饰用途
安全玻璃	钢化玻璃	强度高,耐热冲击,破碎后成为无尖角的小颗粒	安全门窗、柜台、橱窗
	夹丝玻璃	强度高,破碎后玻璃碎片不掉落,有安全防火功能	阳台、走廊、防火门、采光顶层
	夹层玻璃	强度高,抗冲击,破碎后碎片不易脱落,耐冷热,隔声	安全门窗、橱窗、天窗、幕墙
	特厚玻璃	厚度超过12mm的玻璃,有透光性,可制成防弹、防爆玻璃	玻璃幕墙、特殊建筑物门窗
玻璃砖	玻璃空心砖	透漫射光,强度高,保温隔热	透光墙面、屋面等,艺术装饰
	玻璃锦砖(马赛克)	色彩丰富,可镶嵌各种图案	内外墙装饰大型壁画等
	泡沫玻璃	体轻、保温、隔热、防霉、防蛀、施工方便	隔热、深冷保温等
功能玻璃	吸热玻璃	吸收红外辐射能且透光性好,具有冷房效应功能	玻璃幕墙、门窗装饰
	热反射玻璃	迎光面镜面反射,背光面可透视,遮光,冷房效应	玻璃幕墙、艺术装饰
	低辐射玻璃	辐射系数低,传热系数小,保温性好	高级建筑门窗等装饰
	选择吸收玻璃	有选择地吸收或反射某一波长的光线	高级建筑门窗等装饰
	防紫外线玻璃	吸收或反射紫外线,防紫外线辐射伤害	文物、图书馆、医疗用等
	光致变色玻璃	在光照下变色,自动调节光照强度	高级建筑门窗等装饰
	中空玻璃	有保温、隔热、隔声、调制光线等效果,采用热反射,吸热,低辐射玻璃制作效果更好	寒冷地区建筑门窗、幕墙装饰
	电致变色玻璃	在一定电压下变色,调节光照强度	高级建筑门窗、广告指示牌

4.4.3 玻璃幕墙装饰

玻璃幕墙是以轻质金属边框和功能玻璃预制成模块的建筑外墙单元,镶嵌或是挂在框架结构外,作为围墙和装饰墙体。由于它大片连续、不承受荷载、质轻如幕,所以称为玻璃幕墙。国内常见的玻璃幕墙多以铝合金型材为边框,所用的功能玻璃有热反射玻璃、吸热玻璃、双层中空玻璃、夹层玻璃、夹丝玻璃及钢化玻璃等。这些玻璃各有特色,前三种为节能玻璃,后三种为安全玻璃。选用时,应根据各幕墙的要求选择合适的玻璃品种。

玻璃幕墙是当代的一种新型墙体,作为立面装饰材料,它具有自重轻、保温绝热、隔声及外观华丽的特点。它是将建筑美学、建筑功能、建筑节能和建筑结构等因素有机地统一起来的外墙装饰,使建筑物从不同角度呈现出不同的色调,随阳光、月色、灯光的变化给人以动态的美。在世界各大洲的主要城市均建有宏伟华丽的玻璃幕墙建筑,如纽约世界贸易中心、芝加哥石油大厦、西尔斯大厦都采用了玻璃幕墙。我国香港的中国银行大厦、北京长城饭店和上海联谊大厦也相继采用。

4.4.3.1 玻璃幕墙的种类与结构形式

玻璃幕墙建筑分为两种:一种是局部玻璃幕墙,这种玻璃幕墙占有一面外墙的一部分或大部分,与实墙面、墙垛相连接或横向窗相连接,构成建筑立面的一个或几个局部,其特点是重点突出,施工相对容易,工程造价也较低;另一种是全部玻璃幕墙,这种玻璃幕墙是一面或几面外墙甚至全部外墙都是玻璃幕墙组成。完全没有实墙面或其他横向窗相连接,建筑显得明净透彻，晶莹美观。

玻璃幕墙的结构形式主要有以下几种。

(1) 带框式幕墙

① 型钢框架结构体系　这种结构体系是以型钢作玻璃幕墙的骨架，将玻璃板固定在骨架上。这类玻璃幕墙结构其价格较其他金属框架便宜，而且可以充分利用钢结构强度高的特点，便于固定框架的锚固点间距调整增大，更适用于较为开敞的空间。当然也可以采用小规格型钢做成网络尺寸较小的框架结构。型钢的规格尺寸按计算确定。应用这类骨架应注意的问题是型钢骨架直接外露将影响幕墙的装饰性，可采用外包不锈钢或钛金等措施弥补这一缺陷。

② 铝合金明框结构体系　该种结构类型目前在玻璃幕墙中运用最多。这种结构体系是以特殊断面的铝合金型材作幕墙的框架，玻璃板镶嵌在框架的凹槽内，框架型材兼有龙骨及固定玻璃板的双重作用，结构构造可靠、合理，施工安装简单。铝合金型材的规格尺寸，可根据使用部位和抗风压能力通过计算来确定。

(2) 隐框式幕墙　隐框式幕墙没有嵌玻璃的铝合金框格，它完全依靠结构胶把成百上千块的玻璃粘在铝型材框架上，组合成一个大面积幕墙，玻璃间的空隙由密封胶粘接。隐框幕墙所用的玻璃必须是离子溅射镀膜玻璃，从而形成一个大的镜面反射幕墙。

隐框幕墙的玻璃所承受的水平风荷载、玻璃的自重、地震作用以及温度应力等均由粘接用的结构胶传给铝合金框架。因此，结构胶应具有较强的粘接能力和抗老化性能。结构胶的施工工艺标准、胶的技术性能、粘接节点的设计等部直接影响着隐框式幕墙的安全性。为了使玻璃和铝型材之间有较好的、可靠的粘接，设计时要考虑玻璃和铝型材框架的粘接面积大小以及结构胶与铝型材、玻璃粘接的相容性，以保证各种高度、各种重量隐框式幕墙的需要。隐框式幕墙又分为以下几种形式。

① 全隐框式幕墙　它是在铝合金构件组成的框格体系上固定玻璃框，玻璃框的上框挂在铝合金框格体系的横梁上，其余三边分别以不同方法固定在竖杆及横梁上。玻璃用结构胶预先粘贴在玻璃框上，玻璃框之间用结构密封胶密封。玻璃框及铝合金框格体系均隐在玻璃后面，形成一个大面积的玻璃墙面，颇具风采。

② 竖隐横不隐式幕墙　这种体系只有铝合金竖杆隐在玻璃后面，玻璃安放在横杆玻璃镶嵌槽内，镶嵌槽外加铝合金压板盖在玻璃外面。铝合金横杆可以承受部分玻璃自重荷载及部分风荷载，这种体系的安装制造方法，一般是在车间将玻璃粘贴在两竖边有安装沟槽的铝合金玻璃框上，将玻璃框竖边固定在铝合金框格体系的竖杆上，而玻璃上、下两横边固定在铝合金框格体系横梁的镶嵌槽中，使玻璃幕墙成为横向分隔。

③ 横隐竖不隐式幕墙　这种体系横向采用结构胶粘贴式结构性玻璃装配方法，要在车间预制，结构胶固化后运往现场，竖向采用玻璃镶嵌槽内固定，竖边由铝合金压板固定在竖杆的玻璃镶嵌槽内，形成从上到下整片玻璃由竖杆压板分隔成的条形竖向墙面。

(3) 无框架结构体系　这类幕墙结构主要用于饰面板尺寸大、刚度也大的幕墙，目前主要应用于无框玻璃幕墙。面板本身既是饰面构件，又是承重构件。因为没有框架，整个幕墙必须采用尺寸很大的大片玻璃，这样就使得幕墙的通透感更强，视线更加开阔，而且立面也更加简洁。这类玻璃幕墙又有底部支撑结构和悬挂式结构两种。当玻璃高度很大时，必须采用悬挂式结构，否则，玻璃在自重作用下会弯曲变形，影响饰面效果。悬挂式结构是以专门的吊具将大片玻璃悬吊起来的，玻璃另一侧再在侧向予以支撑约束。应该注意的是，这类幕墙的玻璃强度及刚度应经仔细复核，必要时需配置加劲肋。

4.4.3.2　玻璃幕墙装饰的设计原则

玻璃幕墙作为高层建筑立面装饰的重要手段，已成为现代建筑的重要组成部分。玻璃幕墙装饰设计要特别注重审美要求,即玻璃幕墙的艺术效果。为了达到这种效果,装饰设计应从以下几个方面给予考虑。

(1) 光和影的效果　玻璃幕墙,特别是采用镀膜玻璃的幕墙,能反射外界光线,所以装饰设计中特别要考虑所建造幕墙的光和影的效果。玻璃幕墙的光和影的效果主要表现为:建筑立面上的玻璃幕墙反射天空的色彩,因此幕墙的反射光线随早、晚、春、夏、秋、冬而不断改变幕墙的自身颜色;幕墙反射周围自然景物和其他建筑物的影子,借周围景色而丰富了自身,所以幕墙的效果与周围景色密不可分。

幕墙设计应仔细研究分析以上两个因素。对有利于建筑物自身形象的反射应充分利用;对杂乱无章的外景,应尽力避免映照在幕墙上。也就是布置幕墙时,不仅要考虑建筑物本身,而且要考虑建筑物周围的环境。对于有可能产生杂乱无章景物的部位,则不一定使用玻璃幕墙,而改为铝板、石板等实墙面。特别是建筑物的下部,往往采用实墙面,而不将玻璃幕墙做到地面。

玻璃幕墙除了对建筑物本身的艺术效果产生正面的影响外,装饰设计还应考虑它可能对周围环境产生的负面影响,即光污染问题。

① 玻璃幕墙将阳光反射到周围建筑物室内,使其他建筑物中居住、工作的人产生不愉快,甚至不能忍受光的污染,这时可改用虚实结合的分散玻璃幕墙。

② 建筑物低层部分设置玻璃幕墙,如果光反射到道路上,会妨碍驾驶员的视线,容易产生交通事故。因此正对道路交通线的墙面,低层部分可改用铝板或石板墙面。

③ 玻璃幕墙可将阳光的热量反射、集中到周边建筑物、人行道或广场上,使行人有灼热感,甚至损坏其他建筑物上的建筑材料(如密封胶、沥青材料等),因此设计落地幕墙时尽可能避免这种情况的发生,例如可采用在墙脚布置绿化树木遮挡集中的热量,改用反射率低的铝板、石板等。

(2) 玻璃幕墙的色彩　玻璃的类型和色彩是影响建筑艺术效果的至关重要的因素,装饰设计时应慎重考虑。在选择时应考虑以下因素:建筑物的性质和用途;建筑物周围的环境;业主的要求;投资额。

(3) 玻璃幕墙的造型功能　利用玻璃轻巧、透明、反光和容易适应任意几何形状的特点,可以按建筑师的要求,产生形状特异、非常规的建筑造型,实现预定的建筑效果。

4.4.3.3　玻璃幕墙结构的设计原则

(1) 结构设计的一般原则

① 幕墙主要构件应悬挂在主体结构上,斜墙和玻璃屋顶可悬挂或支承在主体结构上。幕墙应按围护结构设计,不承受主体结构的荷载和地震作用。

② 幕墙及其连接件应有足够的承载力、刚度和相对于主体结构的位移能力,避免在荷载、地震和温度作用下产生破坏或过大的变形及妨碍作用。

③ 非抗震设计的幕墙,在风力作用下其玻璃不应破碎,且连接件应有足够的位移能力,使幕墙不破损、不脱落。

④ 抗震设计的幕墙,在常遇地震作用下,玻璃不应破损;在设防烈度地震作用下,经修理后幕墙仍可使用;在罕见地震作用下,幕墙骨架不应脱落。

⑤ 幕墙构件设计时,应考虑在重力荷载、风荷载、地震作用、温度作用和主体结构位移影响下的安全性。

(2) 结构设计计算　玻璃幕墙是非承重墙,自重约 $50kg/m^3$,玻璃幕墙承受水平方向的风荷载和垂直方向的自重荷载,还要考虑地震作用和温度的影响。因此,要掌握有关材料的设计指标进行一系列的设计计算。玻璃幕墙结构设计应参照《玻璃幕墙工程技术规范》(JGJ 102—2013)进行。

① 材料的选用　要根据铝合金玻璃幕墙的高度、分格大小和不同地区的最大风荷载、地震系数及冬夏季日照最大温差等因素确定。首先要掌握 Q235 钢材、6063 铝材、硅酮（聚硅氧烷）结构胶、玻璃等材料的允许应力、允许剪应力、允许承压应力、弹性模量、线性系数和允许挠度。以上指标应以生产厂家产品说明书上的指标为准。

② 幕墙强度挠度设计计算　要验算两种极限状态效应，即正常功能极限状态和安全使用极限状态。正常功能设计应达到以下要求：幕墙不发生功能障碍，气密性、水密性不发生异常。安全设计应达到以下要求：幕墙和玻璃间的胶缝不损坏，构件在载荷后无残余变形。

③ 玻璃框架设计计算　带框式玻璃幕墙在制作框架时要考虑温度对铝材的影响，根据幕墙高宽尺寸考虑留有余量。铝材越长，冬夏季温差越大，则铝材长度变化也越大。为了保证铝合金玻璃幕墙框架牢固度，在幕墙铝型材中间加套筒型材，以保证伸缩缝因温度变化而自由变化，从而保证框架的完整性。隐框式玻璃幕墙用弹性薄板理论公式计算，计算出的最大应力和位移应不大于玻璃允许正应力和允许挠度值。还应进行玻璃翼宽度的计算及玻璃热应力验算，最后还要进行结构胶强度验算。

④ 杆件设计计算　包括铝合金框格体系竖杆简化为受弯构件而进行的强度和挠度验算，对压弯构件进行平面内、外的稳定验算及连接验算等。

⑤ 胶缝设计计算　包括风荷载效应胶缝宽度设计计算、自重效应胶缝宽度设计计算、温差效应胶缝宽度设计计算、预期变位量胶缝宽度设计计算、地震作用效应胶缝宽度设计计算。

在上述胶缝宽度计算后，取其中最大值作为设计胶缝宽度。一般胶缝最小宽度为 6mm。当计算胶缝小于 6mm 时，按 6mm 采用。还要考虑幕墙的强度、抗冲击性能、抗震性能等。

4.4.3.4　玻璃幕墙的基本性能要求

玻璃幕墙基本功能等级选定应参照国家标准《建筑幕墙》（GB/T 21086—2007），并根据建筑物所在地区的地理、气候条件、建筑物高度、体形及建筑物的重要性进行设计。玻璃幕墙的基本性能要求如下。

(1) 抗风压性能　幕墙的抗风压性能指标应根据幕墙所受的风荷载标准值 W_K 确定，其指标值不应低于 W_K 且不应小于 1.0kPa。W_K 的计算应符合《建筑结构荷载规范》（GB 50009—2012）的规定。

风压变形性能是指玻璃幕墙在与平面相垂直的风力作用下，保证正常使用功能的性能。通常采用控制幕墙构件的允许挠度值的方法来解决。挠度允许值一般在 $(1/250 \sim 1/180)L$ 之内。允许挠度值取值宜根据所确定的幕墙风压变形性能分级值而定，不宜过大，也不宜过小，否则会影响造价。风压变形性能以抗风压性能分级指标 P_3 进行分级，其分级指标应符合表 4.34 的规定。

表 4.34　建筑幕墙抗风压性能分级指标

分级代号	1	2	3	4	5	6	7	8	9
分级指标	$1.0 \leqslant P_3 < 1.5$	$1.5 \leqslant P_3 < 2.0$	$2.0 \leqslant P_3 < 2.5$	$2.5 \leqslant P_3 < 3.0$	$3.0 \leqslant P_3 < 3.5$	$3.5 \leqslant P_3 < 4.0$	$4.0 \leqslant P_3 < 4.5$	$4.5 \leqslant P_3 < 5.0$	$P_3 \geqslant 5.0$

注：1. 9 级时需同时标注 P_3 的测试值，如属 9 级（5.5kPa）。
　　2. 分级指标值 P_3 为正、负风压测试值绝对值的较小值。

(2) 水密性能　幕墙水密性能指标应按《建筑气候区划标准》（GB 50178—1993）规定的方法进行计算，III$_A$ 和 IV$_A$ 地区，即热带风暴和台风多发地区按下式计算，且固定部分不宜小于 1000Pa，可开启部分与固定部分同级。

$$p = 1000\mu_Z\mu_C\omega_0 \tag{4.3}$$

式中 p——水密性能指标，Pa；

μ_Z——风压高度变化系数，应按 GB 50009 的有关规定采用；

μ_C——风力系数，可取 1.2；

ω_0——基本风压，kPa，应按 GB 50009 的有关规定采用。

其他地区可按上述计算值的 75% 进行设计，且固定部分取值不宜低于 700Pa，可开启部分与固定部分同级。水密性能分级指标值应符合表 4.35 的要求。

表 4.35 建筑幕墙水密性能分级指标值

分级代号		1	2	3	4	5
分级指标值 Δp/Pa	固定部分	$500 \leq \Delta p < 700$	$70 \leq \Delta p < 1000$	$1000 \leq \Delta p < 1500$	$1500 \leq \Delta p < 2000$	$\Delta p \geq 2000$
	可开启部分	$250 \leq \Delta p < 350$	$350 \leq \Delta p < 500$	$500 \leq \Delta p < 700$	$700 \leq \Delta p < 1000$	$\Delta p \geq 1000$

注：5 级时需同时标注固定部分和开启部分 Δp 的测试值。

有水密性要求的建筑幕墙在现场淋水试验中，不应发生水渗漏现象。开放式建筑幕墙的水密性能可不作要求。

(3) 气密性能

① 气密性能指标应符合 GB 50176、GB 50189、JGJ 132—2001、JGJ 134、JGJ 26 的有关规定，并满足相关节能标准的要求。一般情况可按表 4.36 确定。

表 4.36 建筑幕墙气密性能设计指标一般规定

地区分类	建筑层数	气密性能分级	气密性能指标 <	
			开启部分 q_L /[m³/(m·h)]	幕墙整体 q_A /[m³/(m²·h)]
夏热冬暖地区	10 层以下	2	2.5	2.0
	10 层及以上	3	1.5	1.2
其他地区	7 层以下	2	2.5	2.0
	7 层及以上	3	1.5	1.2

② 开启部分气密性能分级指标值 q_L 应符合表 4.37 的要求。

表 4.37 建筑幕墙开启部分气密性能分级指标值

分级代号	1	2	3	4
分级指标值 q_L/[m³/(m·h)]	$4.0 \geq q_L > 2.5$	$2.5 \geq q_L > 1.5$	$1.5 \geq q_L > 0.5$	$q_L \leq 0.5$

③ 幕墙整体（含开启部分）气密性能分级指标值 q_A 应符合表 4.38 的要求。

表 4.38 建筑幕墙整体气密性能分级指标值

分级代号	1	2	3	4
分级指标值 q_A/[m³/(m·h)]	$4.0 \geq q_A > 2.0$	$2.0 \geq q_A > 1.2$	$1.2 \geq q_A > 0.5$	$q_A \leq 0.5$

④ 开放式建筑幕墙的气密性能不作要求。

(4) 保温隔热性能　保温隔热性能是指幕墙两侧存在空气温差条件下，幕墙阻抗从高温一侧传向低温一侧传热的能力。幕墙保温性能用传热系数 K 表示。建筑幕墙传热系数分级应符合表 4.39 的规定。

表 4.39　建筑幕墙传热系数分级

分级代号	1	2	3	4	5	6	7	8
分级指标值 K /[W/(m²·K)]	$K \geqslant 5.0$	$5.0 > K \geqslant 4.0$	$4.0 > K \geqslant 3.0$	$3.0 > K \geqslant 2.5$	$2.5 > K \geqslant 2.0$	$2.0 > K \geqslant 1.5$	$1.5 > K \geqslant 1.0$	$K < 1.0$

注：8 级时需同时标注 K 的测试值。

建筑幕墙传热系数应按 GB 50176 的规定确定，并满足 GB 50189、JGJ 132—2001、JGJ 134、JGJ 26 和 JGJ 75 的要求。玻璃（或其他透明材料）幕墙遮阳系数应满足 GB 50189 和 JGJ 75 的要求。幕墙传热系数应按相关规范进行设计计算。幕墙在设计环境条件下应无结露现象。对热工性能有较高要求的建筑，可进行现场热工性能试验。

幕墙的保温性能应通过控制总热阻值和选取相应的材料来解决。为了减少热损失，可以从以下三个方面改善做法：第一方面是改善采光窗玻璃的保温隔热性能，尽量选用中空玻璃，并减少开启扇；第二方面是对非采光部分采用隔热效果好的材料作后衬墙（如浮石、轻混凝土）或设置保温芯材；第三方面是做密闭处理和减少透风。

（5）隔声性能　隔声性能是指通过空气传到幕墙外表的噪声，经幕墙反射、吸收和其他路径转化后的减少量，也称为幕墙的有效隔声量。幕墙的隔声效果主要考虑隔除室外噪声。按照声音传播的质量定律，玻璃幕墙的隔声量肯定低于实体承重墙的隔声量。一般单层玻璃有效隔声量为 25~29dB，采用中空玻璃为 27~32dB。空气声隔声性能以计权隔声量作为分级指标，应满足室内声环境的需要，符合《民用建筑隔声设计规范》（GBJ 118—1988）的规定。空气声隔声性能分级指标 R_w 应符合表 4.40 的要求。开放式建筑幕墙的空气声隔声性能应符合设计要求。

表 4.40　建筑幕墙空气声隔声性能分级

分级代号	1	2	3	4	5
分级指标值	$25 \leqslant R_w < 30$	$30 \leqslant R_w < 35$	$35 \leqslant R_w < 40$	$40 \leqslant R_w < 45$	$R_w \geqslant 45$

注：5 级时需同时标注 R_w 测试值。

（6）耐撞击性能　耐撞击性能应满足设计要求。人员流动密度大或青少年、幼儿活动的公共建筑的建筑幕墙，耐撞击性能指标不应低于表 4.41 中 2 级。撞击能量 E 和撞击物体的降落高度 H 分级指标与表示方法应符合表 4.41 的要求。

表 4.41　建筑幕墙耐撞击性能分级

	分级指标	1	2	3	4
室内侧	撞击能量 E/N·m	700	900	>900	—
	降落高度 H/mm	1500	2000	>2000	—
室外侧	撞击能量 E/N·m	300	500	800	>800
	降落高度 H/mm	700	1100	1800	>1800

注：1. 性能标注时应按：室内侧定级值/室外侧定级值。例如：2/3 为室内 2 级、室外 3 级。
　　2. 当室内侧定级值为 3 级时标注撞击能量实际测试值，当室外侧定级值为 4 级时标注撞击能量实际测试值。例如：1200/1900 室内 1200N·m、室外 1900N·m。

（7）平面内变形性能和抗震要求

① 平面内变形性能　建筑幕墙平面内变形性能以建筑幕墙层间位移角为性能指标。在非抗震设计时，指标值应不小于主体结构弹性层间位移角控制值；在抗震设计时，指标值应

不小于主体结构弹性层间位移角控制值的 3 倍。主体结构楼层最大弹性层间位移角控制值可按表 4.42 的规定执行。

表 4.42 主体结构楼层最大弹性层间位移角控制值

结构类型		建筑高度 H/m		
		$H\leqslant 150$	$150<H\leqslant 250$	$H>250$
钢筋混凝土结构	框架	1/550	—	—
	板柱-剪力墙	1/800	—	—
	框架-剪力墙、框架-核心筒	1/800	线性插值	—
	筒中筒	1/1000	线性插值	1/500
	剪力墙	1/1000	线性插值	
	框支层	1/1000		
多、高层钢结构		1/300		

注:1. 表中弹性层间位移角 $=\Delta/h$,Δ 为最大弹性层间位移量,h 为层高。
2. 线性插值是指建筑高度在 150~250m 间,层间位移角取 1/800(1/1000) 与 1/500 线性插值。

平面内变形性能分级指标值 γ 应符合表 4.43 的要求。

表 4.43 建筑幕墙平面内变形性能分级指标值

分级代号	1	2	3	4	5
分级指标值 γ	$\gamma<1/300$	$1/300\leqslant\gamma<1/200$	$1/200\leqslant\gamma<1/150$	$1/150\leqslant\gamma<1/100$	$\gamma\geqslant 1/100$

注:表中分级指标为建筑幕墙层间位移角。

② 抗震要求 建筑幕墙应满足所在地抗震设防烈度的要求,抗震性能应满足《建筑抗震设计规范》(GB 50011—2010) 的要求。对有抗震设防要求的建筑幕墙,其试验样品在设计的试验峰值加速度条件下不应发生破坏。幕墙具备下列条件之一时应进行振动台抗震性能试验或其他可行的验证试验:

a. 面板为脆性材料,且单块面板面积或厚度超过现行标准或规范的限制;
b. 面板为脆性材料,且与后部支承结构的连接体系为首次应用;
c. 应用高度超过标准或规范规定的高度限制;
d. 所在地区为 9 度以上(含 9 度)设防烈度。

(8) 幕墙的防火要求 幕墙应按建筑防火设计分区和层间分隔等要求采取防火措施,设计应符合 GB 50016—2006 和 GB 50016—2014 的有关规定。

(9) 幕墙的防雷性能要求 幕墙的防雷设计应符合 GB 50057—2010 的有关规定。幕墙应形成自身的防雷体系并和主体结构的防雷体系有可靠的连接。

(10) 幕墙保养与维修的要求 幕墙表面会受到大气的污染,应定期对幕墙进行清洗,因此,设计时必须预先考虑在屋顶设置擦窗机。此外,需定期检查与维修,如螺栓是否松动,玻璃是否破损松动,密封胶和密封条是否脱落、损坏等。

以上玻璃幕墙的性能中,抗风压性、气密性和水密性是最主要的性能,其次是平面内变形性能。玻璃幕墙的一般性能检验主要是针对以上几项进行。

→ 习题与思考题

1. 玻璃的制造工艺有哪些? 各有何优缺点?
2. 玻璃的基本性质有哪些? 各受哪些因素的影响?
3. 玻璃体内常见的缺陷有哪些?

4. 玻璃制品常见的加工方法有哪些?
5. 什么是钢化玻璃? 制造原理是什么?
6. 夹层玻璃与中空玻璃有什么不同? 中空玻璃为何具有良好的隔热性和防结露性?
7. 玻璃表面镀膜的物理和化学方法主要有哪些? 可以改善玻璃的哪些性能?
8. 矿渣微晶玻璃与普通玻璃相比在性能上有何差异?
9. 何为功能玻璃? 各有何性能特点?
10. 玻璃幕墙的基本性能要求有哪些?
11. 玻璃的光学装饰效果有哪些? 设计时常考虑哪些因素?
12. 从节能的角度考虑应选择哪些品种的建筑玻璃?

第 5 章
防火材料

案例一:

随着经济飞跃发展,建筑行业也突飞猛进,高楼大厦遍地开花。随之而来在消防安全上也出现了新的问题和挑战。2009 年元宵夜央视大楼配楼发生火灾,持续燃烧 6h,西、南、东侧外墙装修材料几乎全部烧尽,过火面积达 10 万平方米。

案例二:

2009 年 12 月 5 日凌晨,俄罗斯彼尔姆边疆区首府彼尔姆市的"瘸腿马"夜总会发生火灾事故,致死人数达 100 多人,该建筑内部采用了大量的可燃性装修材料。

以以上案例为切入点,通过资料调研分析,思考造成以上重大火灾损失的主要原因有哪些?从内外装修材料的选用来分析,并与当前相关标准对照,总结以上案例中的火灾成因。

5.1 火灾与建筑防火

据统计,工业化国家每年都会发生 700 多万起火灾,其中,有七万多人死亡和 50 万~80 万人受伤。火灾引起的损失为这些国家国民生产总值(GDP)的 1%,其中 1/3 用于弥补火灾中的损失,2/3 用于开展预防措施。发生建筑火灾的原因很多,它对建筑物的破坏程度与建筑中所用的建筑材料有着密切的关系,因此,在建筑上,采用防火材料,积极选用不燃材料和难燃材料,"避免使用"会产生大量浓烟或有毒气体的易燃材料,以防为主,就能在很大程度上减少火灾对人类的危害,降低火灾造成的损失。

5.1.1 燃烧现象及其特点

5.1.1.1 燃烧和火焰

燃烧一般是指燃料和氧化剂两种组分在空间激烈地发生放热化学反应的过程。它常常伴随着发热、发光过程,即所谓"火"的现象。这个化学反应在许多场合下是氧化反应,被氧化剂所氧化(发光、发热)的物质称为燃料。含有活泼氧原子(或类似于氧原子)的组分称为氧化剂。反应所生成的物质称为燃烧产物。另外,把能够进行燃烧的燃料和氧化剂的气态混合物称为可燃混合物或可燃混合气。

火焰是在气相状态下发生的燃烧的外部表现，火焰除了具有发热、发光的特征外，还具有电离、自行传播等特征。

由于发光、发热，从而使火焰具有热和辐射的现象。火焰的辐射一部分来源于热辐射，一部分来源于化学发光辐射，还有一部分来自炽热态烟粒和碳粒的辐射。热辐射来自火焰中一些化学性能稳定的燃烧产物的光谱带，如 H_2O、CO_2 及各种碳氢化合物等。这类辐射的波长处于 $0.75\mu m \sim 0.1mm$ 之间。最强的光谱带是红外区，它由燃烧的主要产物 CO_2 和 H_2O 形成，化学发光辐射是一种由化学反应而产生的光辐射，这种发光是由于不连续辐射光谱带发射的结果，它来自电子激发态的各种组分，例如 CH、OH、XC 等自由基，这些自由基存在于火焰区中，它是在化学反应瞬时产生的。普遍认为，火焰中存在固态烟粒和碳粒发射出的连续光谱，它将使火焰辐射增强。

火焰具有电离特性。一般在碳氢化合物燃料和空气的燃烧火焰中，特别在层流火焰中的气体具有较高的电离度。某些实验发现，在电场的作用下火焰会发生弯曲、变长或变短，着火、熄火条件也会发生变化。

火焰具有自行传播的特征。火焰一旦产生，就会不断地向周围传播，直到整个反应系统反应终止。按火焰自行传播这个特点看，有两类火焰：一类是缓燃火焰（或称正常火焰），其火焰按稳定的、缓慢的速度传播（$0.2 \sim 1m/s$）；另一类是爆震火焰，其传播速度极快，达超音速（大约几千米/秒）。正常火焰是通过导热使未燃混合气温度升高（或由于扩散作用将自由原子自由地传递到未燃混合气中产生链式反应）而引起的反应加速，从而使火焰前沿不断向未燃混合气体中推进。爆震火焰是一种激波，是依靠激波的压缩作用使未燃混合气温度升高，引起剧烈的化学反应，从而使火焰前沿不断推向未燃混合气。

5.1.1.2 燃烧过程

从宏观上看，气体、液体和固体物质均可发生燃烧，如氢气、酒精和木材的燃烧就是这三类物质燃烧的典型。而从微观上看，绝大多数可燃物质燃烧并不是物质本身在燃烧，而是物质受热分解出的气体或液体的蒸气在气相中的燃烧。

由于可燃物质的聚集状态不同，其受热后所发生的燃烧过程也不同。气体最容易燃烧，其燃烧所需的热量只用于自身的氧化分解，并使其达到燃点而燃烧。液体燃烧时，火源提供的热量首先使其蒸发成蒸气，然后蒸气被氧化、分解，在气相中发生燃烧。固体燃烧的情况较为复杂。对硫、磷、萘、石蜡等物质，它们首先受火源热量的作用而熔化或升华，并蒸发成蒸气，然后蒸气被氧化而发生燃烧，其中一般没有分解过程；如果是复杂的化合物，如聚合物、木材、煤等在受热时则首先发生分解，析出气态或液态产物，然后气态产物发生氧化后着火燃烧，或者液态产物蒸发成蒸气，再发生氧化后的着火燃烧。

燃烧一旦发生后，一般需经历以下过程。

（1）初起阶段 可燃物在热的作用下蒸发析出气体、冒烟和阴燃，而后在起火部位及周围可燃物部位着火燃烧，火灾发展速度较慢。此时的火势一般不稳定，发展速度因火源、可燃物质的数量和性质、通风条件等因素的影响而差别很大。

（2）发展阶段 在这一阶段，宏观表现为火苗蹿起，火势迅速扩大，火焰包围整个可燃物体，燃烧面积达到最大限度。特点为燃烧速率快，燃烧温度高，放出强大的辐射热，气体对流加剧，风势进一步促进火势的发展。

（3）熄灭阶段 随着燃烧的进行，可燃物质逐步减少，燃烧速率逐步减缓，火场温度逐渐降低，火势逐渐衰弱，最终熄灭。

燃烧过程是一种复杂的物理、化学的综合过程，它包括燃料和氧化剂混合、扩散过程、预热、着火过程，以及燃烧、燃烬过程。燃烧的发生必须具备一定的条件，必须要有燃料和氧化剂参与，此外，还要有引起燃烧的热源。凡是能与空气中的氧或其他氧化剂起燃烧反应的物质都称为燃料，或称可燃物。根据燃烧引起的形式不同可分为自燃和引燃两种。

可燃物质由于自身的氧化反应而放出热量，使自身体系温度升高至燃点而形成的燃烧称为自燃。发生自燃时，整个物体的受热是匀速的，并逐渐达到自燃点。通常的燃烧是通过强制点燃可燃物质引起的。这种由于外界热源使物体的温度超过燃点而使燃烧发生的过程称为引燃，火灾的发生大多也是由引燃引起的。引燃时，其着火的物理本质同自燃并无区别，但其发生的过程却存在一定的差异。在整个可燃物中，燃烧过程能等概率地发生。物体自燃时，燃烧反应自加速过程发展得相当缓慢，即延迟期很长；而在引燃时，着火过程进行得相当快，由于受外界热源加热的物体虽然是局部的，但是能相当快地达到较高的温度，因此，几乎没有延迟期或延迟期很短，产生的火焰以一定的速度由发生区向整个可燃物传播。

常见的可燃物有氢气、乙炔、酒精、汽油、木材、动物毛发、纸张、塑料、橡胶、合成纤维、硫、磷、钾、钠等。凡是与可燃物结合能导致和支持燃烧的物质均为氧化剂，习惯称助燃物或助燃剂。常见的助燃剂有空气（氧气）、氯气、氯酸钾、高锰酸钾、过氧化钠等。空气是最常见的助燃物，一般情况下，可燃物的燃烧都是在空气中进行的。凡是能引起物质燃烧的能量来源均称为火源。常见的火源如明火、高温、摩擦与冲击、自然发热、化学反应热、电火花、光热射线等。

燃烧一旦开始，为什么会在短时间内蔓延成熊熊烈火，这就涉及燃烧的机理。传统的热着火理论认为，这是由于热量积聚的结果。但近代开始用自由基连锁反应理论来解释燃烧的机理。自由基连锁反应理论认为燃烧是一种自由基的连锁反应。自由基是一种极不稳定的化学物质，它们可能是原子、原子团、分子碎片或其他中间物，反应活性非常强。当燃烧体系中存在少量自由基时，这些自由基即会成为活性中心，使连锁反应发生。连锁反应一旦发生，就可以经过许多连锁步骤自动发展下去，直至反应物全部消耗完为止。而当活性中心由于某种原因消失时，连锁反应即告中断，燃烧也就停止。

以上所述的可燃物、助燃物和火源通常被称为燃烧三要素。这三个要素必须同时存在并且互相接触，燃烧才可能进行。但是，即使如此，燃烧也不一定发生。要使燃烧发生还必须满足其他一些条件，如可燃物和助燃物有一定的数量和浓度，火源要有一定的温度和足够的热量等。要使燃烧不能进行，只要将燃烧三要素中的其中任何一个因素隔绝开来即可。例如，最常见的用水扑灭火焰，一方面能隔绝燃烧物与空气中的氧接触；另一方面能降低火场的温度，从而破坏了燃烧进行的条件。用难燃或不燃的涂料将可燃物表面封闭起来，避免基材与空气接触，也可使可燃表面变成难燃或不燃的表面。

燃烧现象和燃烧速率可通过以下参数来描述。

（1）闪点　又称"闪燃点"，是指可燃性液体表面上的蒸气与周围空气的混合物与火接触，初次出现蓝色火焰的闪光时的温度。闪点是评价液体物质火灾危险性的重要参数。闪点越低，火灾危险性越大。

（2）燃点　又称"着火点"，是指可燃性液体表面上的蒸气与周围空气的混合物与火接触，产生的火焰能维持燃烧不少于5s的温度，通常比闪点高一些。燃点也是评价液体物质火灾危险性的重要参数，燃点越低，火灾危险性越大。

（3）自燃点　可燃性固体加热到一定程度能自动燃烧的最低温度，称为"自燃点"。自燃点越低的固体越容易燃烧，因此火灾的危险性越大。

（4）热分解温度　可燃性固体受热发生分解的最低温度称为"热分解温度"。热分解温度是评价可燃性固体火灾危险性的重要参数之一。热分解温度越低，火灾危险性越大。

（5）氧指数　氧指数（OI）是指在规定的试验条件下，刚好维持物质燃烧时的混合气体中氧的最低体积分数，是评价物质相对燃烧性能的一种方法。氧指数越小的物质，燃烧时对氧气的需求量越小，或者说燃烧时受氧气浓度的影响越小，因而越容易燃烧，火灾危险性越大。

5.1.1.3 燃烧中的烟雾

燃烧过程中常常会产生烟雾,这是因为虽然在发生完全燃烧的情况下,可燃物可完全转化为稳定的气相产物,但在实际的燃烧过程中,完全燃烧是很难实现的,因此会产生大量微小的固体颗粒。烟雾是一种混合物,它包括可燃物热分解或燃烧中产生的气相产物(如水蒸气、CO_2、CO、HCl等)、空气、微小的固体颗粒和液滴。烟雾具有遮光性、窒息性、毒性和高温,往往在火灾中对人员构成致命的威胁。统计结果表明,在火灾中85%以上的死亡者是死于烟雾的影响,其中大部分是吸入了烟尘窒息而死,或吸入有毒气体(如CO、HCl)中毒致死的。因此,研究燃烧中烟雾的产生、危害性、浓度和温度具有重要的现实意义。

有机物都是含碳化合物,它们燃烧的气态产物主要为CO和CO_2。CO_2通常被认为是无毒的,但当其在空气中的浓度达到1.8%或2.5%时,人就会感到窒息,呼吸速度分别提高50%和100%;浓度达7%~10%时,数分钟内人即会意识不清而死亡。CO是火灾中使人致死的主要物质,它与人体中血红蛋白的结合强度是氧的许多倍,结合后不易脱除。可使人生存的大气中的CO最高浓度是1.28%。高于此浓度时,人呼吸仅2~3次即可失去知觉,在1~3min内即可致死。CO的生成量与燃烧的完全与否密切相关。在通风良好的条件下,CO_2与CO之比要大很多。

HCl和HCN也是烟雾中使人致死的主要物质。人对环境中短时间忍受的HCl临界浓度为50μg/g。当浓度达1000μg/g时,即会有生命危险。HCN的浓度达18μg/g时,10min可使人致死,达270μg/g时立即死亡。此外,在火灾发生时,空气中的氧气大量消耗,氧浓度下降。当氧浓度降到16%以下时,人体会出现呼吸次数和脉搏次数增加,若降到10%以下时,3min即可致死。

部分有毒气体的允许浓度见表5.1。

表5.1 部分有毒气体的允许浓度

气体名称	允许浓度		气体名称	允许浓度	
	$/\times 10^{-6}$	$/(mg/m^{-3})$		$/\times 10^{-6}$	$/(mg/m^{-3})$
CO	50	35	H_2S	10	15
CO_2	5000	9000	HCN	10	11
HCl	5	7	CS_2	20	60
Cl_2	1	3	丙烷	1000	1800
NO	25	30	甲醛	5	6
NO_2	5	9	苯	25	80
SO_2	5	13	光气	0.1	0.4

5.1.2 建筑火灾的危害及特点

5.1.2.1 近年来火灾对人类造成的损失

火灾对人类社会和自然造成的破坏是非常巨大的。表5.2列举了世界上一些国家的火灾直接损失。其他来源的数据还表明,火灾造成的死亡率可占人口总死亡率的十万分之二。

表5.2 世界各国及地区火灾起数(2002~2006年)

序号	国家及地区	人口/×1000人	年均火灾/起数	年均火灾起数/1000人
1	中国	1321852	251786	0.19
2	印度	1129866	200000	0.18

续表

序号	国家及地区	人口/×1000人	年均火灾/起数	年均火灾起数/1000人
3	美国	301140	1613400	5.36
4	俄罗斯	141378	236698	1.67
5	菲律宾	91077	9877	0.11
6	越南	85262	2154	0.03
7	德国	82401	184485	2.24
8	土耳其	71159	59618	0.84
9	法国	63714	357654	5.61
10	英国	60776	489942	8.06
11	意大利	58148	211504	3.64
12	乌克兰	46300	53546	1.16
13	南非	42880	51620	1.20
14	波兰	38518	179815	4.67
15	秘鲁	28675	7445	0.26
16	乌兹别克斯坦	27780	15295	0.55
17	马来西亚	24821	27012	1.09
18	中国台湾	22859	7590	0.33
19	罗马尼亚	21537	11957	0.56
20	澳大利亚	20434	113442	5.55
21	哈萨克斯坦	15285	17340	1.13
22	希腊	10706	27391	2.56
23	葡萄牙	10643	64560	6.07
24	捷克	10229	19369	1.89
25	塞尔维亚	10150	16334	1.61
26	匈牙利	9956	24897	2.50
27	白俄罗斯	9725	11916	1.23
28	瑞典	9031	26772	2.96
29	奥地利	8200	32204	3.93
30	瑞士	7555	15126	2.00
31	保加利亚	7323	22585	3.08
32	塔吉克斯坦	7077	1727	0.18
33	约旦	6053	9867	1.63
34	丹麦	5468	16626	3.04
35	斯洛伐克	5448	11978	2.20
36	老挝	6522	118	0.02
37	芬兰	5239	14757	2.82
38	挪威	4628	12826	2.77
39	新加坡	4553	4828	1.06

续表

序号	国家及地区	人口/×1000人	年均火灾/起数	年均火灾起数/1000人
40	克罗地亚	4493	8039	1.79
41	摩尔多瓦	4321	2623	0.61
42	哥斯达黎加	4134	10126	2.45
43	新西兰	4116	22524	5.47
44	爱尔兰	4109	31051	7.56
45	阿尔巴尼亚	3601	1827	0.51
46	立陶宛	3575	18983	5.31
47	蒙古	2952	2112	0.72
48	科威特	2506	4775	1.91
49	拉脱维亚	2260	12050	5.33
50	斯洛文尼亚	2009	6571	3.27
51	合计	3872444	4154441	121.98

除了直接损失之外,还有火灾的间接经济损失、人员伤亡损失、灭火费用等也都相当大,而且有的损失和后果在短期内看不出来。根据世界火灾统计中心的研究,如果火灾的直接经济损失占国民生产总值的 0.2%,那么,整个火灾损失将占国民生产总值的 1%。近年来,我国的火灾年均连续发生次数和火灾损失都呈上升趋势,如深圳清水河危险品仓库火灾造成了上亿元人民币的损失,新疆克拉玛依友谊馆火灾、辽宁阜新艺苑歌舞厅火灾等造成了几百人的伤亡。这些火灾不仅在我国引起很大的震动,在世界上也产生了相当强的反响。

按照火灾发生的场合,火灾大体可分为城镇火灾、野外火灾和厂矿火灾等。城镇火灾包括民用建筑火灾、工厂仓库火灾、交通工具火灾等。各类建筑物是人们生产生活的场所,也是财产极为集中的地方,因此建筑火灾造成的损失十分严重,而且直接影响人们的各种活动。近年来世界范围的火灾类型与各类型火灾死亡人数见图5.1。研究这类火灾的发生和防治的规律,开发有效的防火、灭火技术,具有重要的社会和经济意义。

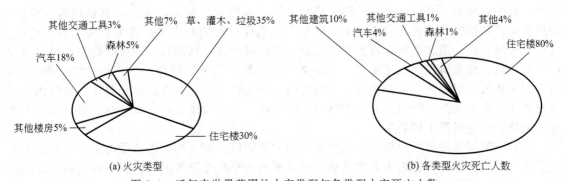

图 5.1 近年来世界范围的火灾类型与各类型火灾死亡人数

5.1.2.2 室内火灾的危害及特点

建筑物通常都具有多个房间,常称为"室",其体积的数量级约为 $10^2 \mathrm{~m}^3$,其长、宽、高的比例相差不太大。体积较小(例如仪器设备箱),或长度很长(例如铁路、公路隧道),或形状很复杂(例如矿井巷道)的空间中产生的燃烧,与普通的供人居住和工作的房间中发生的火灾存在一定差别。

在实际室内火灾中，初始火源大多数是固体可燃物起火，当然也存在液体和气体起火，但较为少见。固体可燃物可由多种火源点燃，如掉在沙发或床单上的烟头、可燃物附近异常发热的电器、炉灶的余火等。通常，可燃固体先发生阴燃，当其到达一定温度或形成适合的条件时，阴燃便转变为明火燃烧。明火出现后燃烧速率大大增加，放出的热量迅速增多，在可燃物上方形成温度较高、不断上升的火烟羽流。周围相对静止的空气受到卷吸作用不断进入羽流内，并与羽流中原有的气体发生掺混。于是，随着高度的增加，羽流向上运动总的质量流量不断增加而其平均温度则不断降低，当羽流受到房间顶棚的阻挡后，便在顶棚下方向四面扩散开来，形成沿顶棚表面平行流动的较薄的热烟气层，这一般称为顶棚射流。顶棚射流在向外扩展的过程中，也要卷吸其下方的空气。然而由于其温度高于冷空气的温度，容易浮在上部。所以，它对周围气体的卷吸能力比垂直上升的羽流小得多，这便使得顶棚射流的厚度增长不快。当火源功率较大或受限空间的高度较矮时，火焰甚至可以直接撞击在顶棚上。这时在顶棚之下不仅有烟气的流动，而且有火焰的传播，这种情况更有助于火灾蔓延。当顶棚射流受到房间墙壁的阻挡时，便开始沿墙壁转向下流。但由于烟气温度仍较高，它将只下降不长的距离便转向上浮，这是一种反浮力壁面射流。重新上升的热烟气先在墙壁附近积聚起来，达到了一定厚度时又会慢慢向室内中部扩展，不久就会在顶棚下方形成逐渐增厚的热烟气层。通常热烟气层形成后顶棚射流仍然存在，不过这时顶棚射流卷吸的已不再是冷空气，而是温度较高的烟气。所以贴近顶棚附近的温度将越来越高。如果该房间有通向外部的开口（如门和窗，通常称为通风口），则当烟气层的厚度超过开口的拱腹（即其上边缘到顶棚的隔墙）高度时，烟气便可由此流到室外。拱腹越高，形成的烟气层越厚。开口不仅起着向外排烟的作用，而且起着向里吸入新鲜空气的作用。因而它的大小、高度、位置、个数等都对室内燃烧状况有着重要影响。烟气从开口排出后，可能进入外界环境中（如通过窗户），也可能进入建筑物的走廊或与起火房间相邻的房间。当可燃物足够多时，这两者（尤其是后者）都会使火灾进一步蔓延，从而引起更大规模乃至整个建筑物的火灾。

由此可见，在室内火灾中，可燃物着火、火焰、羽流、热气层（及顶棚射流）、壁面影响和开口流动等多个分过程。在受限空间这种特定条件下，它们之间存在着强烈的相互作用。比如，由于可燃物燃烧而产生了火焰和高温烟气，火焰和高温烟气被限制在室内，使室内空间达到一定温度，同时也加热了该室的各个壁面。整个室内的热量一部分可由壁面向外导热而散失，如果有开口，还有一部分热量会被外流的烟气带走，其余的热量将蓄在室内。若所有向外导出的热量的比例不太大，则室内的温度（及壁面内表面温度）将会升得更高。这样，火焰、热气层和壁面会将大量的热量返送给可燃物，从而可加剧可燃物的气化（热分解）和燃烧，使燃烧面积越来越大，以致蔓延到其周围的可燃物体上。当辐射传热很强时，离起火物较远的可燃物也会被引燃，火势将进一步增强，室内温度将继续升高。这种相互促进最终使火灾转化为一种极为猛烈的燃烧——轰燃。一旦发生轰燃，室中的可燃物基本上都开始燃烧，会造成严重的后果。

现在按时间顺序定性分析一下室内火灾的发展阶段。着火房间内的平均温度是表征火灾强度的一个重要指标，室内火灾的发展过程常用室内平均温度随时间的变化曲线表示，还经常用可燃物的质量燃烧速率随时间的变化曲线来分析火灾的发展。这两种曲线的形状相似，不过由于后者可以考虑不完全燃烧状况和不同散热状况的影响，因而反映出的问题比前者全面。

室内火灾大体分为三个主要阶段，即：火灾初期增长阶段（或称轰燃前火灾阶段）、火灾充分发展阶段（或称轰燃后火灾阶段）及火灾减弱阶段（或称火灾的冷却阶段）。

(1) 火灾初期增长阶段　刚起火时，火区的体积不大，其燃烧状况与敞开环境中的燃烧差不多，如果没有外来干预，火区将逐渐增大。或者是火焰在原先的着火物体上扩展开，也或者是起火点附近的其他物体被引燃了不久，火区的规模便增大到房间的体积，明显影响火灾燃烧发生阶段。就是说，自这时起，房间的通风状况对火区的继续发展将发挥重要作用。在这一阶段，室内的平均温度还比较低，因为总的释热速率不高。不过在火焰和着火物体附近存在局部高温。如果房间的通风足够好，火区将继续增大，结果将逐渐达到燃烧状况与房间边界的相互作用变得很重要的阶段，即轰燃阶段。这时室内所有可燃物都将着火燃烧，火焰基本上充满全室。轰燃也标志着室内火灾由初始增长阶段转到充分发展阶段。

(2) 火灾充分发展阶段　火灾燃烧进入这一阶段后，燃烧强度仍在增加，释热速率逐渐达到某一最大值，室内温度经常会升到800℃以上。因而可以严重地损坏室内的设备及建筑物本身的结构，甚至造成建筑物的部分毁坏或全部倒塌。而且高温火焰烟气还会携带着相当多的可燃组分从起火室的开口窜出，可能将火焰扩展到邻近房间或相邻建筑物中。此时，室内尚未逃出的人员是极难生还的。

(3) 火灾减弱阶段　这是火区逐渐冷却的阶段。一般认为，此阶段是从室内平均温度降到其峰值的80%左右时开始的。这是室内可燃物的挥发大量消耗致使燃烧速率减小的结果。最后明火燃烧无法维持，火焰熄灭，可燃固体变为赤热的焦炭。这些焦炭按照同固碳燃烧的形式继续燃烧，不过燃烧速率已比较缓慢。由于燃烧放出的热量不会很快散失，室内平均温度仍然较高，并且在焦炭附近还会存在相当高的局部温度。

以上所说的是室内火灾的自然发展过程，没有涉及人们的灭火行动。实际上，一旦发生火灾，人们总是会尽力扑救的，这些行动可以或多或少地改变火灾发展进程。如果在轰燃前就能将火扑灭，可以有效地保护人员的生命安全和室内的财产设备，因而火灾初期的探测报警和及时扑救具有重要的意义。火灾进入到充分发展阶段后，灭火就比较困难了，但有效的扑救仍可以抑制过高温度的出现，控制火灾的蔓延，从而使火灾损失尽量减少。若火灾尚未发展到减弱阶段就被扑灭了，可燃物中还会含有较多的可燃挥发分，而火区周围的温度在一段时间内还会比平时高得多，可燃挥发分可能继续析出。如果达到了合适的温度与浓度，还会再次出现有焰燃烧。

在建筑火灾中，高层建筑的火灾问题日益引起社会的关注。一是近年来我国城市中高层建筑的数量增长很快；二是高层建筑的火灾危险大，一旦发生火灾，如果控制不及时，火势蔓延迅猛，扑救困难，造成损失严重，后果影响大。

5.2　建筑材料的燃烧性能和阻燃机理

5.2.1　材料防火要求

(1) 材料在高温下的力学性能　材料在高温下的力学性能表示材料受火后，其力学性能与温度的变化关系，对其进行研究可以了解各种材料发生破坏时的强度，即材料在火灾中所能承受的最高温度。这里说的破坏，是指材料失去承载能力、出现裂缝或穿孔。例如，钢材本身为不燃性衬料，但钢结构在着火15min左右就会因丧失强度而破坏，尽管钢材本身为不燃性材料。但从防火角度而言，它并非具有好的防火性能，所以要考虑其在高温下的力学性能。

(2) 材料的导热性能　该性能表示材料的导热能力，通过试验，可知当材料一侧受火后，另一侧温度的变化情况。比如，混凝土隔墙板，显然该墙板是不可燃的，但如果当墙的一侧着火后，另一侧温度很快升高，那么，靠近该侧的可燃材料也必将会引燃，这样，就会因隔墙板的导热性能而使火灾面积扩大。因此，即使是非燃烧体，如果其具有较强的导热能力，那么该材料也不具有较好的防火性能。

(3) 材料的燃烧性能　此性能主要通过材料的可燃程度及对火焰的传播速率来确定。材料的燃烧速率是材料燃烧性能的一个非常重要的数据。如果材料具有较大的燃烧速率，那么在火灾发生后，火焰就会迅速蔓延。各种可燃性材料其燃烧速率是不同的。它与许多因素有关（如通风状态、材料形状等）。材料的燃烧性能是评价材料防火性能的一项重要指标。

(4) 材料的发烟性　材料的发烟性是指建筑材料在燃烧或热解作用中，所产生的悬浮在大气中可见的固体和液体微粒。固体微粒就是碳粒子，液体微粒主要指一些焦油状的液滴。材料燃烧时的发烟性大小，直接影响能见度，从而使人从火场中逃生变得困难，也影响消防人员的扑救工作。建筑防火最重要的目的之一是尽量减少火灾中人员的伤亡。而对于材料来说，如果材料燃烧时产生了大量烟雾，就会使逃生者视线受阻，使逃生变得更加困难，并加剧了恐慌心理，同时也不利于消防人员的救灾抢险，另外，烟气的大量出现还会使人员神志丧失甚至窒息而死，造成更大危害。据资料报告，在许多火灾中，大量的死难者并非被烧死，而是由于烟气窒息而死。因此，考虑材料的防火性能时必须重视材料的发烟性能。

(5) 材料的潜在毒性　材料燃烧时的毒性包括建筑材料在火灾中受热发生热分解释放出的热分解产物和燃烧产物对人体的毒害作用。统计资料表明，火灾中死亡的人员，主要是中毒所致，或先中毒昏迷而后烧死，直接烧死的只占少数。据国外统计，建筑防火中人员死亡80%为烟气中毒，这一比例在我国要小一些。其原因是，我国建筑中化学建材的发展尚较落后，随着我国化工产业的发展，对材料潜在毒性更不应忽视，在研究材料的防火性能时对于材料的潜在毒性一定要加以高度重视。

在讨论材料的防火性能时绝不能只片面地考虑材料是否具有可燃性，而必须综合考虑上述五方面的因素。当然，由于材料的种类、使用环境等均不相同，在考虑其防火性能时又应有所侧重。如对于混凝土、砖石和钢材等材料，由于它们都是无机材料（属不燃性材料），且在建筑中主要用于承重结构，因此在考虑其防火性能时重点在于其高温下的力学性能及其导热性能；而对于塑料、木材等材料，由于其为有机材料（属可燃性材料）且在建筑中主要起装饰作用，所以在考虑其防火性能时则应侧重于其燃烧性能、发烟性能及潜在毒性性能。所以，只有对材料进行综合分析和有所侧重的研究，才能使我们对材料的防火性能有一个较全面的认识。

5.2.2　材料燃烧性能分级

建筑材料的燃烧性能是指材料燃烧或遇火时所发生的一切物理和化学变化，其中着火的难易程度、火焰传播快慢以及燃烧时的发热量，均对火灾的发生和发展具有较大的影响。

5.2.2.1　国外建材燃烧性能分级情况

美国主要采用 ASTM-E-84 试验方法考察材料的火焰传播指数和发烟指数，根据指数值分为：Ⅰ级、Ⅱ级和Ⅲ级。而日本没有单独制定材料燃烧性能的分级标准，材料燃烧性能要求是分布在《建筑基准法》中的，其中将材料燃烧性能划分为不燃、准不燃和阻燃（难燃）三个等级。三个等级均可用锥形量热计测得的材料总热释放量和最大热释放量予以确定［不燃级也可用 ISO-1182 试验方法替代，准不燃级和阻燃（难燃）级也可用 ISO-CD-17431 试验方法替代］，另外有的情况下还附加毒性试验。欧盟颁布统一的分级标准后《建筑制品和构件的火灾分级　第一部分：用对火反应试验数据的分级》（EN-13501-1：2002），材料燃烧性能分为 A1、A2、B、C、D、E 和 F 七个等级。

5.2.2.2　中国建筑材料燃烧性能分级情况

根据《建筑材料及制品燃烧性能分级》（GB 8624—2006），建筑材料燃烧性能分为 A1、A2、B、C、D、E、F 等若干级。其中包括不燃性建筑材料、难燃性建筑材料、可燃性建筑材料和易燃性建筑材料。燃烧性能为某一等级的制品被认为满足低于该等级的任一等级的全部要求。

(1) 不燃性建筑材料　在空气中受到火烧或高温作用时不起火、不微燃、不炭化。如花岗石、大理石、水磨石、水泥制品、混凝土制品、石膏板、石灰制品、黏土砖、玻璃、陶瓷、马赛克、钢材、铝合金制品等。

（2）难燃性建筑材料　在空气中受到火烧或高温作用时难起火、难微燃、难炭化，当火源移走后，燃烧或微燃立即停止。如纸面石膏板、水泥刨花板、难燃胶合板、难燃中密度纤维板、难燃木材、硬质PVC塑料地板、酚醛塑料等。

（3）可燃性建筑材料　在空气中受到火烧或高温作用时，立即起火或微燃，而且火源移走以后仍继续燃烧或微燃。如天然木材、木制人造板、竹材、木地板、聚乙烯塑料制品等。

（4）易燃性建筑材料　在空气中受火烧或高温作用时，立即起火，且火焰传播速率很快。如有机玻璃、赛璐珞、泡沫塑料等。

5.2.2.3 建筑物的耐火等级

众所周知，对于使用功能、重要程度和层数多少等不同的建筑物，其对火灾的危险性是有差异的，因此就存在区别对待的问题。通用的做法就是将各种类建筑物人为地划分成若干个耐火等级。我国的《建筑设计防火规范》（GB 50018—2006）将民用建筑的耐火等级按其构件的燃烧性能和耐火极限分为四级，见表5.3。

表5.3　建筑物构件的燃烧性能和耐火极限　　　　　　　　　　单位：h

名称		耐火等级			
	构件	一级	二级	三级	四级
墙	防火墙	不燃烧体 3.00	不燃烧体 3.00	不燃烧体 3.00	不燃烧体 3.00
	承重墙	不燃烧体 3.00	不燃烧体 2.50	不燃烧体 2.00	不燃烧体 0.50
	非承重外墙	不燃烧体 1.00	不燃烧体 1.00	不燃烧体 0.50	燃烧体
	楼梯间的墙 电梯井的墙 住宅单元之间的墙 住宅分户墙	不燃烧体 2.00	不燃烧体 2.00	不燃烧体 1.50	难燃烧体 0.50
	疏散走道两侧的隔墙	不燃烧体 0.75	不燃烧体 1.00	不燃烧体 0.50	难燃烧体 0.25
	房间隔墙	不燃烧体 0.75	不燃烧体 0.50	难燃烧体 0.50	难燃烧体 0.25
柱		不燃烧体 3.00	不燃烧体 2.50	不燃烧体 2.00	难燃烧体 0.50
梁		不燃烧体 2.00	不燃烧体 1.50	不燃烧体 1.00	难燃烧体 0.50
楼板		不燃烧体 1.50	不燃烧体 1.00	不燃烧体 0.50	燃烧体
屋顶承重构件		不燃烧体 1.50	不燃烧体 1.00	燃烧体	燃烧体
疏散楼梯		不燃烧体 1.50	不燃烧体 1.00	不燃烧体 0.50	燃烧体
吊顶（包括吊顶格栅）		不燃烧体 0.25	难燃烧体 0.25	难燃烧体 0.15	燃烧体

建筑物的耐火等级是与构件的耐火强度和所用的材料情况密切相关的。所谓构件的耐火极限是指在标准耐火实验条件下，建筑构件、配件或结构从受到火的作用时起，到失去稳定性、完整性或隔热性时止的这段时间，用小时（h）表示。建筑构件的耐火极限决定了建筑物在火灾中的稳定程度及火灾发展快慢，其判定条件如下。

(1) 失去稳定性　构件在实验过程中失去支撑能力或抗变形能力。

外观判断：墙发生垮塌；梁板变形大于 $L/20$；柱发生垮塌或轴向变形大于 $A/100$（mm）或轴向缩变形速率超过 $3h/1000$（mm/min）。受力主筋温度变化：16Mn 钢，510℃。

(2) 失去完整性　适用于分隔构件，如楼板、隔墙等。失去完整性的标志：出现穿透性裂缝或穿火的孔隙。

(3) 失去绝热性　适用于分隔构件，如墙、楼板等；失去绝热性的标志（下列两个条件之一）：

① 试件背火面测温点平均温升达 140℃；

② 试件背火面测温点任一点温升达 180℃。

建筑构件耐火极限的三个判定条件，实际应用时要具体问题具体分析。例如，分隔构件（隔墙、吊顶、门窗）判定条件为失去完整性或绝热性；承重构件（梁、柱、屋架）为失去稳定性；承重分隔构件（承重墙、楼板）为失去稳定性或完整性或绝热性。

耐火极限的概念直接给我们一个构件耐火能力的度量，耐火极限值的确定取决于建筑物的用途、重要程度、火灾后的可修程度以及钢筋混凝土构件（包括墙体构件）实际的耐火水平。

5.2.2.4　建筑材料常规防火性能检验项目

为保证建筑物的安全，要求建筑防火材料必须提供必要的防火功能，规定其常规检验项目，见表 5.4。

表 5.4　建筑防火材料常规检验项目

材料（产品）名称	一般复验项目	其他检验项目
防火涂料	涂料在容器中的状态、外观与颜色、涂层干燥时间、附着力、柔韧性、耐冲击性、耐水性、耐火性能	—
防火门、防火窗	材质与配件、外观质量、尺寸与形位公差、启用灵活性、耐火极限	—
防火卷帘	材质与配件、外观质量、主要零部件尺寸公差、帘板、导轨、门楣、座板、传动装置、电气、卷门机、耐火性能	—
防火板	外观质量、尺寸偏差、力学性能、耐火性能	含水率、单位面积质量
防火膨胀密封件	外观质量、尺寸及偏差、膨胀性能、耐液体介质性能、耐火性能、防烟性能	力学性能
防火玻璃	外观质量、尺寸偏差、透光度、弯曲度、耐火性能、耐热性能、耐寒性能、耐辐射性能	力学性能
非承重防火隔墙	构成隔墙的材料、外观质量、尺寸偏差、组装质量、耐火性能、力学性能	防火玻璃隔墙的防火玻璃、镶嵌框架质量及尺寸偏差

5.2.2.5　防火性能检验的主要试验方法

(1) 不燃性试验（GB/T 5464）　该试验用于确定不会燃烧或不会明显燃烧的建筑制品，而不考虑这些制品的最终应用形态。该试验用于燃烧性能等级 A1、$A1_{fl}$、$A1_L$ 和（或）A2、$A2_L$、$A2_{fl}$。

（2）燃烧热值试验（GB/T 14402） 该试验测定制品完全燃烧后的最大热释放总量，而不考虑这些制品的最终应用形态。测定总热值（PCS）和净热值（PCI）。该试验用于燃烧性能等级 A1、$A1_{fl}$、$A1_L$ 和（或）A2、$A2_{fl}$、$A2_L$。

（3）单体燃烧试验（GB/T 20284） 该试验评价在房间角落处，模拟制品附近有单个燃烧体火源的火灾场景下，制品本身对火灾的影响。该试验用于燃烧性能等级 A2、B、C、D、$A2_L$、B_L、C_L、D_L。在某些规定条件下该试验也可用于 A1 级。

（4）可燃性试验（GB/T 8626） 该试验评价在与小火焰接触时制品的着火性。该试验用于燃烧性能等级 B、C、D、E、B_{fl}、C_{fl}、D_{fl}、E_{fl}、B_L、C_L、D_L、E_L。

（5）评定铺地材料燃烧性能的辐射热源法（GB/T 11785） 该试验确定火焰在试样水平表面停止蔓延时的临界热辐射通量。该试验用于铺地材料燃烧性能等级 $A2_{fl}$、B_{fl}、C_{fl}、D_{fl}。

（6）材料产烟毒性试验（GB/T 20285） 该试验测定材料充分产烟时无火焰烟气的毒性，适用于 A2、B、C、$A2_{fl}$、B_{fl}、C_{fl}、$A2_L$、B_L、C_L 等的附加级别。

5.2.3 阻燃材料与阻燃体系

5.2.3.1 阻燃体系工作机理

大部分有机聚合物的持续燃烧是由三个阶段组成的。首先聚合物转化成可燃性气体，然后这些产物在周围含氧化剂的气氛中燃烧，最后部分燃烧热返回到固状聚合物上，使聚合物中可燃性的产物持续地补充到火焰中去以维持燃烧。从燃烧过程看，要达到阻燃目的，必须切断由可燃物、热和氧气三要素构成的燃烧循环。

阻燃体系的工作机理一般认为有三种。

（1）凝聚相机理 指在凝聚相中延缓或中断阻燃材料热分解而产生的阻燃作用，下述几种情况的阻燃均属于凝聚相阻燃。

① 阻燃剂在凝聚相中延缓或阻止可产生可燃气体和自由基的热分解。

② 阻燃材料中比热容较大的无机填料，通过蓄热和导热使材料不易达到热分解温度。

③ 阻燃剂受热分解吸热，使阻燃材料温升减缓或中止。

④ 阻燃材料燃烧时在其表面生成多孔炭层，此层难燃、隔热、隔氧，又可阻止可燃气进入燃烧气相，致使燃烧终止，为维持继续燃烧，膨胀型阻燃剂即按此机理阻燃。

具体通过以下方法实现。

① 添加能在固相中阻止聚合物热分解产生自由基链的添加剂。

② 加入各种无机填料。

③ 添加吸热后可分解的阻燃剂，如水合三氧化铝等。

④ 在聚合物材料表面罩以非可燃性的保护涂层。

膨胀型阻燃剂即按此机理阻燃，工业上大量使用的氢氧化铝及氢氧化镁均属于此类阻燃剂。

（2）气相机理 指在气相中使燃烧中断或延缓链式燃烧反应的阻燃作用，下述几种情况下的阻燃都属于气相阻燃。

① 材料受热或燃烧时能产生自由基抑制剂，从而使燃烧链式反应中断。

② 阻燃材料受热或燃烧时生成细微粒子，它们能促进自由基相互结合以终止链式燃烧反应。

③ 阻燃材料受热或燃烧时释放出大量的惰性气体或高密度蒸气，前者可稀释氧和气态可燃物，并降低此可燃气的温度，致使燃烧中止；后者则覆盖于可燃气上，隔绝它与空气的接触，因而使燃烧窒息。

可采用以下手段来实现。

① 在热的作用下能释放出活性气体化合物的阻燃剂。

② 在聚合物燃烧过程能形成细微烟离子的添加剂。

③ 分解时能释放出大量惰性气体的添加剂。

④ 某些情况下，加入的添加剂受热后，并不发生化学变化，只是释放出重质蒸气，窒息火焰。

（3）中断热交换机理　维持持续燃烧的一个重要条件是部分燃烧热必须反馈到聚合物上，以便使聚合物不断受热分解，以提供维持燃烧所需的燃料源。中断热交换机理指将阻燃材料燃烧产生的部分热量带走，致使材料不能维持热分解温度，因而不能维持产生可燃气体，于是燃烧自熄。例如，当阻燃材料受强热或燃烧时可熔化，而熔融材料易滴落，因而将大部分热量带走，减少了反馈至本体的热量，致使燃烧延缓，最后可能终止燃烧。所以，易熔融材料的可燃性通常都较低，但滴落的灼热液滴可引燃其他物质，增加火灾危险性。

5.2.3.2　阻燃体系

阻燃剂有多种类型，按使用方法分为添加型阻燃剂和反应型阻燃剂。添加型阻燃剂主要是通过在可燃物中添加阻燃剂发挥阻燃剂的作用。反应型阻燃剂则是通过化学反应在高分子材料中引入阻燃基团，从而提高材料的抗燃性，起到阻止材料被引燃和抑制火焰的传播的目的。在阻燃剂类型中，添加型阻燃剂占主导地位，使用的范围比较广，约占阻燃剂的85%，反应型阻燃剂约占15%；按所含阻燃元素的不同可将阻燃剂分为卤系阻燃剂、磷系阻燃剂、氮系阻燃剂等几类；按组分的不同可分为无机盐类阻燃剂、有机阻燃剂和有机、无机混合阻燃剂三种。下面按照阻燃元素分类介绍主要的阻燃体系的工作原理。

（1）卤系阻燃剂　卤系阻燃剂是阻燃剂中最有效的一类。但是这种阻燃剂会严重污染环境，相关法律已经做出了限制。其反应机理就是在燃烧过程的气相中干扰自由基链反应。

卤系阻燃剂的阻燃机理如下。

① 初始受热的状态下，卤系阻燃剂发生热分解，吸收部分热量，以达到冷却降温的目的。

② 释放出不燃气体 HX，它们的密度大于空气，排走了空气，形成屏障，使聚合材料的燃烧速率减缓或使燃烧熄灭，起到气相屏蔽的阻燃效果。

③ 卤系阻燃剂在燃烧温度下分解出 HX，与燃烧链反应生成的 HO· 发生反应，产生低能量的卤系自由基 X· 和 H_2O，X· 与烃类反应再产生 HX，如此循环就起到终止连锁反应的作用。

④ 燃烧中聚合物产生滴淌现象，从而带走一部分的火焰，等于切断部分热源，达到阻燃的目的。

（2）磷系阻燃剂　该类阻燃剂大多是有机和无机磷化合物。火灾发生时，这些阻燃剂会脱水生成一层玻璃状物质，阻断氧气供给。含磷聚合物燃烧后成炭率比相应聚合物高出许多，而且磷含量较低时就能取得很好的阻燃效果。磷系阻燃高聚物的阻燃机理主要为凝聚相阻燃和气相阻燃。凝聚相阻燃即阻燃剂受热分解生成磷的含氧酸，这类酸能催化含烃基化合物的脱水成炭，降低材料的质量损失速率和可燃物的生成量，而磷大部分残留于炭层中。气相阻燃即燃烧生成挥发性的磷化合物在气相中抑制燃烧链式反应。

这其中，无机磷阻燃剂的研究和使用已有很长的历史。在1820年左右，科学家利用磷酸铵、氯化铵、硼酸等无机化合物配置成适用于纤维素的阻燃剂，并成功地在巴黎剧院的幕布上进行阻燃作用。无机磷阻燃剂主要包括红磷和各种磷酸盐、磷酰胺以及磷-氮基化合物等。

当含有机磷阻燃剂的高聚物受热时，有机磷分解生成磷的含氧酸（包括它们中的某些聚合物），这种酸能催化含羟基的化合物脱水成炭覆盖在表面形成隔离层，此隔离层隔热、隔氧，同时，由于此隔离层导热性差，使高聚物温度较低，从而起到阻燃作用。

（3）氮系阻燃剂　含氮阻燃剂受热放出 CO_2、NO_2、N_2、NH_3、H_2O 等不燃气体，可以冲淡可燃气体，覆盖、环绕在聚合物周围，隔断聚合物与空气中氧气的接触，同时氮气能捕捉高能自由基，抑制聚合物的持续燃烧，从而达到阻燃目的。这类阻燃剂通常与磷系阻燃剂一起使用，它们能稳定聚合物中磷的键合作用。燃烧过程中形成的交联结构，有助于炭化作用。

常用的氮系阻燃剂有三聚氰胺、三聚氰胺氰尿酸（MCA）等。其中，MCA 的阻燃机理是物理方面的：三聚氰胺的升华吸热为 960J/g，氰尿酸的分解吸热为 15.5kJ/g，因此可以降低燃烧热而起到阻燃作用，同时 MCA 产生的惰性气体稀释了可燃气体，而且还可以改善复合材料的流动性，增加滴落现象，使燃料缺乏，也起到了阻燃作用。

（4）膨胀型阻燃剂　膨胀型阻燃剂体系是由酸源、碳源和膨胀剂组成的，其阻燃机理是形成一层隔热的碳质泡沫层，使混合物膨胀。它是一个多相系统，含有固体、液体和气态产物。碳层阻燃性质主要体现在：使热难于穿透凝聚相，阻止氧气进入燃烧区域，阻止降解生成的气态或液态产物溢出材料表面。

可膨胀石墨（EG）是近年来出现的一种具有代表性的膨胀型阻燃剂，它由天然石墨经化学处理而成。其阻燃机理为：在瞬间受到 200℃ 以上高温时，由于吸留在层型点阵中的化合物分解，石墨会沿着结构的轴线呈现数百倍的膨胀，并在 1100℃ 时达到最大体积，体积最大可扩大 280 倍，利用这一特性，在火灾发生时通过体积瞬间扩大将火焰熄灭。

（5）矿物型阻燃剂　氢氧化铝或氢氧化镁被作为矿物型阻燃剂使用，其阻燃机理是释放化学结合水，以冷却聚合物，并稀释可燃气体。具有热稳定性好，无毒，不挥发，不产生腐蚀性气体，透明度和着色性好，资源丰富，价格便宜等优势。其使用量在所有阻燃剂中占第一位。氢氧化铝用量越大、越细，阻燃效果越好。一般用于环氧树脂、不饱和聚酯树脂、聚氨酯、聚乙烯、ABS、硬质 PVC 中。

矿物型阻燃剂的阻燃机理如下。

① 当温度升至 250～300℃ 时，氢氧化铝便大量吸热并释放出水汽，使高聚物温升速率减慢，降解减缓。

② 氢氧化铝受热分解释放出的水汽，冲稀了可燃性气体，减慢燃烧速率。

③ 氢氧化铝失水、吸热降温，使高聚物不能充分燃烧，在表面形成炭化保护膜，既阻挡了氧气的进入，也阻挡了可燃性气体的逸出。

典型的矿物型阻燃剂氢氧化铝在 205～230℃ 下受热分解放出结晶水，吸收大量的热，产生的水蒸气降低了聚合物表面燃烧速率，稀释了 O_2，降低可燃性气体的浓度，从而达到阻燃的目的。新生的耐火金属氧化物（Al_2O_3）具有较高的活性，它会催化聚合物的热氧交联反应，在聚合物表面形成一层炭化膜，炭化膜会减弱燃烧时的传热、传质效应，从而起到阻燃的作用。另外，氧化物还能吸附烟尘颗粒，起到抑烟作用。该阻燃剂还具有阻涎滴，促炭化，不挥发，不渗出，能长期保留在聚合物中等功效。氢氧化镁与氢氧化铝在原理上基本相似，同样具有阻燃、抑烟的作用。

（6）其他阻燃剂　主要是含硼砂的产品或纳米复合材料。硼砂通常与其他阻燃剂一起使用。在火灾中，该类阻燃剂的水分被消耗掉，形成一层玻璃状物质。纳米复合材料中最常见的是黏土复合材料，这类阻燃剂适合用于塑料制品领域，有助于炭化反应。

具有代表性的无机阻燃剂如硼酸锌的阻燃机理为气相和凝聚相阻燃机理。硼酸锌在温度高于 300℃ 时可失去结晶水，起到吸热冷却作用；硼酸锌中的锌约有 38% 以氧化锌或者氢氧化锌的形式进入气相，对可燃性气体进行稀释，使其燃烧速率降低，进一步增加其阻燃性；在卤素化合物的作用下，生成卤化硼、卤化锌，抑制和捕获游离的羟基，组织燃烧连锁反应；同时形成固相覆盖层，隔绝周围的氧气，阻止火焰继续燃烧并具有抑烟作用。

5.2.3.3 阻燃剂的制备

无机阻燃剂是目前使用最多的一类阻燃剂，它的主要组分是无机物，应用产品主要有氢氧化铝、氢氧化镁、磷酸铵、氯化铵、硼酸等。有机阻燃剂的主要组分为有机物，主要产品有卤系、磷酸酯、卤代磷酸酯等。有机、无机混合阻燃剂是无机盐类阻燃剂的改良产品，主要用非水溶性的有机磷酸酯的水乳液，部分代替无机盐类阻燃剂。这几类具有代表性的阻燃剂制备方法各有不同。

(1) 氢氧化铝阻燃剂的制备方法

① 水热合成法 活性铝粉与水接触，达到反应条件时会发生剧烈反应，最终产物为极细的灰白色粉末，反应产物均为 $Al(OH)_3$，用此方法可制备出平均粒径在 80nm 以下的粉末。

② 尿素水解中和法 将铝灰等和硫酸作用制成硫酸铝溶液，净化除杂后加入适量尿素，在不断搅拌下加热进行水解，制成氢氧化铝。将所得的沉淀经表面处理后则得到氢氧化铝阻燃剂成品。主要的化学反应如下。

$$Al_2O_3 + 3H_2SO_4 = Al_2(SO_4)_3 + 3H_2O$$

$$Al_2(SO_4)_3 + 3CO(NH_2)_2 + 9H_2O = 2Al(OH)_3 \downarrow + 3(NH_4)_2SO_4 + 3CO_2 \uparrow$$

③ 种分法 在铝酸钠溶液中加入一定粒度的氢氧化铝"细种子"，在一定的分解温度下，种分一段时间，然后进行过滤、洗涤、烘干，对产品进行分级。

④ 碳分法 在过饱和铝酸钠溶液中通入混合二氧化碳气体进行分解，在一定的分解工艺制度下可以制得氢氧化铝晶体。

⑤ 机械粉碎法 机械粉碎法是将普通冶金级氢氧化铝经洗涤、烘干后采用气流磨或球磨将其加工成微粉。机械法生产的微粉氢氧化铝粒度较粗且粒度分布范围较宽，颗粒形貌不规则，最大颗粒粒度可达几十微米，产品使用性能差，抗折强度、延伸率较低，与采用化学法生产的氢氧化铝相比，其氧指数小，阻燃效果差。

(2) 氢氧化镁阻燃剂的制备方法 氢氧化镁，简称 MH，属于添加型无机阻燃剂，与同类无机阻燃剂相比，除使高分子材料获得优良的阻燃效果之外，还能抑制烟雾和卤化氢等毒性气体的生成，即氢氧化镁具有阻燃、消烟和填充三重功能，同时赋予材料无毒性、无腐蚀性等特点。

氢氧化镁阻燃剂的生产方法如下。

① 氢氧化钙法 以卤水或其他可溶性镁盐为原料，使其与石灰乳反应，生成氢氧化镁沉淀，反应方程式如下。

$$MgCl_2 + Ca(OH)_2 = CaCl_2 + Mg(OH)_2 \downarrow$$

该方法的优点是：氢氧化钙廉价易得，有较高的工业应用价值，产品粒度小（通常低于 $0.5\mu m$）。

其缺点是：要求原料含镁浓度低，同时原料中不能含有硫酸盐（将形成石膏一同析出），生成的 $Mg(OH)_2$ 聚附倾向大，容易生成胶体，极难过滤；另外还易吸附硅、钙、铁、硼等杂质离子，产品纯度低。而要达到较高的纯度，就必须增加成本。

因此，该方法只适于对纯度要求不太高的行业使用，如烟道气脱硫、废水中和等。

② 氨法 其基本原理是以卤水或水镁石为原料，以氨水作沉淀剂进行反应，生成沉淀氢氧化镁，反应方程式如下。

$$MgCl_2 + 2NH_3 \cdot H_2O = 2NH_4Cl + Mg(OH)_2 \downarrow$$

氨法是生产氢氧化镁的一个重要方法。液氨或氨水与卤水反应的特点是生成的氢氧化镁结晶度高，沉降速度快，易于过滤和洗涤，产品纯度高，过滤后的母液还可以回收利用。但由于氨的挥发性，造成操作环境较差。

③ 氢氧化钠法　氢氧化钠法以卤水或其他可溶性镁盐为原料，使其与氢氧化钠反应，生成氢氧化镁沉淀，反应方程式如下。

$$MgCl_2 + 2NaOH == 2NaCl + Mg(OH)_2\downarrow$$

该工艺操作简单，产物的形貌、结构、粒径和纯度易于控制，附加值大，适于制备高纯微细产品。但氢氧化钠是强碱，采用该法时，如果条件不当，会使生成的氢氧化镁粒径偏小，容易带入杂质，给产物性能控制和过滤带来困难，必须严格控制其条件。

(3) 磷酸酯类阻燃剂的制备方法

① 烷基化反应　将计量好的催化剂加入到烷基化反应釜内，然后通入计量好的熔融苯酚，待其冷却到一定温度后，在搅拌的情况下通入丙烯气体，反应釜夹套内通入蒸汽，使反应釜中的温度维持在105～115℃，压力保持常压状态，直至反应结束。反应产物趁热抽出，送酯化车间。丙烯由烷基化装置罐区丙烯储罐经过泵装入丙烯钢瓶，灌装过程自动计量，钢瓶通过人工从烷基化装置罐区运来，与丙烯气化罐连接，经过气化的丙烯进入丙烯缓冲罐，最后进入反应釜。

反应原理为：$C_6H_6O + C_3H_6 == C_9H_{12}O$。

② 酯化反应　将烷基化车间反应完全的溶液趁热抽入已经加热干燥并计量好的催化剂的酯化反应釜中，夹套内通冷却水使其冷却到50℃，在搅拌的情况下，投入计量好的三氯氧磷，夹套内通入蒸汽，将釜内温度缓慢升至155℃，压力保持在常压状态下，并维持温度到反应结束，将反应完全的溶液抽入精馏釜中。在酯化反应过程中产生的氯化氢气体，经降膜吸收器吸收生产盐酸，将达到相应浓度的盐酸输送至盐酸储罐储存。

反应原理为：$POCl_3 + 3C_9H_{12}O == C_{27}H_{33}O_4P + 3HCl\uparrow$。

③ 蒸馏　由酯化车间来的粗酯送入蒸馏锅内，用电加热或炭加热，在真空状态下，提高粗酯温度。100℃左右最先蒸馏出来的是水分，经列管冷凝器冷凝后进入脱水罐；140℃左右蒸馏出来的是低沸物，经列管冷凝器冷凝后进入低沸物收集罐；250℃左右蒸馏出来的是中馏分，经列管冷凝器冷却凝进入中馏分收集罐；300℃左右蒸馏出来的是成品，经列管冷凝器冷凝后进入成品收集罐，每一批次生产完成后，由成品泵送至成品储罐。成品经过滤器过滤后包装外售。对于产品质量要求高的产品，需先把常温下的成品送至水洗工段进行水洗，除去产品中的水溶性杂质后，用真空抽至高位成品罐，然后自流至切片机切片后外售。

5.3　防火板材

随着人口逐渐增加，建筑工程不断增加，而且档次越来越高，相应的建筑防火装饰板材需求量也越来越大。装饰板材基本分两大类，一类是以木质或天然植物纤维为基材的有机装饰板材，因中国和世界各国对建筑物防火要求越来越高，这类可燃板材被严格限制使用；另一类为不燃的无机板材。目前常用的建筑防火板有如下几类。

5.3.1　FC 纤维水泥加压板

以各种纤维和水泥为主要原料，经抄取成型、加压、蒸养等工序制成，主要用于工业与民用建筑中的外墙、内墙板、吊顶板、通风管道以及地下室、卫生间等潮湿部位的墙板或吊顶板。其性能见表5.5。

表 5.5 FC 纤维水泥加压板的性能

项目	单位	指标	与国际标准(ISO 396/1-30)规定项目比较
抗折强度(横向)	MPa	28	达到国际标准
抗折强度(纵向)	MPa	20	达到国际标准
抗冲击强度	kg·cm/cm^2	2.5	国际标准无此项目
吸水率	%	17	国际标准无此项目
表观密度	g/cm^3	1.8	达到国际标准
不透水性	经24h地面无水滴现象		国际标准无此项目
抗冻性	经25次循环冻融无破裂现象		国际标准无此项目
耐火极限	77min(6mm板,中间用轻龙骨岩棉填充)		
隔声指数	50dB(6mm板厚复合墙体)		

5.3.2 泰柏墙板

该板由板块焊接钢丝笼和泡沫聚苯乙烯芯材组成,其主要性能如下。

(1) 质量 泰柏板自重 3.9kg/m^2,抹面后约为 90kg/m^2,比半砖墙轻约 64%。

(2) 强度

① 轴向允许载荷 2.44m 和 3.66m 高的泰柏墙,其轴向允许载荷分别为 7440kg/m 和 6250kg/m。

② 横向允许载荷 高度或跨度为 2.44m 和 3.05m 的泰柏墙的横向允许载荷分别为 195kg/m^2 和 122kg/m^2。

(3) 防火性能

① 泰柏板的两面均涂以 20mm 厚的水泥砂浆层时,其耐火极限为 1.3h。

② 泰柏板之间均涂以 3.15mm 厚的水泥砂浆层再粘贴 30mm 厚的石膏板时,其耐火极限可达 5h。

(4) 保温隔热性 泰柏墙的热阻约为 0.744m^2·h·K/kcal,用作围护结构时常可节省一部分取暖或空调的能源(1kcal=4.18kJ)。

(5) 隔声性能 100mm 厚泰柏墙建造的住房,其相邻间隔在互相关闭的情形下,1/3 倍频程声音阻隔效果实测值为 41～44dB。

5.3.3 纤维增强硅酸钙板

纤维增强硅酸钙板(简称硅钙板)是用粉煤灰、电石泥等工业废料为主,采用天然矿物纤维和其他少量纤维材料增强,以圆网抄取法生产工艺制作,经高压釜蒸养而制成的轻质、防火速筑板材。

其主要性能:抗折强度>7.8MPa;抗冲击强度>1.5kg·cm/cm^2;表观密度 0.9～1.1g/cm^2;热导率 0.18W/(m·K);耐火极限 1.2h;隔声性 45dB;湿胀率 0.035%;干缩率 0.03%。

5.3.4 纸面石膏板

纸面石膏板(简称石膏板)是以石膏及其他掺加剂为夹芯,以板纸作为护面制成的薄板。具有质轻、强度高、抗震、防火、防虫蛀、隔热、隔声、可加工性好以及装修美观等特点。以龙骨为骨架组成的墙体,可省去土建砌筑、抹灰等湿法作业,并具有施工快、劳动强度小、增加使用面积等优点,是一种理想的新型建筑墙体材料。

其主要技术指标如下。

(1) 表观密度 750～900kg/m³。

(2) 强度 12mm 厚的石膏板,纵向抗弯荷载＞50kg,横向抗弯荷载＞2.5kg(400mm×300mm 试件,简支跨距 350mm,集中加荷)。

(3) 耐火性 石膏板是不燃体,用酒精喷灯向 12mm 厚的石膏板一面剧烈加热时,其反面温度在 20min 内低于木材着火点(230℃),且试体的任何部位不出现明火。

(4) 热导率 0.167kcal/(m·h·℃),1kcal=4.18kJ。

(5) 隔声性 石膏板与龙骨组成不同构造形式的隔墙,其隔声可达 35～50dB。

(6) 抗撞击性 10kg 砂袋,1m 落差,连续 8 次无破坏。

(7) 干湿变形 纸面石膏板尺寸稳定,相对湿度在 70% 以下时,其尺寸变化仅为 0.09%,基本不受冷热变化影响。

5.3.5 石棉水泥平板

石棉水泥平板是以石棉纤维与水泥为主要原料,经压制、养护而成的薄型建筑平板,具有防火、防潮、防腐、耐热、隔声、绝缘等性能,板面质地均匀,着色力强,并可进行锯、钻、钉加工,施工简便。其规格性能见表 5.6。

表 5.6 石棉水泥平板的规格性能

一般规格/mm			技术性能			备注
长度	宽度	厚度	项目		指标	
1800～3000	900	6	表观密度/(g/cm³)		＞1.6	采用湿法真空辊压工艺
			横向抗折强度/MPa	300	＞30.0	
				200	＞20.0	
			横向抗冲击强度/(kJ/m²)	300	＞1.96	
				200	＞1.44	
			横向抗拉强度/MPa	300	17.8	
				200	14.4	
			吸水率/%		＜22	
			浸水线膨胀率/%		0.068～0.173	
			抗冻性(25 次冻融循环)		合格	
			不透水性(30cm H₂O)		合格	
1500～3000	900～1000	5～8	表观密度/(g/cm³)		＞1.8	采用干法辊压工艺
			横向抗折强度/MPa		19.0	
			横向抗冲击强度/(kJ/m²)		＞2.88	
			横向抗拉强度/MPa		11.0	
			浸水线膨胀率/%		＜15	
			抗冻性(25 次冻融循环)		＜10	
			不透水性(30cm H₂O)		0.133	

注:1cm H₂O=98.07Pa。

用石棉水泥板制作复合隔墙板,一般采用石棉水泥板和石膏板复合的方式,主要用于居室与厨房、厕所之间的隔墙,靠居室一侧用石钎板,靠厨房、厕所一面用石棉水泥板(板面经防水处理），复合用的龙骨可用石膏龙骨或石棉水泥龙骨，两面板材和龙骨用胶黏剂黏结。

5.3.6 菱镁防火板

菱镁防火板的主要原材料是氧化镁和氯化镁以及粉煤灰、农作物秸秆等工农业废弃物，同时添加耐水、增韧、防潮、早强等多种复合型改性剂制成，解决了返卤泛霜及耐水性差的难题，具备了高强、防腐、无虫蛀、防火等木材所没有的特性，可以满足人们不同层次的生活和生产需要。

菱镁防火板的技术指标如下。

(1) 表观密度　$1.15g/cm^3$。
(2) 含水率　10.9%。
(3) 抗折强度　14MPa。
(4) 耐水性　24h不粉化，表面无变化。
(5) 氧指数　大于90%。

5.4 防火涂料

防火涂料是一类能降低可燃基材火焰传播速率，或阻止热量向可燃物传递，进而推迟或消除基材的引燃过程，或者推迟结构失稳或机械强度降低的涂料。防火涂料本身是不燃的或难燃的，不起助燃作用，其防火原理是涂层能使底材与火隔离，从而延长热侵入底材和到达底材另一侧所需的时间，即延迟和抑制火焰的蔓延作用。防火涂料用作建筑的防火保护，对防止初期火灾和减缓火势的蔓延扩大，保障国家和人民生命财产的安全，推动消防事业发展，具有特别重要的意义。

防火涂料在我国的研究、开发和应用已有40多年的历史。我国从20世纪60年代末开始防火涂料的研制。70年代中期，公安部四川消防科学研究所研制成功膨胀型聚丙烯酸酯乳液防火涂料，此后又相继研制成功膨胀型改性氨基防火涂料、膨胀型过氯乙烯防火涂料（1983年）以及硅酸盐钢结构防火涂料（1985年）。90年代以来，饰面型防火涂料和钢结构防火涂料的品种不断增多。至今我国已发展形成钢结构防火涂料、饰面型防火涂料、电缆防火涂料和预应力混凝土制品防火涂料等多个类型、数十个品种的防火涂料产品体系。

防火涂料除了应具有普通涂料的装饰作用和对基材提供的物理保护作用外，还需要具有隔热、阻燃和耐火的特殊功能，要求它们在一定温度和一定时间内形成防火隔热层。对于可燃材料，防火涂料能推迟或消除可燃基材的引燃过程，引燃过程侵入底材所需的时间越长，涂层的防火性能越好。因此，防火涂料的主要作用应是阻燃，在起火的情况下，防火涂料就能起防火作用；对于不燃性基材，防火涂料能降低基材温度升高的速率，推迟结构的失稳过程。

因此，防火涂料是一种集装饰和防火为一体的特种涂料，例如主要用作建筑物的钢结构防火涂料，当涂覆于钢材构件表面后，应具有良好的装饰作用，又能使物体有一定的耐火能力，同时，还具有防腐、防锈、防水、耐酸碱、耐候、耐水、耐盐雾等功能。一旦发生火灾，防火涂料具有显著的防火隔热效果，能有效地阻止火焰的传播，阻止火势的蔓延扩大。而对于饰面型防火涂料，除了优异的隔热防火性能外，涂层的色泽、光泽、硬度和附着力等性能也是重要的考察指标。

5.4.1 建筑防火涂料的组成与分类

5.4.1.1 建筑防火涂料的组成

建筑防火涂料的组成除一般涂料所需的成膜物质、颜料、溶剂以及催干剂、增塑剂、固化剂、悬浮剂、稳定剂等助剂以外，还需添加一些特殊的阻燃、隔热材料。

5.4.1.2 建筑防火涂料的分类

(1) 按基料性质来分类　根据防火涂料所用的基料性质，可分为有机型防火涂料、无机型防火涂料和有机无机复合型防火涂料三类。有机型防火涂料是以天然的或合成的高分子树脂、高分子乳液为基料；无机型防火涂料是以无机黏结剂为基料；有机无机复合型防火涂料的基料则是以高分子树脂和无机黏结剂复合而成的。

(2) 按分散介质来分类　可分为溶剂型防火涂料和水性防火涂料。溶剂型防火涂料的分散介质和稀释剂采用有机溶剂，常用的如烃类化合物（环己烷、汽油等）、芳香烃化合物（甲苯、二甲苯等）、酯、酮、醚类化合物（醋酸丁酯、环己酮、乙二醇乙醚等）。溶剂型防火涂料存在易燃、易爆、污染环境等缺点，其应用日益受到限制。水性防火涂料以水为分散介质，其基料为水溶性高分子树脂和聚合物乳液等。生产和使用过程中安全、无毒，不污染环境，因此是今后防火涂料发展的方向。

(3) 按涂层受热后分类　可分为非膨胀型防火涂料和膨胀型防火涂料。非膨胀型防火涂料又称隔热涂料，这类涂料在遇火时涂层基本上不发生体积变化，而是形成一层釉状保护层，起到隔绝氧气的作用，从而避免延缓或中止燃烧反应。这类涂料所生成的釉状保护层的热导率往往较大，隔热效果差。因此为了取得较好的防火效果，涂层厚度一般较大，也称为厚型防火涂料。膨胀型防火涂料在遇火时涂层迅速膨胀发泡，形成泡沫层。泡沫层不仅隔绝了氧气，而且因为其质地疏松而具有良好的隔热性能，可有效延缓热量向被保护基材传递的速率。同时涂层膨胀发泡过程中因为体积膨胀等各种物理变化和脱水、磺化等各种化学反应也消耗大量的热量，因此有利于降低体系的温度，故其防火隔热效果显著。该涂料未遇火时，涂层厚度较小，故也称为薄型防火涂料。

(4) 按使用目标来分类　可分为饰面性防火涂料、钢结构防火涂料、电缆防火涂料、预应力混凝土楼板防火涂料、隧道防火涂料、船用防火涂料等多种类型。其中钢结构防火涂料根据其使用场合可分为室内用和室外用两类，根据其涂层厚度和耐火极限又可分为厚质型、薄型和超薄型三类。

厚质型防火涂料一般为非膨胀型的，厚度为5～25mm，耐火极限根据涂层厚度有较大差别。薄型和超薄型防火涂料通常为膨胀型的，前者的厚度为2～5mm，后者的厚度小于2mm。薄型和超薄型防火涂料的耐火极限一般与涂层厚度无关，而与膨胀后的发泡层厚度有关。

5.4.2 建筑防火涂料的防火机理

5.4.2.1 非膨胀型防火涂料

(1) 难燃型防火涂料　难燃型防火涂料又可称为阻燃涂料。这类涂料或自身难燃，或遇火自熄，因此具有一定的防火性能。难燃型防火涂料通常由两部分组成，即难燃型树脂和阻燃剂。用作难燃型防火涂料的树脂可分为两大类，一类为含大量无机填料的聚醋酸乙烯酯乳液或聚丙烯酸酯乳液等难燃型基料；另一类为含卤树脂，如干性油加氯化石蜡、氯化橡胶、氯化醇酸树脂、氯化聚乙烯树脂、偏氯乙烯树脂、聚氯乙烯树脂、五氯苯酚型酚醛树脂等。难燃型防火涂料中常用的阻燃剂有三氧化二锑、硼酸钠、偏硼酸钡、氢氧化铝、氢氧化镁、氯化石蜡、氧化铬等。其中三氧化二锑与含卤素化合物的复合阻燃剂的应用最为广泛。

难燃型防火涂料的作用机理显然是由于涂层难燃而阻挡了火势的蔓延。以氯化聚乙烯树脂/三氧化二锑/含卤化合物构成的防火涂料为例，其防火机理可作如下解释。

自由基引发的连锁反应是燃烧过程得以加剧和蔓延的本质。例如有机化合物的燃烧被认为主要是羟基自由基在燃烧中放出大量的热量并引发连锁反应的结果，即：

$$CO + OH \cdot \longrightarrow CO_2 + H \cdot \quad \text{(放热)}$$
$$H \cdot + O_2 \longrightarrow OH \cdot + O_2 \quad \text{(连锁反应)}$$

由于难燃型防火涂料中含有较多的卤素阻燃剂和树脂，受热时会分解出活性自由基。这些自由基与燃烧物分解出的自由基结合，可中断连锁反应，使燃烧速率降低或使燃烧终止，反应式如下。

$$OH \cdot + HX \longrightarrow H_2O + X \cdot$$
$$X \cdot + RH \longrightarrow HX + R \cdot$$
$$R \cdot + R \cdot \longrightarrow R - R$$

另外，当涂料受热时，来自聚合物结构或者来自含卤素化合物的卤素与三氧化二锑发生反应，生成三氯化锑或三溴化锑，它们能捕捉燃烧反应中形成的 $H \cdot$ 和 $HO \cdot$ 自由基，并促使炭化层形成，从而达到阻燃灭火的效果。

(2) 隔热型防火涂料　隔热型防火涂料通常为厚质型涂料，在这类防火涂料中，成膜物质和添加剂均为不燃型物质，因此一般不再添加阻燃剂或防火助剂。隔热型防火涂料的组成主要有难燃性树脂（或无机黏结剂，如水泥、水玻璃等）、无机隔热材料（如蛭石、膨胀珍珠岩、矿物纤维）等。它不会燃烧，热导率小，涂覆于建筑物表面可起到隔绝空气的作用，并能阻隔热量的传递和阻止火源入侵基材。

隔热型防火涂料主要是通过以下途径发挥防火作用的。一是涂层自身的难燃性或不燃性；二是在火焰或高温作用下分解释放出不可燃性气体（如水蒸气、氨气、氯化氢、二氧化碳等），冲淡空气中的氧和可燃性气体，抑制燃烧的产生和火势的蔓延；三是在火焰或高温条件下形成不可燃性的无机"釉膜层"，这种釉膜层结构致密，能有效地隔绝氧气，并在一定时间内发挥一定的隔热作用。

隔热型防火涂料在燃烧初期可有效起到降低火焰传播速率的作用，一旦火势旺盛便会失去作用。因此，这类涂料一般用于防火要求较低的建筑物。隔热型防火涂料的防火性能与厚度有关，通常使用厚度在 5~50mm 之间，耐火极限为 0.5~3h。隔热型防火涂料有完全不燃烧、不发烟的特点，且价格低廉、无毒。但其附着力及力学性能较差，易龟裂、粉化，涂层装饰性不强。

5.4.2.2　膨胀型防火涂料

(1) 膨胀型防火涂料的组成　膨胀型防火涂料的防火助剂主要由酸源、碳源和发泡剂三部分组成。其中，酸源一般为能在一定温度下放出无机酸的盐类物质（如磷酸盐），它是使涂层脱水形成炭化发泡层的催化剂；发泡剂一般为含氮的化合物，如脲、双氰胺、三聚氰胺等，这类物质在一定温度下能分解产生 N_2、NH_3、NO_x 等气体，促使涂层发泡膨胀；碳源即炭化剂，一般为含羟基的富碳化合物。它们在酸的催化作用下失水而炭化，为发泡层提供炭质骨架，使发泡层形成疏松的结构。构成膨胀防火体系的酸源、碳源和发泡剂三者是缺一不可的，它们在膨胀发泡和阻火隔热过程中起着"协同"效应。从 1948 年第一份膨胀型防火涂料专利问世后，膨胀型防火涂料的研究已经日趋成熟，其防火助剂体系目前已基本上形成了 P-C-N 体系和无机阻燃膨胀体系两大类。

P-C-N 体系主要包含以磷酸盐（P）为代表的脱水成炭催化剂、富碳有机化合物（C）类的成炭剂和含氮化合物（N）类的发泡剂。

① 脱水成炭催化剂　理论上凡是受热能分解产生具有脱水作用的酸的化合物均可作为防火涂料的脱水成炭催化剂，如磷酸、硫酸、硼酸等的盐、酯和酰胺类化合物。磷酸的铵盐是最常用的脱水成炭催化剂。这类物质在高温下能脱氨生成磷酸，继而生成聚磷酸。聚磷酸能与多羟基化合物发生强烈的酯化反应并脱水，形成炭层。作为膨胀型防火涂料的关键组分，脱水成炭催化剂的主要功用是促进涂层的热分解进程，通过脱水使涂层转变为不易燃的

三维炭层结构，减少热分解产生的可燃性焦油、醛、酮的量。

早期采用的脱水成炭催化剂主要为磷酸铵、磷酸氢二铵和磷酸二氢铵等，但因这些磷酸铵类化合物的水溶性较强，在涂料成膜后会逐渐结晶析出，影响涂料的长期防火效果，故目前已较少使用。

现在普遍采用的脱水成炭催化剂有聚磷酸铵（APP）、磷酸三聚氰胺（MP）、磷酸脲、磷酸胍、磷酸三甲苯酯、烷基磷酸酯及硼酸酯等。

聚磷酸铵是膨胀型防火涂料中最常用的脱水成炭催化剂，聚合度从 20～1000 不等。耐水性随聚合度增加而提高，聚合度为 20 时尚有一定的水溶性，聚合度大于 20 后耐水性逐步提高，其中，尤以聚合度为 500～1000 时的耐水性较为理想。

② 成炭剂　成炭剂的作用是在涂层遇火后，能在脱水成炭催化剂的作用下脱水形成炭化层，为最终形成的发泡层提供骨架支撑。常用的成炭剂主要有以下几大类：a. 碳水化合物，如淀粉、葡萄糖、纤维素等；b. 多元醇化合物，如三梨醇、季戊四醇（PER）、二季戊四醇、三季戊四醇等；c. 含羟基树脂性物质，如脲醛树脂、氨基树脂、聚氨酯树脂、环氧树脂等。

成炭剂的成炭效果与它的碳含量、羟基数目有关。碳含量决定其炭层的厚度，羟基含量则决定其脱水速率。一般情况下宜采用高碳含量、低羟基含量的物质作为炭化剂较为适宜。另外，成炭剂的成炭效果还与它们的分解温度有关，一般来说，成炭剂的分解温度应略高于脱水成炭催化剂的分解温度，这样才能有效保证脱水成炭催化剂的催化作用。如采用 APP 作为脱水成炭催化剂时，应该采用热稳定性较高的季戊四醇或二季戊四醇配合使用。若此时选用淀粉作为脱水成炭催化剂，则不能形成理想的膨胀炭层。

③ 发泡剂　防火体系中常用的发泡剂有三聚氰胺、双氰胺、尿素、六亚甲基四胺、脲醛树脂、聚酰胺、聚脲、氯化石蜡等，它们在遇火受热时分解释放出 HCl、NH_3、H_2O 等不燃性气体，使熔融的涂层发泡膨胀形成海绵状泡沫炭层。有时，为了加强防火涂料的阻燃效果，采用两种或多种发泡剂并用，如防火涂料中同时使用含氯与含磷阻燃剂，不仅可以从固相到气相广泛抑制燃烧的进行，而且由于氯、磷燃烧时生成 PCl_3、POC_3 等化合物，产生阻燃协同效应。

(2) 膨胀型防火涂料防火机理　无机膨胀型防火涂料是以水玻璃等碱金属硅酸盐为基料和发泡基体，添加其他材料所组成。膨胀型防火涂料成膜后，常温下与普通漆膜无异。但在火焰或高温作用下，涂层可剧烈发泡炭化，形成一个比原涂膜厚几十倍甚至几百倍的难燃的海绵状炭质层。它可以有效隔绝外界火源对底材的直接加热，从而起到阻燃的作用。

① 膨胀炭化层的形成过程及防火原理　膨胀型防火涂料的涂层在受火时首先软化和熔融。发泡剂受热分解释放出气体，气体的逸出使软化的涂层鼓泡膨胀，体积增大。与此同时，酸源物质也发生分解而释放出游离酸，并与多元醇成炭剂反应，使多元醇脱水而酯化。随着这一过程的进行，膨胀发泡层逐渐转化为炭化物质的隔热层。膨胀发泡层中绝大部分的炭是由所含的炭化材料经酸作用脱水而获得的。在该过程中，要求发泡剂分解产生气体，酸源分解释放出酸类物质，碳源材料脱水炭化，这三个步骤在变化的温度方面要基本协调一致。

根据上述原理，要求涂层中树脂基料的软化温度不能太低或太高。软化温度太低，发泡剂尚未释放出气体时树脂已经软化熔融，泡孔无法形成。软化温度太高，则发泡剂释放出气体时树脂尚未软化，也不可能形成泡孔。理想的情况应是在发泡剂开始分解释放出气体的同时树脂开始软化，且软化后的树脂应有一定的黏度，流动性不能太好，否则也不易形成稳定的泡孔。

防火涂层发泡后，发泡层比原先的涂层增厚了几十倍，而热导率却大幅度降低。因此，通过泡沫炭化层传给基材的热量只有未膨胀涂膜的几十分之一至几百分之一，从而能有效地阻止外部热源对基材的直接加热作用。另外，在火焰或高温下，涂层发生的软化、熔融、蒸发、膨胀等物理变化，以及聚合物、填料等组分发生的分解、降解、化合等化学变化也能吸收大量的热能，抵消一部分外界作用于物体的热，从而对被保护基材的受热升温过程起延滞作用。涂层在高温下分解出不燃性气体，能稀释可燃物质在热分解时产生的可燃性气体及氧气的浓度，也有助于抑制燃烧的进行。此外，涂层在高温下发生脱水成炭反应和熔融覆盖作用，能隔绝空气，使基材转化为炭化层，避免了氧化放热反应的发生。

② 无机填料的影响　除上述泡沫炭化层的影响之外，无机膨胀型防火涂料中一般还使用较大量的填料，主要有氢氧化铝、硼砂、碳酸钙、滑石粉、高岭土等。这些填料在受热分解时一方面能吸收大量热量，可降低火场的温度；另一方面，硼砂、氢氧化铝等物质在受热时会产生大量的水汽或二氧化碳，在受保护材料周围形成惰性屏障，可减缓燃烧速率。

无机填料对膨胀型防火涂料的性能有非常重要的影响，首先，无机填料的加入使发泡层的强度得以提高，避免了发泡层被火焰冲破或发泡层脱落等现象。其次，这些无机填料不仅能使涂料膨胀发泡层变得致密，而且它们在受火甚至在持续的火焰作用下，不会分解成为气体化合物而烧失，以它们的稳定性而使膨胀发泡层经久耐烧。另外，选择无机填料与卤素阻燃剂混合使用往往可产生高效的阻燃隔热效果。例如，加入无机填料硼酸锌，当接触火源时，与加入的卤素阻燃剂（如四溴双酚 A）反应生成气态溴化硼、溴化锌，并释放出结晶水。

$$2ZnO \cdot 3B_2O \cdot 3.5H_2O + 22RBr \rightleftharpoons 2ZnBr_2 + 6BBr_3 + 11R_2O + 3.5H_2O$$

同时，燃烧时产生的溴化氢继续与硼酸锌反应生成溴化硼和溴化锌。

$$2ZnO \cdot 3B_2O \cdot 3.5H_2O + 22RBr \rightleftharpoons 2ZnBr_2 + 6BBr_3 + 14H_2O$$

上述反应产生的溴化硼和溴化锌可以捕捉气相中反应活性强的 $H \cdot$ 和 $HO \cdot$，中断燃烧的链反应，在同相中能促进生成致密而又坚固的炭化层，使膨胀发泡层经久耐烧。另外，硼酸锌在 300℃ 以上时陆续释放出大量的结晶水，起到吸热、降温作用，对基材提供有效的、持久的防火隔热保护。

膨胀型防火涂料与非膨胀型防火涂料相比，两者都对火焰传播都有抑制作用，但仅从隔热性能看，膨胀型防火涂料优于非膨胀型防火涂料。膨胀型防火涂料受火后，可膨胀为原来厚度的 5～10 倍，最大可达 100～200 倍，而且热导率也因此比固态涂层小 10 倍左右。总的结果是，膨胀后涂层的导热量可比膨胀前减少 1000～2000 倍，由此可见，膨胀型防火涂料的防火性能在某种程度上优于非膨胀型防火涂料。

5.4.3　饰面型防火涂料

饰面型防火涂料是涂刷在建筑物的易燃基材（如木材、纤维板、纸板等）表面，起防火保护和装饰作用的一种专用涂料。饰面型防火涂料集装饰和防火为一体，当将它涂覆于易燃基材上时，平时可起一定的装饰作用，一旦火灾发生时，则具有阻止火势蔓延的作用，从而达到保护可燃基材的目的。

5.4.3.1　饰面型防火涂料分类

木结构（饰面型）防火涂料有膨胀型和非膨胀型两类，目前实际应用的均为膨胀型防火涂料。按分散介质类型的不同，可分为溶剂型和水性两类。

溶剂型木结构（饰面型）防火涂料是指以有机溶剂作分散介质的一类饰面型防火涂料，其成膜物质一般为合成的有机高分子树脂。用于溶剂型防火涂料成膜物质的树脂主要有酚醛树脂、过氯乙烯树脂、氯化橡胶、聚丙烯酸酯树脂、改性氨基树脂等。一般以 200 号溶剂汽油、二甲苯、醋酸丁酯等为溶剂。在上述高分子化合物中加入发泡剂、成炭剂和成炭催化剂等组成防火体系。受火时形成均匀而致密的蜂窝状或海绵状的炭质泡沫层，对可燃基材有良好的保护作用。

水性木结构（饰面型）防火涂料是指以水作为分散介质的一类饰面型防火涂料，其成膜物质可以是合成的有机高分子树脂，也可以是经高分子树脂改性的无机胶黏剂。用于水性饰面防火涂料成膜剂的高分子合成树脂主要有聚丙烯酸酯乳液、氯乙烯—偏二氯乙烯乳液（氯偏乳液）、氯丁橡胶乳液、聚醋酸乙烯酯乳液、苯丙乳液、水溶性氨基性树脂、水溶性酚醛树脂和水溶性三聚氰胺甲醛树脂等，其中乳液型饰面防火涂料居多。无机胶黏剂主要有水玻璃、硅溶胶等。在上述水性高分子化合物或经高分子改性的无机胶黏剂中加入发泡剂、成炭剂和成炭催化剂等组成防火体系，受火时可形成均匀而致密的蜂窝状或海绵状的炭质泡沫层，对可燃基材具有良好的保护作用。

5.4.3.2 膨胀型木结构（饰面型）防火涂料的防火原理和技术要求

膨胀型木结构（饰面型）防火涂料一般由合成的有机高分子树脂为主体，树脂本身可能带有一定量的阻燃基团和能发泡的基团，再适当加入少量的发泡剂、成炭剂和成炭催化剂等组成防火体系。

（1）膨胀型木结构（饰面型）防火涂料的防火原理　膨胀型木结构（饰面型）防火涂料的防火原理与前面介绍过的膨胀型建筑防火涂料基本相似，依靠基料和防火助剂之间的协同作用膨胀发泡，形成具有蜂窝结构的泡沫层，从而具有良好的隔热作用。此外，发泡过程中的吸热作用也使材料周围的环境温度降低，有利于抑制木结构材料的燃烧。由于其大多数为溶剂型涂料，自身在完全干燥之前还是会燃烧，有些还会产生火焰。因此常常需要在体系中加入一些阻燃剂，如氯化石蜡、四溴双酚A、氢氧化氯、硼酸锌等，以提高涂层自身的阻燃性。

（2）膨胀型木结构（饰面型）防火涂料的技术要求　木结构（饰面型）防火涂料的技术要求，根据国家标准《饰面型防火涂料通用技术标准》（GB 12441—1998）的规定，如表5.7和表5.8所示。

表5.7　木结构（饰面型）防火涂料的理化性能指标

项目		指标
在容器中的状态		无结块，搅拌后呈均匀液态
细度/μm		90
干燥时间/h	表干	≤5
	实干	≤24
附着力/级		3
柔韧性/mm		3
冲击强度/N·cm		196
耐水性		经24h实验，不起皱，不剥落，气泡在标准状态内基本恢复，允许轻微失光和变色
耐湿热性		经48h，涂膜无起泡，无脱落，允许轻微失光和变色

表5.8　木结构（饰面型）防火涂料的防火性能和分级

项目		指标和级别	
		一级	二级
耐燃时间/min		≥20	≥10
火焰传播比值		≤25	≤75
耐火性	质量损失/g	≤5	≤15
	炭化体积/cm^3	≤25	≤75

(3) 常见膨胀型木结构（饰面型）防火涂料名称、性能及用途　常见防火涂料名称、性能及用途汇总列于表5.9。

表5.9　常见防火涂料名称、性能及用途

名称	说明及用途	技术性能		
ST1-钢结构防火涂料	是用特质膨胀保温蛭石、无机胶结材料和防火添加剂与复合化学助剂配制而成。该涂料可作为建筑钢结构和钢筋混凝土结构梁、柱墙和楼板的防火阻挡层	干表观密度：(400 ± 40)kg/m³ 劈裂抗拉强度：0.08MPa 抗压强度：0.045MPa 热导率：0.0862W/(m·K) 耐火性能：涂层厚2.8cm时，耐火极限为3h		
84型钢构件防火涂料		耐火性能：涂层厚1.8cm时，耐火极限为1.5h		
LG钢结构防火隔热涂料	用于工业与民用建筑中的钢结构。喷涂于钢构件表面时，能起防火保护作用	抗压强度：0.3~0.5MPa 耐火性：2000h，无异常 腐蚀性：pH值12左右，不腐蚀钢铁 热导率：0.091~0.105W/(m·K) 防火隔热性：涂层厚30~35mm时，耐火极限为2.5~3h		
TN-LB钢结构膨胀防火涂料	该涂料是有机与无机相结合的乳胶膨胀防火涂料，不含石棉，遇火灾时能迅速膨胀5~10倍，形成一层较结实的防火隔热层，使钢构件在火灾中受到保护，不至于在短时间内造成结构坍塌	防火性能：涂层厚4mm时，耐火时间90min 抗震性：在1/100挠度下反复自由剧烈震动多次，涂层不开裂、脱落 抗弯性：钢构件弯曲到挠度1/50时，涂层无裂纹产生		
GJ-1钢结构薄层膨胀防火涂料	该涂料是薄层防火涂料，涂层薄而耐火极限高，主要用于大型工字钢、角钢、球形网架等各种承力钢结构的防火保护。可广泛用于高层建筑、大跨度厂房、宾馆、体育馆、车站、码头等公共设施及各类建筑物的钢结构表面	(1)耐火极限。仅涂层厚4mm就相当于厚浆型防火涂料涂层厚30mm的耐火极限 (2)附着力强。固化后坚硬而富有一定弹性，不会因撞击而碎裂、脱落 (3)耐候性好。经165个周期冻融实验，无开裂、鼓泡、脱落现象 (4)抗震性好。在频率为12Hz状态下，经$>10^4$次震动实验，涂层无龟裂、脱落现象		
TN-LG钢结构防火隔热涂料	是以改性无机高温黏结剂配以空心微珠、膨胀珍珠岩等吸热、隔热及增强材料和化学助剂合成的一种防火喷涂材料。该涂料适于高层建筑、石油化工、电力、冶金、国防、轻纺、交通运输及库房等各类建筑物中的承重钢构件的防火保护	黏结强度：0.05~0.07MPa		
		耐水性：水泡3000h，无溶损分离		
		热导率：0.091~0.105W/(m·K)		
		防火性能		
		涂层厚/mm		耐火极限/h
		梁	柱	
		15	20	1.5
		25	30	2.0
		35	40	3.0
MC-10钢结构防火涂料	本品是水性厚浆双组分防火涂料，遇火膨胀，以阻挡高温火焰对基材的烧蚀，外释气体烟雾少，无毒性。适用于钢结构建筑物及构件的防水涂层	涂层厚/mm	4	2	1
		耐火极限/min	62	55	35
		参考用量	6~12	4~6	2~3

续表

名称	说明及用途	技术性能	
TF-90 膨胀型防火涂料	由水性高分子成膜剂、阻燃剂、发泡剂、炭化材料成膜助剂和分散介质等多种成分组成。该涂料无毒,无环境污染。适用于各种建筑的内墙、屋架、吊顶、门窗、木制地板、玻璃钢制品等易燃物面的防火和装饰	防火性能 耐燃时间:>35min 火焰传播比值:≤19% 阻燃性能:失重≤59g 炭化体积:≤5.6m^3	
		耐水性:24h 以上	
		耐油性:在车用机油中浸泡 24h 以上,无变化	
		耐冲击:500N·m	
		附着力:一级	
PC60-1 膨胀型乳胶防火涂料	是一种水溶性的膨胀型防火涂料,不用油脂和有机溶剂,具有安全、无毒、无污染、干燥快等特点。受火时涂膜膨胀发泡,形成防火隔热层,防火效果优良。适用于建筑室内的木材、纤维板、塑料等易燃基材的防火保护	耐火性:耐火时间 32min 火焰传播比值:7% 阻燃性:失重 1.86g/板 炭化体积:3.45cm^3/板	
		耐水性:24h	
		耐冲击性:≥300N·cm	
木质乳液型防火涂料		耐弧性:24h	
		耐燃时间:三合板上涂层厚 0.3mm,用酒精灯(800℃)燃烧 120min,无穿透	
YZL-858-发泡型防火涂料	是由无机高分子材料和有机高分子材料复合而成的水溶性防火涂料。由于它分子间侧向引力强大使涂膜坚硬。适用于室内木板、木柱、木条、人造板、胶合板、纤维板、刨花板等基材的防火保护	耐火性:耐燃时间 33.7min 阻燃性:失重 2.9g 炭化体积:0.16cm^3	
		耐水性:浸泡一周无变化	
		附着力:300N·cm^2	
水性膨胀型火涂料	本涂料分单组分及双组分两种,涂层遇火后即生成海绵状泡沫隔热防火层,从而起到防火效果;双组分者适用于聚苯乙烯的泡沫塑料的防火。该涂料广泛适用于室内装饰工程、船舶、实验室等工程的防火处理	耐火性:20min 阻燃性:失重≤5g 炭化体积≤25cm^3	
		火焰传播比值:0~25%	
		附着力:90%	
		冲击强度:≥300N·cm	
MC-10 木结构火涂料	本品是水性厚浆型双组分防火涂料,遇火膨胀以阻挡高温火焰对基材的烧蚀。外释气体烟雾少,无毒性,适用于木结构及构件的防火保护	当涂层厚 1mm 时 耐燃时间:32min 失重:4.4g 炭化体积:0.1cm^3	
A60-501 膨胀防火涂料	该涂料为双组分,主要成分为树脂黏结剂、喷气剂、膨胀剂及炭化剂等。涂层遇火后体积迅速膨胀 100 倍以上,形成连续的蜂窝状隔热层,并释放出阻燃气体。可广泛用于木板、纤维板、胶合板、塑料板、玻璃钢等的防火保护	(1)涂层薄,涂层厚 0.2~0.5mm 即可满足耐火要求 (2)具有最长的耐燃时间,最低的炭化指数 (3)耐久性好,保证涂料涂覆在基材上不失去膨胀性 (4)附着力强 (5)甲组分(液体)和乙组分(粉末)以质量比 55:45 混合	

续表

名称	说明及用途	技术性能
A60-1 改性氨基膨胀防火涂料	该涂料是以改性氨基树脂为胶黏剂与多种防火添加剂配合,再加以各种助剂加工而成。遇火生成均匀致密的海绵状泡沫隔热层,有显著的防火隔热效果。适用于建筑、电缆等火灾危险性较大的物件的保护	耐燃时间:43min 失重:2.2g 炭化体积:9.8cm^3 毒性分析:基本无毒 耐水性:48h 耐油性:120h
B60-2 各色丙烯酸乳胶膨胀防火涂料	该涂料以水作溶剂,具有不燃、不爆、无毒、无污染、施工干燥快等优点。适用于建筑物可燃装修材料、围护结构(如木板墙、木尾架、纤维板、胶合板顶棚等)、电力电缆线以及铝、钛合金板等的防火保护	防火性:国家一级 耐燃时间:32~40min 火焰传播比值:8.6% 耐水性:24h 耐油性:24h 冲击强度:500N/cm
Y6N 透明防火涂料	是一种由有机物和无机物结合的高分子合成型涂料。具有高阻燃,在高温烈焰作用下,能发生持久接力式的发泡和膨胀,形成厚度达原涂层数十倍至百倍的炭化层和玻璃状熔膜,以阻挡火焰高温对基层的烧蚀。涂层遇火灾时,外释的气体和烟雾少,无毒性,适用于工业和民用建筑、军事设施的防火及装饰涂布	外观:透明无色 耐燃时间:46min 火焰传播比值:9% 失重:2g 炭化体积:>24cm^3 附着力:2.04MPa
A60-KG 型快干氨基膨胀防火涂料	该涂料遇火后膨胀生成均匀、致密的泡沫状炭质隔热层,有极好的隔热防火效果,防火抗潮性能好,涂刷干燥快,施工方便。适用于电缆、木材、钢材表面的涂饰防火	干燥时间:表干10min,实干2h 冲击强度:>200N·cm 耐水性:浸泡90h,不起泡 耐燃性(大板法):A级(涂层厚0.5mm,耐火时间30min以上) 氧指数:>45% 阻燃性:一级
过氯乙烯防火涂料	是用过氯乙烯树脂和氯化橡胶作基料,添加阻火剂等经搅拌砂磨而成,涂膜遇火膨胀,生成均匀致密的蜂窝状隔热层,有良好的隔热防火效果。防盐雾、抗潮、耐油等性能均较优异。适用于公共建筑、高层建筑、古建筑、供电通信、地下工程等	耐火性:>20min 阻燃性:失重4g 炭化体积:4cm^3 火焰传播比值:4% 氧指数:>45% 干燥时间:14h 耐火性:46h,不起泡,不剥落

5.4.4 钢结构防火涂料

5.4.4.1 钢结构防火的必要性

与传统的木质结构、砖石结构和钢筋混凝土结构相比,钢结构具有强度高、受荷能力强、自身重量轻、空间体积小、力学性能好、制造与安装方便等许多优点,近年来越来越广泛应用于建筑物中。由于钢材自身不燃,因此钢结构的防火隔热保护问题曾一度被人们所忽视。实际上,钢材虽然不会燃烧,但其机械强度对温度的依赖性很大。钢材的机械强度是温度的函数,随温度的升高而降低。当钢材的温度升高到某一数值时即会失去支撑能力,这一温度值定义为该钢材的临界温度。一般常用建筑钢材在温度达到300℃时,其机械强度逐渐损失,当温度达540℃时,机械强度损失可达70%左右,以致完全失去支撑能力。因此,工程上一般将540℃作为建筑钢材的临界温度。当建筑物发生火灾时,只需5min,火场温度即可达到540℃以上。实际上火场温度大多在800~1200℃之间。因此钢结构建筑在遭遇火灾时,在很短的时间内即可发生变形,导致整体垮塌。

在我国历史上，由于钢结构建筑失火垮塌的事故案例很多。例如1998年5月5日，北京市丰台区玉泉营环岛家具城因电缆线圈过热，引燃裹在线圈外部的牛皮纸等可燃物发生火灾，烧毁钢结构建筑23000m^2及参展的348个厂家的摊位，直接财产损失2087.8万元。1999年7月27日，宁波江北慈城一家泡沫塑料厂发生火灾，过火面积4000余平方米，仅20min，钢结构顶棚全部塌落。2001年1月16日，山东省威高集团医用高分子股份有限公司输液车间内的电热鼓风干燥箱配电线路短路导致火灾，仅1h左右，烧毁厂房10600m^2，直接财产损失766.9万元。2001年7月15日，宁波鄞县的一家橡塑鞋业有限公司发生火灾，烧毁钢结构建筑（车间和仓库）面积3000余平方米。2001年10月5日，泸州市宏达有机化工厂的钢结构厂房发生火灾爆炸事故，这次火灾事故虽无人员死伤，但直接财产损失58.2万元。2002年3月18日，位于宁波镇海庄市的一家泡沫塑料厂发生重大火灾，3000多平方米的钢结构厂房全部倒塌，烧毁大量成品、半成品和机器设备等，直接经济损失达80余万元，一名18岁湖南籍男子被烧死。

在国外，钢结构建筑因遭火灾而垮塌的事故也有很多案例。如2005年3月25日，加纳南部的加纳第一大港口特马港由于输油管道出现泄漏，船上的工人在进行焊接时溅出的火花引燃了流入港口的石油，发生火灾，造成钢结构船坞变形坍塌，至少9人死亡。

2005年3月26日，俄罗斯首都莫斯科东区的伊兹麦伊洛沃工艺品市场发生火灾，垮塌的钢结构建筑面积达10000m^2，造成2人丧生。然而，最使人刻骨铭心的是2001年9月11日，位于美国纽约市的世贸中心双子星大厦在遭受恐怖分子的两架飞机袭击后，50多吨汽油造成钢结构建筑燃起熊熊大火。仅仅1个多小时后，两幢大厦轰然倒下，造成了3000多人丧生。由此可见，对钢结构进行防火保护是非常必要的。

5.4.4.2 钢结构防火保护措施

钢结构建筑火灾事故的惨痛教训使人们对钢结构防火保护重要性的认识逐渐提高。为了提高钢结构的耐火极限，减轻钢结构的火灾损失，避免钢结构建筑在火灾中局部和整体倒塌造成人员伤亡及疏散与灭火困难，对钢结构或混凝土结构建筑进行结构防火保护是非常必要的。因此，国内外对高层、超高层建筑以及受高温作用（或受高温威胁）的钢结构建筑都要求进行防火处理。目前，国内外通常是采取对钢结构表面喷涂或涂刷防火材料以及包裹耐火材料等办法保护钢结构不被火焰直接烧烤而提高其抗火能力（在一些工业设施中，还有采取向钢结构或金属储罐等喷水降温的办法）。钢结构构件与其他材料构成的结构构件一样，必须具备要求的耐火能力。未加保护的钢结构构件的耐火极限一般在0.25h左右，必须采取适当的防火措施，才能达到建筑防火规范中规定的各类建筑物承重结构耐火极限的具体要求：柱的耐火极限为2~3h；梁的耐火极限为0.5~2h；楼板的耐火极限为1.5~2h。

对钢结构进行防火保护有多种多样的形式和措施，受材料工业发展程度的限制，在20世纪60年代，钢结构的防火保护主要采用隔热保护法，如采用混凝土、砌砖和石膏板等材料包覆钢构件。70年代后，随着材料技术、喷涂技术的迅速发展，各种防火涂料、轻质防火板等新材料不断问世，传统的钢结构防火保护材料被新型材料所替代。

目前钢结构防火保护技术研究领域在保护材料的开发研究方面取得了众多的成果，用于钢结构防火保护的主要技术如下。

① 在钢结构表面砌砖或喷覆一层混凝土砂浆作为钢结构的防火保护层。此种方法，由于保护层过厚，增加了建筑物荷载，减少了建筑使用面积，目前采用得比较少。

② 在钢结构件表面裹缠无机纤维布或无机纤维毡。

③ 安装自动喷水系统，在发生火灾时，水喷淋系统的洒水喷头动作，直接降低火场温度，可以避免结构达到临界温度，而且洒水能将火扑灭，更能减少整个火灾的损失。但安装水喷淋系统的费用较高，对裸露的钢结构，水喷淋系统的管网会影响整个结构的美观，其应

用受到一定限制。

④ 将钢构件制成空心体，在空心钢构件内填充经处理后的水，一旦发生火灾，让水循环，带走热量，保护钢构件，达到提高耐火极限的目的。但此方法要考虑水对钢材的腐蚀、水的静压及水的循环控制系统等问题，采用也较少。

⑤ 在钢结构柱、梁、楼板等构件体粘贴防火板材，用防火板材把钢构件进行包覆和屏蔽，以阻隔火焰和热量，减缓钢结构的升温速率，提高钢结构的耐火极限，其具有施工方便、装饰性好的待点，因而得到人们的广泛认可。

⑥ 在钢结构表面喷涂防火涂料、防火喷射纤维等隔热材料，形成耐火隔热保护层，以提高钢结构的耐火极限。此方法具有施工方便、装饰性好、成本低、无环境污染、后期维护工作量小等优点，因而得到人们的广泛认可，被大量采用。对高层建筑钢柱和钢梁采用比较多的是防火涂料和防火板材，而目前防火涂料是钢结构防火保护的最佳选材。但随着保护材料的应用时间增长，防火涂料的综合性能下降，使得防火保护的效果也逐步将降低。这一问题已经引起研究人员的高度重视。

5.4.4.3 钢结构防火涂料的种类和技术性能要求

根据《钢结构防火涂料》（GB 14907—2002）的规定，钢结构防火涂料以汉语拼音字母的缩写作为代号，N 和 W 分别代表室内和室外，CB、B 和 H 分别代表超薄型、薄型和厚型三类，各类涂料名称与代号的对应关系如下。

室内超薄型钢结构防火涂料——NCB。
室外超薄型钢结构防火涂料——WCB。
室内薄型钢结构防火涂料——NB。
室外薄型钢结构防火涂料——WB。
室内厚型钢结构防火涂料——NH。
室外厚型钢结构防火涂料——WH。

室内外钢结构防火涂料的性能要求分别见表 5.10 和表 5.11。

表 5.10 室内钢结构防火涂料的性能要求

检验项目	技术指标		
	NCR	NB	NH
在容器中的状态	经搅拌后呈均匀细腻状态，无结块	经搅拌后呈均匀液态或稠厚流体状态，无结块	经搅拌后呈均匀稠厚流体状态，无结块
干燥时间(表干)/h	≤8	≤12	≤24
外观与颜色	涂层干燥后，外观与颜色同样品相比应无明显差别	涂层干燥后，外观与颜色同样品相比应无明显差别	—
初期干燥抗裂蚀	不应出现裂纹	允许出现 1~3 条裂纹，其宽度≤5mm	允许出现 1~3 条裂纹，其宽度应≤1mm
黏结强度/MPa	≥0.20	≥0.15	≥0.04
抗压强度/MPa	—	—	≥0.03
干密度/(kg/m³)	—	—	≤500
耐水性/h	≥24，涂层应无起层、发泡、脱落现象	≥24，涂层应无起层、发泡、脱落现象	≥24，涂层应无起层、发泡、脱落现象

续表

检验项目		技术指标		
		NCR	NB	NH
耐冷热循环性/次		≥15,涂层应无开裂、剥落、起泡现象	≥15,涂层应无开裂、剥落、起泡现象	≥15,涂层应无开裂、剥落、起泡现象
耐火性能	涂层厚度/mm	2.00±0.20	5.0±0.5	25±2
	耐火极限（以136b或140b标准工字钢梁做基材）/h	≥1.0	≥1.0	≥2.0

注：裸露钢梁耐火极限为15min,作为表中无涂层耐火极限基础数据。

表5.11 室外钢结构防火涂料的性能要求

检验项目		技术指标		
		WCB	WB	WH
在容器中的状态		经搅拌后呈均匀细腻状态,无结块	经搅拌后呈均匀液态或稠厚流体状态,无结块	经搅拌后呈均匀稠厚流体状态,无结块
干燥时间(表干)/h		≤8	≤12	≤24
外观与颜色		涂层干燥后,外观与颜色同样品相比应无明显差别	涂层干燥后,外观与颜色与样品相比应无明显差别	—
初期干燥抗裂性		不应出现裂纹	允许出现1~3条裂纹,其宽度≤5mm	允许出现1~3条裂纹,其宽度应≤1mm
黏结强度/MPa		≥0.20	≥0.15	≥0.04
抗压强度/MPa		—	—	≥0.03
干密度/(kg/m³)		—	—	≤650
耐暴热性/h		≥720,涂层应无起层、脱落、空鼓、起泡现象	≥720,涂层应无起层、脱落、空鼓、起泡现象	≥720,涂层应无起层、脱落、空鼓、起泡现象
耐湿热性/h		≥504,涂层应无起层、脱落现象	≥504,涂层应无起层、脱落现象	≥504,涂层应无起层、脱落现象
耐冻融循环性/次		≥15,涂层应无开裂、脱落、起泡现象	≥15,涂层应无开裂、脱落、起泡现象	≥15,涂层应无开裂、脱落、起泡现象
耐酸性/h		≥360,涂层应无起层、脱落、开裂现象	≥360,涂层应无起层、脱落、开裂现象	≥360,涂层应无起层、脱落、开裂现象
耐碱性/h		≥360,涂层应无起层、脱落、开裂现象	≥360,涂层应无起层、脱落、开裂现象	≥360,涂层应无起层、脱落、开裂现象
耐盐雾腐蚀性/次		≥30,涂层应无起泡、明显的变质、软化现象	≥30,涂层应无起泡、明显的变质、软化现象	≥30,涂层应无起泡、明显的变质、软化现象
耐火性能	涂层厚度/mm	2.00±0.20	5.0±0.5	25±2
	耐火极限（以136b或140b标准工字钢梁做基材）/h	≥1.0	≥1.0	≥2.0

注：裸露钢梁耐火极限为15min,作为表中无涂层耐火极限基础数据,耐久性项目（耐暴热性、耐湿热性、耐冻融循环性、耐酸性、耐碱性、耐盐雾腐蚀性）的技术要求除表中规定外,还应满足附加耐火性能的要求,方能判定该对应项性能合格,耐酸性和耐碱性可仅进行其中一项测试。

5.4.4.4 钢结构防火涂料基本组成与性能

钢结构防火涂料由基料、防火助剂、颜料、填料、溶剂及助剂经混合、研磨而成，采用喷涂或刷涂的方式涂在钢构件表面上。由于涂料本身的不燃性、难燃性和形成隔热层等特点，能阻止火灾发生时火焰的蔓延，延缓火势的扩展，起防火隔热保护作用，使钢材免受高温火焰的直接灼烧，防止钢材在火灾中迅速升温而强度降低，避免钢结构在短时间内失去支撑能力而导致建筑物垮塌，为消防救火提供宝贵的时间。同时还具有装饰和保护作用。

（1）隔热型钢结构防火涂料的基本组成和性能　隔热型钢结构防火涂料通常为厚涂型钢结构防火涂料，又称为无机轻体喷涂涂料或耐火喷涂涂料，是采用一定的胶凝材料，配以无机轻质材料、增强材料等组成，涂层厚度在 7～45mm 之间，耐火极限为 1～3h。这类钢结构防火涂料的施工多采用喷涂或批刮工艺进行。一般应用在耐火极限要求在 2h 以上的钢结构建筑上，如在石油、化工等行业中经常使用。这类涂料在火灾中涂层基本不膨胀，依靠材料的不燃性、低导热性和涂层中材料的吸热性等来延缓钢材的温升，从而达到保护钢构件的目的。

隔热型钢结构防火涂料目前有蛭石水泥系列、矿纤维水泥系列、氢氧化镁水泥系列和其他无机轻体系等，基本组成见表 5.12。

表 5.12　隔热型钢结构防火涂料的基本组成

组分	主要代表物质	质量分数/%
基料	硅酸盐水泥、氢氧化镁、水玻璃等	15～40
骨料	膨胀蛭石、膨胀珍珠岩、矿棉等	30～50
助剂	硬化剂、防水剂、膨松剂等	5～10
水	—	10～30

隔热型钢结构防火涂料按使用环境来分，有室内和室外两种类型。根据《钢结构防火涂料标准》（GB 14907—2002）的规定，其应满足表 5.13 中的技术要求。

表 5.13　隔热型钢结构防火涂料的技术要求

检验项目		技术指标	
		室内型	室外型
在容器中的状态		经搅拌后呈均匀稠厚流体状态,无结块	经搅拌后呈均匀稠厚流体状态,无结块
干燥时间(表干)/h		≤24	≤24
初期干燥抗裂性		允许出现 1～3 条裂纹,其宽度应≤1mm	允许出现 1～3 条裂纹,其宽度应≤1mm
耐火性能	涂层厚度/mm	25±2	25±2
	耐火极限/h	≥2.0	≥2.0

（2）薄涂型钢结构防火涂料的基本组成和性能　涂层使用厚度在 3～7mm 的钢结构防火涂料称为薄涂型钢结构防火涂料。薄涂型钢结构防火涂料的装饰性比厚涂隔热型防火涂料好，施工多采用喷涂方式，一般用在耐火极限要求不超过 2h 的建筑钢结构上。该类涂料一般分为底涂（隔热层）和面涂（装饰发泡层）两层。薄涂型钢结构防火涂料一般是以水性聚合物乳液为基料（也有少量以溶剂型树脂为基料），配以有机、无机复合阻燃剂和颜料、填料组成底涂，并以水性乳液为基料，加入 P-C-N 防火体系，以及硅酸铝纤维等耐火材料、颜料、填料、助剂等组成面涂。底涂实际上是一层隔热型防火涂料，受火不会膨胀，依靠自身的低热传导率特性起到隔热作用。面涂具有装饰作用，同时受火时发泡膨胀，以膨胀发泡

所形成的耐火隔热层来延缓钢材的温升，保护钢构件。

基料选择得好与否不仅对防火涂料的理化性能有决定作用，还直接影响防火涂料的防火隔热效果。从对防火涂料的理化性能和防火性能两方面要求看，所选用的聚合物乳液必须对钢铁基材有良好的附着力，涂层有良好的耐久性和耐水性。常用作这类防火涂料基料的聚合物乳液有纯聚丙烯酸酯乳液（纯丙乳液）、苯乙烯改性聚丙烯酯乳液（苯丙乳液）、聚醋酸乙烯酯乳液、氯乙烯-偏氯乙烯共聚乳液（氯偏乳液）等。

薄涂型防火涂料的底涂实际上是隔热型防火涂料，其组成中除水性聚合物乳液外，还加入较大量的填料和轻质隔热骨料。常用的填料有轻质碳酸钙、硅灰石粉、灰钙粉、沉淀硫酸钡、重质碳酸钙、滑石粉、粉煤灰空心微珠等；常用的轻质隔热骨料主要为膨胀蛭石和膨胀珍珠岩等。

薄涂型防火材料的面涂为水性膨胀型防火涂料，其组成包括水性聚合物乳液、填料和防水助剂。其中防火助剂的品种和匹配十分关键，常用的防火助剂是以磷酸盐（如聚磷酸铵）为代表的脱水成炭催化剂、以含氮化合物（如三聚氰胺）为代表的发泡剂和以富碳化合物（如季戊四醇）为代表的炭化剂组成的防火体系，即所谓的磷-碳-氮防火体系（P-C-N 体系）。防火助剂中各组分的比例存在一个最佳值。例如对聚磷酸铵、三聚氰胺、季戊四醇防火体系，一般推荐的配合比为 1:2:3（质量比），这些物质组成一个有机的整体，相互协调发挥作用。当选用的防火助剂确定之后，防火助剂的用量也有一个最佳值的问题。若防火助剂用量过大，其防火隔热效果好，但防火涂料的理化性能受影响；而若防火剂用量过少，其理化性能较好，但防火涂料的防火隔热效果差。此外，在防火助剂选择中，还应考虑能否与基料和其他成分相互配合及协同作用的问题，有时可起到事半功倍的效果。例如在以聚磷酸铵、三聚氰胺、季戊四醇为防火助剂的涂料中，加入一定数量的钛白粉作为填料，燃烧后形成的发泡层上会覆盖一层白色的物质，提高发泡层的隔热效果。这层白色的物质为聚磷酸铵与钛白粉反应形成的焦磷酸钛，有良好的隔热保护作用。

涂层在受火时，首先磷酸盐分解形成磷酸，催化炭化剂脱水成炭。同时，含氮化合物受热分解放出氨气。氨气既可稀释氧气的浓度，又可使熔融的涂层发泡，形成一种多孔的泡沫状炭质层。防火涂层发泡后，通过发泡层传给基材的热量只有未膨胀涂层的几十分之一至几百分之一，从而能够有效地阻止外部热源对基材的作用。另外，在火焰或高温下，涂层发生的软化、熔融、蒸发、膨胀等物理变化，以及聚合物、填料等组分发生的分解、降解、化合等化学变化，也能吸收大量的热能，抵消一部分外界作用于物体的热，从而对被保护基材的受热升温过程起延滞作用。

薄涂型钢结构防火涂料按使用环境来分，有室内和室外两种类型。根据《钢结构防火涂料标准》（GB 14907—2002）的规定，应满足表 5.14 中的技术要求。

表 5.14 薄涂型钢结构防火涂料的技术要求

检验项目	技术指标	
	室内型	室外型
在容器中的状态	经搅拌后呈均匀液态或稠厚流体状态，无结块	经搅拌后呈均匀液态或稠厚流体状态，无结块
干燥时间（表干）/h	≤12	≤12
外观与颜色	涂层干燥后，外观与颜色同样品相比应无明显差别	涂层干燥后，外观与颜色同样品相比应无明显差别
初期干燥抗裂性	允许出现 1~3 条裂纹，其宽度应≤0.5mm	允许出现 1~3 条裂纹，其宽度应≤0.5mm

续表

检验项目		技术指标	
		室内型	室外型
耐火性能	涂层厚度/mm	5.0±0.5	5.0±0.5
	耐火极限/h	≥1.0	≥1.0

从涂料的组成方面看，室内型和室外型两类薄涂型钢结构防火涂料并无本质区别。但在性能要求方面，室外型钢结构防火涂料除了防火性能要求外，还应有良好的耐酸碱性、耐盐雾性和耐暴热性等，因此对基料的选择更为严格。

(3) 超薄型钢结构防火涂料的基本组成与性能　所谓的超薄钢结构防火涂料是指涂层使用厚度不超过 3mm 的钢结构防火涂料，一般用于耐火极限在 2h 以内的建筑钢结构保护。这类涂料是近几年出现的新品种，发展势头被十分看好。超薄膨胀型钢结构防火涂料在火焰高温作用下，涂层受热分解出大量的惰性气体，降低了可燃气体和空气中氧气的浓度，使燃烧减缓或被抑制。同时，涂层膨胀发泡形成发泡炭层。这层发泡层与钢铁基材有很强的黏结性，其热导率很低，因此不仅隔绝了氧气，而且具有良好的隔热性，延滞了热量向被保护基材的传递，避免了火焰和高温直接攻击钢构件，故防火隔热效果较薄涂型和厚质隔热型钢结构防火涂料显著。

目前超薄型钢结构防火涂料大多数是溶剂型的，以合成树脂作基料，用 $200^{\#}$ 溶剂汽油、苯类和醋酸酯类等有机溶剂作为溶剂及稀释剂，再配以阻燃剂、防火助剂、增强填料、颜料、各种辅助材料及助剂等原料，经碾磨加工而成。具有施工方便、室温自干、耐水耐候、附着力强等特点。

超薄型钢结构防火涂料基本组成如下。

① 基料　超薄膨胀型防火涂料作为特种涂料，它主要由基料及防火助剂两部分组成。除了应具有普通涂料的装饰作用和对基材的物理保护作用外，还应具有阻燃耐火的特殊功能，要求它们在一定温度下发泡形成防火隔热层，并且发泡层在高温下不脱落、不烧蚀。此外，还应有对金属不腐蚀、能室温固化等特点。上述这些要求决定了超薄膨胀型防火涂料中基料选择的特殊性。

超薄膨胀型钢结构防火涂料对基料的选用主要应考虑两个主要问题：一个是基料与防火助剂之间的协调性；另一个是涂料的室温自干性。目前用作这类防火涂料的基料主要有两类。一类是环氧树脂、氨基树脂、酚醛树脂、醇酸树脂、聚氨酯树脂、聚酯树脂等热固性树脂。这类树脂的室温自干性较差，通常需采用高温烘干或酸类催化剂催干。但用于建筑物钢结构的防火涂料，用高温烘干是不现实的，若采用催化剂催干则存在涂层理化性能差和储存稳定性不理想等问题。因此，怎样合理地利用热固性树脂制备既有良好防火性能，又能室温固化，同时，还有良好储存稳定性和装饰性的防火涂料，是这类钢结构防火涂料研究须解决的主要难题。另一类基料包括过氯乙烯树脂、丙烯酸酯树脂、高氯化聚乙烯树脂、氯化橡胶等热塑性聚合物。这类聚合物可在室温下自干，但软化温度较低，高温下容易熔融流淌，影响涂层的发泡效果。通过对聚合物的共混改性，目前采用热塑性聚合物制备的防火涂料也可具有良好的防火效果。因此预计这类聚合物是今后超薄膨胀型钢结构防火涂料应用的主要基料。

此外，从使用角度出发，还要求防火涂料具有耐水性、耐酸碱性、发泡层在高温下与钢材的黏结性等。采用单一树脂制备的防火涂料，性能往往不好。而采用两种甚至几种树脂混用的复合树脂作为防火涂料的基料，可制备性能全面的防火涂料。例如，聚丙烯酸酯树脂常用来作为热塑性常温干燥型防火涂料基料，它不吸收紫外线，不容易水解，耐候性十分优异，对颜料的黏结能力很强。因此，用其制备的防火涂料具有良好的耐候性、保色性、耐水性和耐腐蚀性，施工性能优良。但其主要缺点是耐热性差、软化点较低等，因此发泡倍率不高，耐火极限低；聚氨酯类涂料具有优异的附着力、耐候性和耐高温性及良好的耐化学品性，主要缺点是耐水性差，施工操作时易引起层间剥离、起泡等；氯化橡胶具有化学稳定性好、柔韧性好以及附着力强等特点，同时具有难燃性，其主要缺点是涂层耐候性、耐溶剂性差等。可见这三种树脂单独使用都难以得到性能优良的防火涂料。但将它们复合拼用，取长补短，则可起到事半功倍的作用。改性后的聚丙烯酸酯树脂钢结构防火涂料具有坚韧的涂层，与钢材的附着力、软化点、耐水性、耐候性、耐化学品性等都大大提高，涂层装饰性也有很大改善。

② 防火助剂　钢结构防火涂料的另一个关键组分是防火助剂。由于超薄膨胀型钢结构防火涂料的涂层较薄，因此，对防火助剂的发泡倍率要求较高。根据经验，对超薄型防火涂料而言，要达到耐火极限在的1h以上，涂层的发泡倍率至少在20倍以上。

目前，钢结构防火涂料的防火助剂基本上已形成了成熟的P-C-N复合体系，即以聚磷酸铵为成炭催化剂，三聚氰胺为发泡剂，季戊四醇为成炭剂。这一体系的特点是发泡起始温度低、泡孔均匀、无有害气体放出，因此深受生产商和用户的青睐。在实际应用中，防火助剂中三种组分的比例对发泡性能有很大影响。防火助剂的发展趋势是复合型，例如将三聚氰胺和聚磷酸铵复合的三聚氰胺磷酸盐及三聚氰胺焦磷酸盐，就是将成炭催化剂和发泡剂合二为一，对涂层的防火性能和耐水性均有较大提高。P-C-N防火助剂在受热膨胀时发生强烈的脱水作用，并释放出大量的反应热。放热反应容易产生大量的裂纹和造成发泡层大面积的脱落，从而降低炭层的耐火时间。近年来，一种可膨胀石墨在防火涂料中的应用受到人们的关注。可膨胀石墨受热时会发生膨胀，形成很厚的多孔炭层。但可膨胀石墨的受热膨胀属于物理膨胀，本身不发生化学反应，这种物理膨胀过程为吸热过程，所以可膨胀石墨的加入可提高涂料的耐火性能。将化学发泡的防火助剂与物理膨胀的可膨胀石墨配合使用，可膨胀石墨物理膨胀所形成的大量"蠕虫"状发泡物在发泡炭层中起到物理交联作用，提高发泡炭层的致密性，从而提高炭层的强度；可膨胀石墨的膨胀特性不随时间变化而变化，因此可提高防火涂料有效成分的耐候性。此外，可膨胀石墨本身无毒，受热时不生成有毒和腐蚀性气体，膨胀倍率为50~400倍，适用温度范围为-204~1650℃，稳定性十分优异。

③ 填料和其他助剂　除了防火助剂外，合理地选用填料，能够有效提高防火涂料的防火性能。超薄膨胀型防火涂料由于涂层较薄，对填料的细度要求较高，一般须在400目以上，膨胀防火涂料中颜料和填料的用量比一般饰面型涂料低得多。这是因为颜料的比例增加，会影响涂层的发泡效果，降低防火性能。由于防火涂料的涂层比一般涂料的涂层厚，较低的颜料组分也能够满足遮盖力的要求。

有些填料在高温下可发生脱水、分解等吸热反应或熔融、蒸发等物理吸热过程，抑制了热分解和燃烧的进程。同时填料所分解出的气体能冲淡可燃性气体和氧气的浓度，抑制有焰燃烧的进行。同时，填料熔融体形成厚膜覆盖层，与空气隔绝，从而阻止了无焰燃烧的发生。无机填料的这些作用与防火助剂及难燃性树脂的作用互相配合，可实现涂层良好的阻燃效果。超薄膨胀型防火涂料中常用的填料有硅藻土、云母粉、高岭土、海泡石粉、滑石粉、凹凸棒土、粉状硅酸盐纤维等。

必要时，一般涂料中使用的各种助剂，例如润湿剂、分散剂、偶联剂、增稠剂、增塑剂、消泡剂和防霉剂等在防火涂料中也能选用，并应尽可能地选用能够增加阻燃效果的原材料。例如，选用磷酸三甲苯酯和β-三氯乙烯磷酸酯作为基料的增塑剂，同时也增加了涂料的阻燃性能。又如在以高氯化聚乙烯/聚丙烯酸酯/丁醇醚化氨基树脂为基料，聚磷酸铵/三聚氰胺/季戊四醇为防火助剂，凹凸棒土和钛白粉为填料时，加入约2%的硅烷偶联剂KH-570，不仅涂层的表面平整度提高，而且耐火性能、耐腐蚀性能均有上升。

超薄膨胀型钢结构防火涂料按使用环境来分，也有室内和室外两种类型。根据《钢结构防火涂料标准》(GB 14907—2002) 的规定，应满足表5.15中的技术要求。

表 5.15 超薄膨胀型钢结构防火涂料的技术要求

检验项目		技术指标	
		室内型	室外型
在容器中的状态		经搅拌后呈均匀液态或稠厚流体状态，无结块	经搅拌后呈均匀液态或稠厚流体状态，无结块
干燥时间(表干)/h		≤8	≤8
外观与颜色		涂层干燥后，外观与颜色同样品相比应无明显差别	涂层干燥后，外观与颜色同样品相比应无明显差别
初期干燥抗裂性		不应出现裂纹	允许出现1~3条裂纹，其宽度应≤0.5mm
黏结强度/MPa		≥0.20	≥0.20
耐水性/h		≥24h，涂层应无起层、发泡、脱落现象	—
耐冷热循环性/次		≥15，涂层应无开裂、剥落、起泡现象	≥15，涂层应无开裂、剥落、起泡现象
耐暴热性/h		—	≥720，涂层应无起层、脱落、空鼓、开裂现象
耐湿热性/h		—	≥504，涂层应无起层、脱落现象
耐酸性/h		—	≥360，涂层应无起层、脱落、开裂现象
耐碱性/h		—	≥360，涂层应无起层、脱落、开裂现象
耐盐雾腐蚀性/次		—	≥30，涂层应无气泡、明显变质、软化现象
耐火性能	涂层厚度/mm	2.00±0.20	2.00±0.20
	耐火极限/h	≥1.0	≥1.0

5.4.5 混凝土结构防火涂料

5.4.5.1 混凝土结构防火的必要性

混凝土本身不会燃烧，因此，长期以来混凝土的防火问题并没有受到人们的重视。但实际上，钢筋混凝土的耐热能力很差，高温下强度会大幅度下降，造成建筑物的损坏和坍塌。因此，有必要对混凝土材料进行防火保护。其中，对预应力混凝土结构和隧道建筑的防火保护显得尤为重要。

(1) 预应力混凝土结构 在快速发展的建筑业中，采用钢筋混凝土的建筑结构十分普遍。钢筋混凝土集钢筋和混凝土的优点于一体，使混凝土的强度大大提升。其中预应力钢筋混凝土比普通钢筋混凝土的抗裂性、刚度、抗剪性和稳定性更好，具有质轻、隔热保温、吸声、隔声、抗震等优点，并能节省混凝土和钢材。目前，建筑物中的屋架、大梁、楼板等构件大量采用预应力钢筋混凝土。

预应力钢筋混凝土的耐火极限甚至比非预应力钢筋混凝土的更低。据研究，预应力钢筋的温度达200℃时，其屈服点开始下降，300℃时预应力几乎全部消失，蠕变加快，导致预应力板的强度、刚度迅速下降，从而板的挠度变化加快，进一步则可能发展为裂缝。同时，混凝土在受到高温作用时其性能也发生很大改变。预应力板上的混凝土受热膨胀的方向与板受拉的方向是一致的，助长了板的挠度的变化。混凝土在300℃时，强度开始下降；500℃时，强度降低一半左右；800℃时，强度几乎完全丧失。

在建筑物火灾中，火场温度一般在5min之内可上升到500℃以上，10min可上升到700℃以上，因此，预应力混凝土楼板在30min左右即可发生断裂，导致建筑物坍塌。耐火实验也证明，普通预应力混凝土楼板的耐火极限为30min，与国家规定的建筑物楼板的耐火极限要求1~1.5h相差很大。若将防火涂料喷涂在预应力混凝土楼板配筋的一面，当遭遇火灾时，涂层有效地阻隔火焰的攻击，延缓热量向混凝土及其内部预应力钢筋的传递，以推迟其温升和强度变弱的时间，从而提高预应力楼板的耐火极限，达到防火保护的目的。

(2) 隧道结构　由于隧道结构材料本身是不燃性物体，因此隧道的防火问题常被人们忽视。实际上，不进行防火保护的隧道耐火性能较差。由于隧道环境的特殊性，一旦发生火灾事故，抢救难度大，持续时间长，造成的人员伤亡、经济损失和社会影响都将是十分巨大的。国内外都已有过隧道火灾事故的惨痛教训。隧道火灾通常是由车辆中的可燃物质引起的，如汽油、柴油、轮胎、聚合物装饰件机车载货物。特点是释放热量大，燃烧速率快。而且由于隧道的通风条件往往不好，温度上升十分迅速。燃烧过程中释放出的烟雾在隧道中不容易排出去，更是造成人员窒息死亡的原因。火灾可能会破坏隧道的照明系统，能见度低，给扑救火灾和疏散人员带来困难。

1999年3月24日，由法国和意大利两国共同管理，全长为11.6km的勃朗峰隧道发生特大火灾。当日上午11时许，比利时的一辆满载面粉和黄油的卡车在隧道中部失火。接着殃及前后车辆。大火持续燃烧了48h，至少有41人死亡，40余辆汽车被毁。其中绝大多数人是由于浓烟封闭而被困在自己的汽车中死亡的。2000年11月11日上午，一列正在奥地利萨尔茨堡州基茨施坦霍恩山隧道内行驶的列车发生火灾，155人死亡，18人受伤，仅有9人安全逃生，这是欧洲历史上最严重的高山列车隧道火灾。2001年在瑞士圣哥达隧道由于两辆卡车相撞造成的大火，使隧道墙壁的温度高达1000℃以上，造成11人死亡，128人失踪，其他间接的损失更是不可计数。2003年6月6日上午9时10分左右，韩国首都汉城（今首尔）一辆公共汽车与一辆吉普车在公路隧道中相撞并引起大火，约30人受伤。2005年6月4日，位于法国和意大利之间的弗雷瑞斯公路隧道发生火灾，造成两人窒息死亡，多辆汽车被烧毁。据报道，弗雷瑞斯隧道火灾发生时，6个"吸烟井"立即启动，并以每秒240m^3的速度抽取隧道中的浓烟，然而这一速度仍然赶不上浓烟产生的速度。着火处的高温达到了1000℃，将附近照明系统全部破坏，给消防人员进入隧道以及人员疏散造成困难。火灾共用了6h才被完全控制住。

据研究，隧道中一旦发生火灾，隧道墙壁和拱顶的迎火面温度在15min内就可升至1000℃以上，内衬钢筋的温度也可达到300℃，强度开始下降。1h以上就会造成混凝土炸裂，隧道发生坍塌，使用防火涂料对隧道进行防火保护，可推迟其温升和强度变弱的时间，从而使隧道内结构及相应设施在短时间内不遭到破坏。

5.4.5.2　混凝土结构防火涂料的类型

混凝土结构防火涂料是指用于涂覆在建筑物中混凝土表面（配钢筋面），能形成隔热耐火保护层，以提高混凝土结构耐火极限的防火涂料。

目前通常将混凝土结构防火涂料按其涂层燃烧后的状态变化和性能特点分为非膨胀型和膨胀型两类。

(1) 非膨胀型混凝土防火涂料　非膨胀型混凝土防火涂料又称混凝土防火隔热涂料。它主要是由无机-有机复合黏结剂、骨料、化学助剂和稀释剂组成的。使用时涂层较厚，密度较小，热导率低。因此当混凝土结构受到高温时具有耐火隔热作用，从而减缓混凝土结构的受损程度。

(2) 膨胀型混凝土防火涂料　膨胀型混凝土防火涂料的涂层较薄，受火时涂层发泡膨胀，形成耐火隔热层，从而保护混凝土结构免受损失。这类涂料基本上与钢结构防火涂料类似,许多产品既可用于钢结构防火,也可用于混凝土结构防火,但从外观看,属于一种有机膨胀型厚浆涂料。它的主要成分为高分子基料,通过加入防火助剂(如 P-C-N 体系)和耐火填料,有时还加入高熔点的无机纤维,使涂层在高温火焰下形成低膨胀率而高强度的炭化发泡层。

5.4.5.3 混凝土结构防火涂料的组成与性能

(1) 混凝土结构防火涂料的性能要求　为了对预应力混凝土楼板防火涂料的研究开发、推广应用和产品质量监督管理提供全国统一的技术依据,公安部于1995年颁布了公共安全行业标准《预应力混凝土楼板防火涂料通用技术条件》(GA 98—1995),鉴于隧道防火涂料尚没有制定国家标准,可借鉴此标准。故目前混凝土结构防火涂料(包括预应力混凝土楼板防火涂料和隧道防火涂料)应满足表 5.16 中的要求。

表 5.16　预应力混凝土楼板防火涂料的技术要求

检验项目		技术指标			
		室内型		室外型	
在容器中的状态		经搅拌后呈均匀液态或稠厚流体,无结块		经搅拌后呈均匀稠厚流体,无结块	
干燥时间(表干)/h		≤12		≤24	
黏结强度/MPa		≥0.15		≥0.05	
密度/(kg/m³)		—		≤600	
热导率/[W/(m·K)]		—		≤0.116	
耐水性		经24小时实验后,涂层不开裂、不起层、不脱落,允许轻微发胀和变色		经24小时实验后,涂层不开裂、不脱落,允许轻微发胀和变色	
耐碱性		经24小时实验后,涂层不开裂、不起层、不脱落,允许轻微发胀和变色		经24小时实验后,涂层不开裂、不起层、不脱落,允许轻微发胀和变色	
耐冷热循环实验		经15次试验后,涂层不开裂、不起层、不脱落、不变色		经15次试验后,涂层不开裂、不起层、不脱落、不变色	
耐火性能	涂层厚度/mm	≤4.0	≤7.0	≤77.0	≤10.0
	耐火极限/h	≥1.0	≥1.5	≥1.0	≥11.5

(2) 混凝土结构防火涂料的组成

① 基料　非膨胀型混凝土防火涂料的基料通常以无机胶凝材料为主,加入适量的高分子材料,形成无机-有机复合基料。常用的无机胶凝材料包括硅酸钾、硅酸钠等,水玻璃、硅溶胶、磷酸盐凝胶等;常用的高分子材料包括聚乙烯醇、聚丙烯酰胺、聚醋酸乙烯酯乳液、氯偏乳液和聚丙烯酸酯乳液等水溶性或水乳型聚合物。膨胀型混凝土防火涂料的基料目前主要采用聚合物乳液,如聚丙烯酸酯乳液、苯丙乳液、聚醋酸乙烯酯乳液、氯偏乳液等。但大多数情况下,用单一乳液制备的防火涂料的性能不够理想,因此常常通过几种乳液复合的方法来解决。有时也会加入一些水溶性聚合物,如聚乙烯醇、甲基纤维素、聚丙烯酰胺等。

② 防火阻燃助剂　非膨胀型混凝土防火涂料的基料主要为无机材料,本身有较好的阻燃性,因此可不加阻燃剂。但在用无机-有机复合基料制备的防火涂料中,也经常添加一些阻燃剂,以提高涂层的阻燃性能。膨胀型混凝土防火涂料的组成基本类似于钢结构防火涂料。因此,其采用的防火助剂也与钢结构防火涂料所用的防火助剂相同。目前一般采用 P-C-N 体系,典型代表为聚磷酸铵-季戊四醇-三聚氰胺复合体系,在此基础上适当添加一些阻燃剂,如氢氧化铝、氢氧化镁、三氧化二锑等,对提高防火性能有较大帮助。

③ 填料　非膨胀型混凝土防火涂料要求密度低,隔热性好,因此涂料中除了采用上述

无机粉末填料外,还常添加轻质填料。主要品种有膨胀珍珠岩、膨胀蛭石、粉煤灰空心微珠等。为了防止涂层的开裂,纤维状的硅酸铝也是常用的填料。膨胀型混凝土防火涂料所用的填料与普通涂料的填料基本相似,主要为无机粉末,如轻质碳酸钙、重质碳酸钙、滑石粉、高岭土、沉淀硫酸钡、云母粉、硅藻土、硅灰石粉等。这类涂料一般为白色,因此颜料主要采用钛白粉。

5.4.5.4 混凝土结构防火涂料的制备

(1) 非膨胀型混凝土防火涂料的制备

① 典型配方 混凝土防火涂料可以以无机-有机复合黏结剂为基料,高效隔热轻质骨料膨胀珍珠岩、膨胀蛭石和粉煤灰空心微珠以及各种化学助剂配合而成,具有附着力强、密度小、热导率低、防火隔热效果显著、无味无毒等优点,有良好的耐候性和耐水性。非膨胀型混凝土防火涂料的典型配方如表 5.17 所示。

表 5.17 非膨胀型混凝土防火涂料的典型配方

原料名称	用量/%	原料名称	用量/%
硅溶胶	18	硅酸铝纤维	4
聚丙烯酸酯乳液	15	轻质碳酸钙	5
膨胀珍珠岩	10	云母粉	10
膨胀蛭石	10	助剂	5
粉煤灰空心微珠	5	水	18

② 制备工艺 将颗粒较粗大的膨胀珍珠岩和膨胀蛭石用粉碎机粉碎,经 20 目振动筛过滤后备用,太粗的颗粒重新返回粉碎机粉碎。按配方准确称取各种原材料。首先将水、助剂和聚丙烯酸酯乳液置于搅拌缸中,搅拌均匀。然后在搅拌下缓慢加入硅溶胶。混合均匀后依次加入轻质碳酸钙、云母粉、硅酸铝纤维和膨胀珍珠岩等轻质填料。充分搅拌均匀后包装,密封保存。

该涂料用于喷涂预应力钢筋混凝土楼板,能提高耐火极限,满足一级耐火等级建筑物的要求。

(2) 膨胀型混凝土防火涂料的制备

① 典型配方 混凝土防火涂料分底涂和面涂两层,具有一定装饰作用的面涂是一种膨胀型涂料,遇火时能膨胀发泡,膨胀倍率约为 10 倍;底涂是一种隔热性涂料,利用无机材料的不燃性、低导热性和吸热性等,形成耐火隔热的保护层,具有较好的防火隔热效果。

膨胀型混凝土防火涂料的典型配方见表 5.18。

表 5.18 膨胀型混凝土防火涂料的典型配方

面 涂		底 涂	
原料名称	用量/%	原料名称	用量/%
聚丙烯酸酯乳液	15	脲醛树脂	8
氯偏乳液	8	氯偏乳液	10
聚乙烯醇(10%水溶液)	15	膨胀珍珠岩	12
聚磷酸铵	12	膨胀蛭石	10
三聚氰胺	10	云母粉	8
季戊四醇	8	表面层材料	35
钛白粉	10	助剂	3
硅灰石粉	8	水	14
助剂	4		
水	10		

② 制备工艺

a. 面涂的制备　按配方准确称取各种原材料。将水、聚乙烯醇、助剂和防火助剂加入混合缸中，搅拌均匀后送入球磨机中碾磨至规定的细度（≤100μm）。使磨细的浆料返回混合缸中，搅拌下缓慢加入乳液，充分搅匀。必要时加入适量消泡剂。用水调节其黏度达到规定的指标。过滤后密封包装。

b. 底涂的制备　将颗粒较粗大的膨胀珍珠岩和膨胀蛭石用粉碎机粉碎，经 20 目振动筛过滤后备用，太粗的颗粒返回粉碎机重新粉碎。按配方准确称取各种原材料。将水、脲醛树脂和助剂加入混合缸中，搅拌均匀。依次加入云母粉、膨胀珍珠岩轻质骨料，搅拌均匀。然后在搅拌下缓慢加入氯偏乳液，搅拌均匀，密封包装。

习题与思考题

1. 名词解释：闪点、燃点、自燃点、热分解温度、氧指数。
2. 什么叫燃烧？什么叫火焰？火焰有什么特征？
3. 燃烧一旦发生后，一般需经历哪几个过程？
4. 室内火灾的发展阶段都有哪些？什么叫轰燃？轰燃是怎么产生的？有什么危害？
5. 讨论材料的防火性能时能否只考虑材料的可燃性？如果不能，还需要考虑哪些性能？
6. 不然性、难燃性、可燃性、易燃性建筑材料是如何区分的？
7. 阻燃体系工作机理有哪几种？简述各机理。
8. 什么是防火涂料？防火涂料是如何分类的？
9. 混凝土结构防火有必要么？为什么？
10. 混凝土结构防火涂料的类型都有哪些？
11. 简述钢结构防火的必要性。
12. 建筑防火涂料的分类原则是什么？都有哪几类？

第6章 吸声隔声材料

某高档别墅区,其南侧有一个自来水厂,水厂鼓风机房与小区内南边几幢别墅相距很近——与最近一幢别墅相距不足20m。鼓风机房内有三台离心鼓风机,用来向自来水中加入氧气。离心鼓风机是高噪声设备,单台鼓风机正常运行时,其周围1m处噪声级高达85dB(A)。3台鼓风机进风口均设在房外,朝向别墅;机房玻璃窗、门是隔声薄弱环节,房内噪声影响房外声环境;最近一幢别墅门前噪声为54.7dB(A)(单台鼓风机正常运行),超过住宅标准要求:白天≤50dB(A)、夜间≤40dB(A),影响附近几幢别墅销售。

1. 针对本案例,提出你能想到的噪声治理措施。
2. 思考对于不同的建筑环境需考虑的声学要求。

建筑声学是研究建筑中声学环境问题的科学。它主要研究室内音质和建筑环境的噪声控制。建筑声学的基本任务是研究室内声波传输的物理条件和声学处理方法,以保证室内具有良好的听闻条件;研究控制建筑物内部和外部一定空间内的噪声干扰和危害。因此,现代建筑声学可分为室内声学和建筑环境噪声控制两个研究领域。

建筑声学材料研究的是建筑材料与声学特性的作用关系。所有材料都同时具有吸声性、隔声性和透声性,只是作用程度不同。根据其对声音的吸收、透射和反射性能的大小,或者按照使用它们时主要考虑的功能是吸声或者隔声或者反射,把声学材料分为吸声材料、隔声材料和反射材料。建筑工程中,研究、使用居多的是前两类材料,统称为建筑声学材料。它们可以是专门为改善听闻效果所采用的材料,如吸声石棉等;也可以是建筑结构的一部分,如混凝土墙具有很好的隔声性能。在室内采用的大多数建筑声学材料同时兼具装饰功能,如带孔吸声天花板、大理石声反射墙等。

了解和掌握建筑声学材料的特性,明确建筑声学材料和结构的作用原理,有利于正确、合理地选用声学材料,并使其得到有效利用,达到以最经济的手段,获得最好声学效果的目的。

6.1 建筑声学的基本原理

声学是物理学分支学科之一,是研究媒质中机械波的产生、传播、接收和效应的科学。媒质包括物质各态(固体、液体和气体等),可以是弹性媒质,也可以是非弹性媒质。机械波是指质点运动变化（包括位移、速度、加速度中某一种或几种的变化）的传播现象。声波是机械波的一种。同时声学测量技术是一种重要的测量技术，有着广泛的应用。

6.1.1 声音的产生与传播

声音来源于振动的物体，振动的物体就称为声源。声音是一种波动，声源发声后要经过一定介质（如固体、液体和气体）的分子振动向外传播。声波在传播过程中，如果介质质点的振动方向与波传播的方向平行，则称为纵波。如果介质质点的振动方向与波传播的方向垂直，则称为横波。与听觉有关的声音，主要是指在空气介质中传播的纵波。

6.1.1.1 声音的频率、波长、传播速度和频带

有关声波的基本物理概念有周期（T）、频率（f）、波长（λ）、声速（c）。

(1) 周期（T） 声源作用下，介质质点完成一次振动所经历的时间（s）。
(2) 频率（f） 单位时间内振动的次数（Hz）。
(3) 波长（λ） 声波在传播途径上，两相邻同相位质点之间的距离（m）。
(4) 声速（c） 声波在传播介质中的速度（m/s）。

它们之间有如下关系。

$$c = \lambda \cdot f = \frac{\lambda}{T} \tag{6.1}$$

$$f = \frac{1}{T} \tag{6.2}$$

声音在不同的介质中的传播速度是不同的，其大小与传播介质的弹性、密度以及温度有关，与振动的特性无关。在一定的介质中声速是确定的，频率越高，波长就越短。通常室温下（15℃）空气中的声速为340m/s。一般在固体和液体中，声音的传播速度更快，当温度为0℃时，声波在钢中的传播速度是5000m/s，在水中的传播速度是1450m/s。

人耳能听到的声波频率范围在20~20000Hz之间，低于20Hz的声波为次声，高于20000Hz的声波为超声。人耳听不到次声与超声。

频带：按声学测量要求，在被测声音一定的频带范围中，遵循一定的原则而划分出的频率区间。每个频带有一个下界频率f_1和上界频率f_2，其差值$\Delta f = f_1 - f_2$称为频带宽度。f_1和f_2的几何平均称为该频带的中心频率f_c，即

$$f_c = \sqrt{f_1 f_2} \tag{6.3}$$

工程上常用的是倍频带和1/3倍频带。目前，通用的倍频带中心频率为31.5Hz、63Hz、125Hz、250Hz、500Hz、1000Hz、2000Hz、4000Hz、8000Hz和16000Hz。

6.1.1.2 声波的反射、衍射、透射和吸收

声音具有波的基本特性，声波从声源出发，在同一个介质中按一定方向传播，大多数声源发出的声波具有方向性，即声波向某一方向辐射最强的特性。声波的波长比光波大，波动性比较明显。

(1) 声波的反射 在不同的传播介质中，声波的波速是不同的，声波在波速突变的两种传播介质的界面（如空气和混凝土墙）上，入射波的一部分会被反射，形成反射波，并遵守几何声学的反射法则：①入射线、反射线和反射面的法线在同一平面内；②入射线和反射线分别在法线的两侧；③反射角等于入射角。

(2) 声波的衍射 当声波在传播过程中遇到一块有小孔的障碍时，碰到壁面的声波发生反射，通过小孔的声波发生衍射，称为孔洞的衍射，衍射情况与孔洞大小有关，如图6.1(a)、(b) 所示。

声波传播过程中,当障碍物的尺寸比波长小得多时,从障碍物反射回来的声波很少,靠近障碍物的声波波阵面发生变化,在障碍物后形成少许声影区,其余大部分声波在离障碍物不远处仍保持原来的声波波阵面继续前进,这种现象称为障碍物的衍射。随障碍物尺寸增大,反射波增加,声影区扩大,如图6.1(c)、(d)所示。

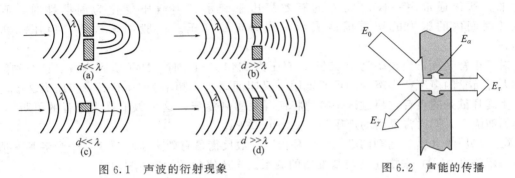

图6.1　声波的衍射现象　　　　图6.2　声能的传播

(3) 声波的透射和吸收　当声波入射到建筑构件(如天花板、墙等)时,声能的一部分被反射,一部分被穿透,还有一部分由于构件的振动或声音在其内部传播时介质的摩擦或热传导而被损耗,通常称为材料的吸收,如图6.2所示。

根据能量守恒定律,若单位时间内入射到构件上的总声能为E_0,反射的声能为E_γ,构件吸收的声能为E_α,透过构件的声能为E_τ,则

$$E_0 = E_\gamma + E_\alpha + E_\tau \tag{6.4}$$

吸收的声能与入射声能之比称为吸声系数,记作α。

$$\alpha = \frac{E_\alpha}{E_0} \tag{6.5}$$

透射的声能与入射声能之比称为透射系数,记作τ。

$$\tau = \frac{E_\tau}{E_0} \tag{6.6}$$

反射的声能与入射声能之比称为反射系数,记作γ。

$$\gamma = \frac{E_\gamma}{E_0} \tag{6.7}$$

一般把τ值小的材料称为隔声材料,把γ值小的材料称为吸声材料。

6.1.2　声音的计量

声音的大小或强弱可以用波的各种物理参量来描述。一般常用以下物理量来反映声音大小的客观量,如声压、声强和声功率,以及声压级、声强级和声功率级。由于人耳对声音的感受程度并不与其物理量的变化成比例关系,为准确地反映计量变化与感知变化之间的关系,人们引用响度和响度级来评价声音的大小,它们是反映声音大小的主观量。

6.1.2.1　声压与声压级

(1) 声压(p)　声压是指声波通过某种媒质时,由振动所产生的压强改变量。就声波在空气中传播而言,空气的疏密程度会随声波而改变。这样,空气的压强也会随之改变,即在原有大气压的基础上又产生了一个随声波变化的交变压强,此交变压强即为声压,用符号p表示,单位是帕(Pa)或牛/平方米(N/m^2),1Pa=1N/m^2,1个大气压(1atm)约等于1.013×10^5Pa。

如果叠加上去的声压较大，即表示空气分子被压缩较大，因而声波对耳膜的压力也大，听到的声音就响。而只有当发声体的振幅较大时，空气压缩才较大。所以，声压与发声体振动的振幅有关，而与其波长无关。

声压只有大小，没有方向。同时，声压作用的力不是恒定的，而是随着时间不断变化的，所以通常用一段时间内的有效声压来表示。当声压变化为周期性时，则取其在该时间内的压力的均方根值表示，称为有效声压。一般如未说明，声压均指有效声压。

对于正常人耳，当频率为1000Hz、声压为2×10^{-5}Pa时，即可听到声音。这个刚刚能引起人耳听觉的声压称为声音的可听低限，又叫闻阈；当频率为1000Hz、声压为20Pa时，会产生震耳欲聋的声音，超过这一数值将使耳朵感到疼痛，这个数值称为声音的可听高限，又称为痛阈。人们通常说话的声压为0.02~0.03Pa。

(2) 声压级（L_p） 声压级（L_p）是指以对数尺衡量有效声压相对于一个参考基准值的大小，用分贝（dB）来描述其与基准值的关系。声压级的数学表达式为

$$L_p = 20 \lg \frac{p}{p_0} \tag{6.8}$$

式中　L_p——声压级，dB；

　　　p——声压，Pa；

　　　p_0——参考基准声压，为2×10^{-5}Pa。

国际上统一规定把人耳刚能听到的声压级定为0，也就是把声压2×10^{-5}Pa作为参考基准声压p_0，于是从人耳听闻低限的2×10^{-5}Pa到感觉疼痛的20Pa这样一个声压相差百万倍的变化范围，用声压级表示时，就变为0~120dB的变化范围，这样既方便计量，同时也符合人耳听觉分辨能力的灵敏度要求。各种声学测量仪器都有分贝刻度，从仪器中可以直接读出声压级。

6.1.2.2　声强与声强级

(1) 声强 声音传播时也伴随着能量的传播，单位时间内通过垂直于声波传播方向的单位面积的能量（声波的能量流密度）称为声强，单位是瓦/平方米（W/m²）。

$$I = \frac{W}{S} \tag{6.9}$$

声强的大小与声速、声波频率的平方、振幅的平方成正比，超声波的声强大是因为其频率很高，炸弹爆炸的声强大是因为其振幅大。

(2) 声强级 与声压级一样，为了简化表示，通常用声强级（L_I）来表示声强。某一处的声强级，是指该处的声强（I）与参考基准声强（I_0）的比值常用对数的值再乘以10，它的单位为分贝（dB），参考基准声强$I_0 = 10^{-12}$W/m²。

$$L_I = 10 \lg \frac{I}{I_0} \tag{6.10}$$

试验研究表明，人对声音强弱的感觉并不与声强成正比，而是与其对数成正比，这也是人们使用声强级来表示声强的原因之一。

n个不同声源同时作用于一点，该点的总声强和总声压（有效声压）分别为

$$I = \sum_{i=1}^{n} I_i \tag{6.11}$$

$$P = \left(\sum_{i=1}^{n} p_i^2 \right)^{\frac{1}{2}} \tag{6.12}$$

但所对应的总声强级和总声压级不是原来各个声强级和声压级的算数叠加。以 n 个声强或声压相同的声音同时作用于一点为例:

$$L_{I(n)} = 10\lg \frac{I}{I_0} + 10\lg n \tag{6.13}$$

$$L_{P(n)} = 20\lg \frac{P}{P_0} + 10\lg n \tag{6.14}$$

6.1.2.3 声功率与声功率级

(1) 声功率 声功率（W）是指单位时间内声源向外辐射的声能，单位为瓦（W）或微瓦（μW，$1\mu W = 10^{-6}$ W）。声功率有时是指在某个有限频率范围所辐射的声功率（通常称为频带声功率），此时需注明所指的频率范围。声功率不因环境条件而变，属于声源本身的一种特性。声功率与声压的区别在于一个是能量关系，一个是压力关系。

声功率的范围很广，一个人轻声说话的声功率仅约 10^{-9} W（人们发声所消耗的能量绝大部分转化为其他形式，例如热运动的能量，用于发声的仅约 1%），而喷气式飞机的声功率则大于 10000W，两者相差数十亿倍。

(2) 声功率级 同样为了表达方便，声功率也用级来表示，即声功率级（L_W），单位为分贝（dB）。其数学表达式为

$$L_W = 10\lg \frac{W}{W_0} \tag{6.15}$$

式中 L_W——声功率级，dB；
　　　W——声功率，W；
　　　W_0——参考基准声功率，为 10^{-12} W。

6.1.2.4 响度与响度级

声学上用以度量声音轻响程度的量被称作响度，单位为宋（sone）。对具体个人而言，响度仅仅是个主观量，而对大多数健康人，响度应是一个建立在实验统计基础上的能反映人耳正常感受的客观量。实验表明，两个同等响度的声音，可以有不同的频率，以致有不同的声压和声强。因而，在声压（声强)-频率坐标图上，一种响度可以表示成一条曲线，声学上称为等响曲线。图 6.3 是国际标准化组织（ISO）根据试验统计结果确定的纯音等响曲线。

响度级（L_N）是以 1000Hz 纯音为参考基准的响度等级计量，单位为方（phon）。也就

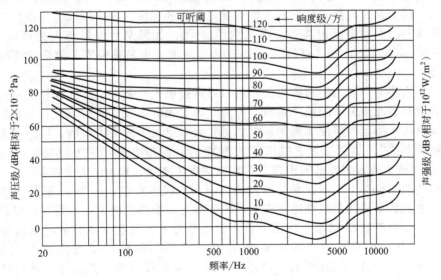

图 6.3　纯音等响曲线

是说，任何一条曲线上的响度级都等于1000Hz时同样响的声音的声压级。对于复合音，需通过计算求得其响度级。

响度级（L_N）与响度（N）的关系如下。

$$L_N = 40 + 33.33 \lg N \tag{6.16}$$

6.2 声学材料及结构的基本特性

建筑声学材料和结构的基本特性是指它们对声波的作用特性，这种作用特性是物体在声波激发下进行振动而产生的。任何材料和结构都会对入射声波产生反射、吸收和透射，但三者比例不同。这是因为材料和结构的声学特性与入射声波的频率及入射角度有关。有些材料和结构对高频声波的吸收效果好，而对低频声波的吸收则较弱，或者正好相反。所以谈及材料和结构的声学特性时，要和一定的入射声波的频率及入射的情况对应。

6.2.1 吸声材料和结构的基本特性

当声波在一定空间（室内或管道内）传播，并入射至材料或结构壁面时，有一部分声能被反射，另一部分被吸收（包括透射）。由于这种吸收特性，使反射声能减少，从而使噪声得以降低。这种具有吸声特性的材料和结构称为吸声材料及吸声结构。

从声学角度看，按照材料的吸声机理可以将吸声材料（结构）分为以下三类：多孔性吸声材料；共振吸声材料；其他吸声材料等。各类吸声材料的吸声性能与声音频率有关。

对于多孔性吸声材料，当声波入射到材料表面上时，部分声能透射到材料空隙内，使材料的纤维及筋络等发生振动而产生摩擦，同时空气的黏滞性和热传导效应使声能转化为热能而消耗。因此要使多孔性材料具有良好的吸声性能，则要求材料具有良好的"透气性"，即材料的空隙要多而细小且相互贯通。

对于其他吸声材料，其吸声作用除了与材料固有吸声特性有关以外，主要与其微观及宏观结构、形状、尺寸等有关。

6.2.1.1 吸声系数

材料吸收的声能与入射到材料上的总声能之比，称为吸声系数（α）。一般材料或结构的吸声系数的范围在0~1之间，α值越大，表示吸声性能越好，它是目前表征吸声性能最常用的参数。吸声是声波撞击到材料表面后能量损失的现象，吸声可以降低室内声压级。理论上，如果某种材料完全反射声音，那么它的$\alpha=0$；如果某种材料将入射声能全部吸收，那么它的$\alpha=1$。事实上，所有材料的α介于0~1之间，也就是说不可能全部反射，也不可能全部吸收。

吸声系数大小与声波入射角度有关，所以通常按照入射条件，用驻波管法来测定当声波垂直入射到材料表面情况下的吸声系数，称为"垂直入射（或正入射）吸声系数"，以α_0表示；用混响室法来测定当声波无规则入射到材料表面情况下的吸声系数，称为"无规（或扩散）入射吸声系数"，以α_T表示。驻波管法测量α_0简单方便，常为研究所用；混响室法测得的α_T是声波无规入射时的吸声系数，比较接近于实际，常为工程上所用。

一种材料和结构对于不同频率的声波会有不同的吸声系数，α_0和α_T都与频率有关。人们使用吸声系数频率特性曲线描述材料在不同频率上的吸声性能。以三种建筑材料为例，如图6.4所示，在吸声系数-频率坐标图上显示出三条有着不同起伏变化的特征曲线，表明一种材料对高、中、低不同频率的声音的吸声系数是不同的。工程上通常采用125Hz、250Hz、500Hz、1000Hz、2000Hz、4000Hz六个频率的吸声系数来表示一种材料和结构的吸声特性。一般把六个频率吸声系数的平均值大于0.2的材料称为吸声材料。一般来讲，坚硬、光滑、结构紧密和重的材料吸声能力差，反射性能强，如水磨石、大理石、混凝土、水泥粉刷墙面等；粗糙松软、具有互相贯穿内外微孔的多孔材料吸声性能好，反射性能差，如玻璃棉、矿棉、泡沫塑料、木丝板、半穿孔吸声装饰纤维板和微孔砖等。

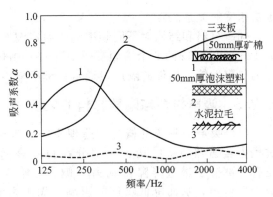

图 6.4 三种材料的吸声频率特征曲线

6.2.1.2 吸声量

吸声系数可以用来比较在相同尺寸下不同材料和结构的吸声能力，而要反映不同尺寸材料和构件的实际吸声效果却有困难。这时要用吸声量（A）来比较。

$$A = \alpha S \tag{6.17}$$

式中 S——围蔽结构的面积，m^2。

当声场中布置有不同种类和不同面积的吸声材料时，总吸声量（A_T）为

$$A_T = \sum \alpha_i S_i \tag{6.18}$$

把房间的总吸声量（A_T）除以界面的总面积（S），得到平均吸声系数 α。在建筑声环境设计中，当已知吸声量 A_T 时，可由上述两式求得选定吸声材料的所需面积或选定面积的所需材料。

6.2.2 隔声材料和结构的基本特性

当一个建筑空间的围蔽结构受到声场的作用或直接受到物体撞击而发生振动时，就会发射声能，于是声音通过围蔽结构传递，这称为"传声"。因为任何材料受声场作用时都会或多或少地吸收一部分声能，因此传进来的声能总是小于作用于它的声场的能量，即围蔽结构隔绝了一部分作用于它的声能，这称为"隔声"。围蔽结构隔绝的若是空间声场的声能，则称为"空气声隔绝"；若是使撞击的能量辐射到建筑空间中的声能有所减少，则称为"固体声或撞击声隔绝"。

对于空气声隔绝来讲，材料或结构的单位面积质量越大，隔声效果越好（质量定律）；单层匀质密实的材料，在隔声时，能产生一种"吻合效应"，即外来入射的波长与墙面等的固有弯曲波的波长相吻合而产生共振，使隔声量大大降低。对于固体声（撞击声）隔绝，则要使物体的振动能尽快被吸收，故可应用毛毡、软木等弹性材料或阻尼材料来隔声。

6.2.2.1 透射系数

由 6.1 节所讲的声波的特性可知，声波辐射到建筑空间的围蔽结构上时，一部分声能被反射和吸收，一部分声能会透过构件传到建筑空间来。如果入射声能为 E_0，透过构件的声能为 E_τ，则构件的透射系数为：$\tau = E_\tau / E_0$。

材料隔声能力可以通过材料对声波的透射系数来衡量，透射系数越小，说明材料或者构件的隔声性能越好。

6.2.2.2 隔声量

工程上常用构件的隔声量（单位为 dB）来表示构件对空气声的隔绝能力，它与透射系数的关系是

$$R = 10 \lg \frac{1}{\tau} \tag{6.19}$$

若一个构件透过的声能是入射声能的千分之一，则 $\tau = 0.001$，$R = 30 \text{dB}$。可以看出，τ 总是小于 1，R 总是大于零；τ 越大则 R 越小，构件的隔声性能越差。透射系数 τ 和隔声量

R 是相反的关系。

同一材料和结构对不同频率的入射声波有不同的隔声量。在工程应用中，常用中心频率为 125～4000Hz 的 6 个倍频带或 100～3150Hz 的 16 个 1/3 倍频带的隔声量来表示某一个构件的隔声性能。构件的隔声量通常在标准隔声实验室中按规定的程序和要求测量得到。

6.2.3 吸声材料与隔声材料的区别

（1）吸声与隔声的概念和原理不同　吸声与隔声是两个不同的声学概念。声波在传播过程中若遇到围蔽结构，一部分在材料表面反射；一部分进入材料内部，被材料吸收；还有一部分会透过屏障传到另一侧去。吸声是利用吸声材料将入射的声能吸收耗散掉，减少反射声，从而降低噪声的影响。隔声是利用隔声材料将噪声的入射声波的振动尽量通过材料自身的阻尼作用隔挡，减弱噪声声波的振动传递，使噪声环境与需要降低噪声的环境分隔开。

（2）采取措施的着眼点不同　吸声所关注的是在噪声源与围蔽构件之间的空间中，由围蔽构件反射回来的声能的大小，反射声能越小则表示材料的吸声性能越好；而隔声所关注的是声波透过围蔽构件之后的空间中，透射过材料的声能的多少，透射声能越小，则隔声效果越好。

（3）所用材料的结构不同　吸声材料多是一些多孔的材料，如穿孔板、矿渣棉、泡沫塑料等，要求材料内部疏松多孔，各孔之间要连通，同时这些连通的孔隙和外界的边界面也要连通。而隔声材料刚好与其相反，要求具有密实无孔隙的结构，且面密度要尽量大，如混凝土板、砖墙、铅板等。这是由于在不考虑材料弹性的情况下，无限大面积的材料的传声损失遵循"质量定律"，即隔声性能与材料单位面积的质量有关，质量越大，传声损失越大，则隔声性能越好。

6.3 吸声材料与结构

在建筑声学材料中，吸声材料（结构）的应用最为广泛，无论是建筑物的噪声控制还是音质设计，均需要使用吸声材料。吸声材料（结构）的种类很多，不同种类的吸声性能、材料性能等相差较大。近年来建筑吸声材料的趋势是从单一的吸声功能转变为吸声与装饰效果融为一体的产品。

6.3.1 吸声材料的分类

吸声材料（结构）的主要作用有：控制反射声，消除回声；降低噪声；提高隔声结构的隔声量等。

吸声效果不但与材料本身有关，而且与结构也有关，同一种材料在不同构造下的吸声性能可能会有很大区别，所以研究吸声材料离不开其结构。吸声材料的吸声特性一般是材料本身所固有的，而吸声结构的吸声性能则随着结构的变化而变化。吸声材料和吸声结构的种类很多，对其分类的方法也较多。

6.3.1.1 按材料化学组成分类

（1）无机材料

① 金属　如穿孔型的铝板或钢板，泡沫型的铝吸声板等。

② 非金属　a. 纤维类，如玻璃纤维、矿棉、岩棉等及其织物制品。b. 颗粒类，如膨胀珍珠岩、陶土、矿渣、煤渣、蛭石等及其块体制品。c. 板块类，如加气混凝土砌块、石膏板、石棉水泥板、预制开缝混凝土空心砌块等。d. 泡沫类，如泡沫玻璃等。

(2) 有机材料

① 纤维类　如动物纤维中的羊毛及其毡毯制品,植物纤维中的麻丝,海草和椰子棕丝等。

② 板材类　如三夹板、五夹板、木纤维板、塑料板等。

③ 泡沫类　如轻质聚氨酯泡沫塑料、脲醛泡沫塑料等。

④ 膜材类　如聚乙烯薄膜、乙烯基人造革、油毡、漆布等。

⑤ 织物类　如通气性帘幕、帆布等。

(3) 无机-有机复合材料　如以环氧树脂作憎水处理的超细玻璃棉、以有机物做成毡处理的酚醛矿棉毡、沥青矿棉毡、沥青玻璃棉毡、树脂玻璃棉毡等,以及以树脂作黏结剂的矿棉吸声板和岩棉吸声板等。

6.3.1.2　按材料吸声机理分类

(1) 多孔性吸声材料　由纤维类、颗粒类、泡沫类材料所形成的轻质多孔体。

(2) 共振吸声结构　单个共振器、穿孔板共振吸声结构、微穿孔板共振吸声结构、薄板共振吸声结构、薄膜共振吸声结构等。

(3) 特殊吸声结构　又称复合吸声结构,即由一种或两种及以上吸声材料或吸声结构组成的吸声构件,主要包括空间吸声体、强吸声结构、帘幕吸声体等。

各类吸声材料的吸声性能与声音频率有关,如图6.5所示。

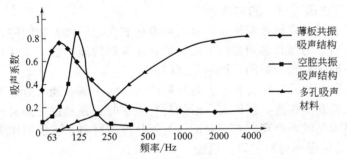

图6.5　吸声材料和结构的吸声频率特征曲线

6.3.1.3　按外观和构造特征分类

可以分为表6.1所列的几种基本类型。

表6.1　主要吸声材料的种类

名称	例　子	主要吸声特性
多孔材料	矿棉、玻璃棉、泡沫塑料、毛毡	中高频吸声好,背后留空腔还能吸收低频
板状材料	胶合板、石棉水泥、石膏板、硬纤维板	低频吸收较好
穿孔板	穿孔的胶合板、石棉水泥、石膏、金属板	中频吸收较好
吸声天花板	矿棉、玻璃棉、软质纤维等吸声板	透气的同多孔材料,不透气的同板状材料
膜状材料	塑料薄膜、帆布、人造革	吸收中低频
柔性材料	海绵、乳胶块	气孔不连通,靠共振有选择地吸收中低频

6.3.2　多孔性吸声材料

多孔吸声材料是普遍应用的吸声材料,大体上可以分为纤维材料、泡沫材料和颗粒材料三大类,见表6.2。

表 6.2　多孔吸声材料基本类型

材料类别	主要种类	常用材料举例	使用情况
纤维材料	有机纤维材料	动物纤维：毛毡	价格昂贵，使用较少
		植物纤维：麻绒、海草、椰子丝	防火、防潮性能差，原料来源丰富
	无机纤维材料	玻璃纤维：中粗棉、超细棉、玻璃棉毡	吸声性能好，保温隔热，不自燃，防腐防潮，应用广泛
		矿渣棉；散棉、矿棉毡	吸声性能好，松散材料易因自重下沉，施工扎手
	纤维材料制品	软质木纤维板、矿棉吸声板、岩棉吸声板、玻璃棉吸声板、木丝板、甘蔗板等	装配式施工，多用于室内吸声装饰工程
颗粒材料	砌块	矿渣吸声砖、膨胀珍珠岩吸声砖、陶土吸声砖	多用于砌筑截面较大的消声器
	板材	膨胀珍珠岩吸声装饰板	质轻、不燃、保温、隔热、强度偏低
泡沫材料	泡沫塑料	聚氨酯泡沫塑料、脲醛泡沫塑料	吸声性能不稳定，使用前需实测吸声系数
	其他	泡沫玻璃	强度高、防水、不燃、耐腐蚀，价格昂贵，使用较少
		加气混凝土	微孔不贯通，使用较少
		吸声粉刷	多用于不易施工的墙面等处

6.3.2.1　多孔性吸声材料的构造特征

多孔性吸声材料的主要构造特征是：材料内部应有大量的微孔或间隙，孔隙应尽量细小且分布均匀；材料内部的微孔必须是向外敞开的，使得声波能够容易地从材料表面进入到材料的内部；微孔一般是相互连通的，而不是封闭的。

材料的开口孔向外敞开，孔孔相连，且孔隙深入材料内部，能有效地吸收声能。闭孔材料的微孔密闭，彼此互不相连，当声波入射到材料表面时，很难进入到材料内部，只是使材料做整体振动，不满足吸声机理，它们只能作为隔热保温材料，不能用作吸声材料。

6.3.2.2　多孔性吸声材料的吸声机理

吸声材料主要的吸声机理是当声波入射到多孔性材料的表面时，沿着微孔或间隙进入材料内部，激发其微孔或间隙内部的空气振动，由于空气与孔壁的摩擦、空气的黏滞阻力，使振动空气的动能不断转化为热能，从而使声能衰减，达到吸声的目的。

在空气绝热压缩时，空气与孔壁间不断发生热交换，由于热传导的作用，也会使声能转化为热能。

多孔材料的透气性能越强，材料的吸声性能越强。吸声系数随频率的增大而增大，但是，吸声频谱曲线在升高过程中有起伏，起伏幅度随频率提高而缩小，并趋向一个变化很小的值。多孔材料频率特性曲线如图 6.6 所示。

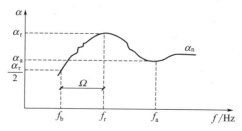

图 6.6　多孔材料频率特性曲线

α_r—峰值吸声系数；f_a—第一共振频率；α_a—第一谷值吸声系数；f_r—第一反共振频率；$\alpha_r/2$—吸声系数下限；f_b—吸声系数下限频率；Ω—f_b 与 f_r 之间的频带宽度；α_n—高频吸声系数

6.3.2.3 多孔材料吸声性能的影响因素

多孔吸声材料的吸声性除与材料本身的特性（如流阻、孔隙率等）有关以外，在实际应用中，还与多孔材料的厚度、容重、材料背后条件、材料表面处理以及温湿度等有关。

(1) 流阻 流阻反应的是空气质点通过多孔材料的阻力的大小。在稳定的气流状态下，吸声材料的压力梯度与气流在材料中的流速之比，定义为材料的流阻，单位为瑞利（rayl）。材料单位厚度上的流阻，称作材料的比流阻。

流阻太小，说明材料稀疏，空气振动容易穿过，吸声性能下降；流阻太大，说明材料密实，空气振动难于传入，吸声性能也下降。

低流阻板材的低频段吸声很小，进入中高频段，吸声系数陡然上升；高流阻板材的低中频吸声系数有一定提高，高频段的吸声能力却明显较低。一定厚度的吸声材料应有一个相应合理的比流阻。在实际工程中，测定空气流阻比较困难，但可以通过厚度和容重粗略估计及控制。流阻也是多孔吸声制品出厂的重要质量指标。

(2) 孔隙率和孔结构 多孔吸声材料都具有很大的孔隙率，一般在70%以上，高的可达90%左右，孔隙率降低将严重影响吸声性能，密实材料孔隙率低，吸声性能低劣。吸声材料对孔隙的基本要求：孔隙是开放的，连通的，且分布应均匀。

孔形状和孔排列方向的不规则程度也是影响吸声性的因素之一。声学研究中引进结构因素（s）作为对孔结构理论假想状态的修正系数。

(3) 厚度 多孔材料一般对中高频吸声性能较好，对低频吸声效果较差。加大材料厚度可以提高其对低频的吸声能力，而对高频影响不显著。但材料厚度增加到一定程度后，吸声效果的提高就不明显了，因此存在一个适宜厚度。理论上，当材料厚度等于入射声波1/4波长时，在相应该波长的频率下具有最大的吸声性能。

一般情况下，多孔材料第一共振频率与材料的厚度近似成反比。厚度增加，低频段吸收加大，峰值吸声系数向低频方向移动。厚度增加一倍，第一共振频率减小一个倍频程。

(4) 容重 在实际工程中，测定材料的流阻、孔隙率通常比较困难，改变材料的容重可以间接控制材料内部微孔含量。所以，对一种多孔吸声材料来说，容重的影响可近似视同为孔隙率的影响。

一般来讲，同一种多孔材料容重越大，孔隙率越小，比流阻越大；厚度不变，增加容重，可以使中低频吸声系数提高，但提高的程度却小于厚度所引起的。同时，会引起高频吸声性能的降低。可见，容重过大或过小都会对多孔吸声材料的吸声性能产生不利的影响，在一定条件下，材料容重存在一个最佳值，合理选择吸声材料的容重对求得最佳的吸声效果是十分重要的。

严格地说，容重并不和吸声系数相对应，在实用范围内，容重的影响比材料厚度所引起的吸声系数变化要小。所以在同样用料情况下，若厚度不受限制，多孔材料以松散为宜。超细玻璃棉合适的容重为15～25kg/m³，玻璃棉的约为100kg/m³，矿棉的约为120kg/m³。

需注意的是，当采用增加容重的方法来提高低频吸收能力时，要防止高频吸收性能的损失，应尽可能在高频吸声能力损失不大的前提下，使第一共振频率处于理想的低频段内。高频段的吸声系数$α_n$取决于吸声材料材质的特征阻抗，只要有效控制特征阻抗不发生变化，一般不会引起高频吸声系数的变化。

(5) 背后条件的影响 当多孔吸声材料背后有空腔时，该空腔对吸声效果的影响与用同样材料填满近似，能够非常有效地提高中低频的吸声效果，工程中常常利用这个特性来节省材料。一般材料的吸声能力越强，该空腔产生的吸声增强作用也越大，吸声系数随空腔中空气层的厚度增加而增加，但增加到一定值后效果就不明显了。如图6.7所示是5cm厚木丝板背后空气层厚度对吸声性能的影响。

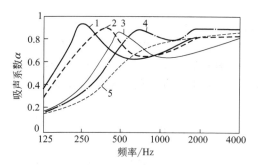

图 6.7 5cm 厚木丝板背后空气层
厚度对吸声性能的影响
1—$D=10cm$；2—$D=5cm$；3—$D=3cm$；
4—$D=2cm$；5—$D=0$

一般当材料背后的空气层厚度为入射声波 1/4 波长的奇数倍时，吸声系数最大；当材料背后的空气层厚度为入射声波 1/2 波长的整数倍时，吸声系数最小。利用这个原理，根据设计上的要求，可通过调整材料背后空气层厚度的办法，来达到改善吸声特性的目的。

(6) 材料面层处理的影响　大多数多孔材料很疏松，整体性差，为满足工程对安全、实用、美观的要求，在使用时常常需要进行表面装饰处理。饰面方法大致有网罩、钻孔、开槽、粉刷、油漆等。

① 网罩　常用的网罩有塑料窗纱、塑料网、金属丝网、钢板网等。网罩的穿孔率较高，薄而轻，其声质量和声阻都很小，其影响可以忽略。

② 钻孔、开槽　材料经钻孔、开槽处理后即成为半穿孔吸声材料，既增加了材料暴露在声波中的有效吸声表面面积，同时使声波易进入材料深处，因此提高了材料的吸声性能。

③ 粉刷、油漆　在多孔材料表面粉刷或油漆等于在材料表面上加了一层高流阻的材料，会堵塞材料里外空气的通路，因此多孔材料的吸声性能大大降低，特别是在高频段影响更显著。

因此，表面防水或粉饰层一般要求为不透气的封闭成膜物质，薄膜对吸声系数的影响除了与薄膜材质因素有关外，对吸声系数影响最大的是薄膜厚度。较小的厚度不降低吸声系数；适当的厚度则由于薄膜吸声结构的吸声作用可以提高吸声系数；较大的厚度因为堵塞多孔结构的通道，阻碍声波进入吸声材料后被吸收，从而减弱空腔共振吸声作用，最终导致吸声系数降低甚至严重降低。

(7) 温度和湿度的影响　温度变化会改变入射声波的波长，从而导致吸声系数所对应的频率特性在不同温度下的变化，即当吸声系数一定时，它所对应的不同温度的频率值的关系为：频率（低温）＜频率（常温）＜频率（高温）。

湿度对多孔材料的影响主要是材料吸水后容易变形，滋生微生物，从而堵塞孔洞，使材料的吸声性能降低。另外，材料吸水后，其中的孔隙就会减少，首先使高频吸声系数降低，然后随着含湿量增加，受影响的频率范围向中低频进一步扩大，并且对低频的影响程度高于高频。在多孔材料饱水情况下，其吸声性能会大幅度下降。

6.3.2.4　常用多孔性吸声材料

(1) 纤维类吸声材料　纤维类吸声材料有玻璃棉、矿渣棉、岩棉、软质纤维板、木丝板等。

① 玻璃棉及制品　玻璃棉是纤维类多孔吸声材料中应用较为广泛的一种无机纤维材料。玻璃棉分为短棉（直径 $10\sim13\mu m$）、超细棉（直径 $0.1\sim4\mu m$）和中级纤维（直径 $15\sim25\mu m$）三种，其中用得最多的是短棉和超细棉。通常所说的玻璃棉指短棉，建筑中常用的短棉容重为 $100kg/m^3$ 左右；超细棉为 $15\sim25kg/m^3$。按化学性质分类，玻璃棉大致分为有碱棉和无碱棉两类；按耐热度分类，其值小于 300℃ 的是普通玻璃棉，小于 1000℃ 的是高硅氧玻璃棉。

玻璃棉的吸声特性具有无机纤维类吸声材料吸声性的典型性，频谱状态符合多孔材料吸声频谱的特征。在中低频范围内，诸多影响因子中，厚度的影响最大。另外，纤维粗细的影响也比较明显，尤其是在吸声频谱的中高频段上。容重相同时，纤维直径越小，吸声材料的孔隙率就越大，孔结构越复杂，吸声材料的平均吸声系数也就越大。在设计和实际应用中，需同时指明玻璃棉的厚度和容重。

玻璃棉具有容重小，热导率小，不燃烧，耐热，耐腐蚀，防潮和吸声系数高等优点。但玻璃棉性脆、易折断，因此施工时一定要注意劳动保护，否则对皮肤刺激很大。超细玻璃棉则有所改进，但超细玻璃棉的吸水率高，不宜使用在潮湿的环境中，若要使用，必须用憎水剂（由硅油、环氧树脂、环氧丙烷丁基醚等配制而成）进行憎水处理。各种玻璃棉和玻璃棉装饰吸声板的性能指标见表6.3及表6.4。

表6.3 各种玻璃棉的一般性能指标

名称	纤维直径/μm	容重/(kg/m³)	吸声系数（厚度50mm，频率500~400Hz）	常温热导率/[kcal/(m·h·℃)]①	备注
普通玻璃棉	<15	80~100	0.75~0.97	0.052	(1)使用温度不能超过300℃ (2)耐腐蚀性较差
普通超细棉	<5	20	≥0.75	0.035	(1)一般使用温度不能超过300℃ (2)在水的作用下，化学稳定性差，易受破坏
无碱超细棉	<2	4~15	≥0.75	0.033	(1)一般使用温度为-120~600℃ (2)耐腐蚀性强 (3)纤维耐水性能好
高硅氧棉	<4	95~100	≥0.75	当温度为262~413℃时，热导率为0.068~0.1	(1)耐高温 (2)耐腐蚀性强
中级纤维棉	15~25	80~100	≥0.075	≤0.058	(1)一般使用温度不能超过300℃ (2)耐腐蚀性较差

① 1kcal/(m·h·℃)=1.163W/(m·℃)。

表6.4 玻璃棉装饰吸声板的产品规格及技术指标

名称	规格/mm	容重/(kg/m³)	抗折强度/MPa	吸声系数			
				250Hz	500Hz	1000Hz	2000Hz
硬质玻璃棉装饰吸声板	16×300×400 16×400×400 30×500×500	300	1.6	0.13	0.30	0.59	0.78
半硬质玻璃棉装饰吸声板	40×500×500 50×500×500	100	—	0.29	0.62	0.74	0.71

② 矿渣棉及其制品　矿渣棉也称矿棉，利用工业废料矿渣（高炉矿渣或铜矿渣、铝矿渣等）为主要原料，经熔化、高速离心法或喷吹法等工序制成的棉丝状的无机纤维，具有无机纤维材料的一般优缺点。

矿渣棉有长纤维和短纤维两种，长纤维长度为50~200mm，纤维直径为3~5μm；短纤维长度为30~50mm，纤维直径为8~10μm。长纤维矿渣棉的弹性优于短纤维矿渣棉。与玻璃棉相比，矿渣棉的表观密度较大，通常为70~150kg/m³，高者可达200kg/m³。

矿渣棉具有质轻、防火、防蛀、热导率低、耐温（达300~400℃）、耐腐蚀、化学稳定性强、吸声性能好等特点。但矿渣棉含杂质较多，有渣球，性脆易折断，甚至散成粉末，因此它对皮肤也有刺激性，施工时要注意劳动保护，不宜在有气流扰动的场合使用。

矿渣棉制品有很多。矿渣棉中加黏结剂经一定工艺可做成矿棉毡，如酚醛矿棉毡和沥青矿棉毡等。矿渣棉还可以制造矿棉吸声板,注意要采取发泡工艺制作,并在表面作轧化或打孔处理,否则由于胶结料填充了孔隙,将大大降低其吸声性能。矿渣棉吸声装饰板的一般规格尺寸为长 500~600mm,宽 300~600mm,厚 9~16mm,其规格及性能指标见表 6.5。

表 6.5　矿渣棉吸声装饰板的规格及性能指标

规格/mm	技术指标					
	容重/(kg/m³)	抗弯强度/MPa	吸湿率/%	防火	热导率/[W/(m·K)]	平均吸声系数
(10~14)×300×300, (10~14)×500×500,有各式花色图案	300~500	≥0.8	≤2	自熄	0.57	0.49

③ 岩棉及其制品　岩棉是以岩石为主要原料的一种无机纤维材料,所采用的岩石主要为玄武岩,经高温熔融,再经四辊高速离心机甩制成的棉状。与矿渣棉相比,岩棉质地更为纯良,其纤径通常为 4~6μm,表观密度为 80~150kg/m³。吸声性能较矿渣棉好,是一种轻质、高吸声性的新型吸声材料,价格低,经济性好。

岩棉一般不直接使用,而是加入一定量的黏结剂,经预压后在高温下聚合、固化,定型为岩棉吸声饰面板。其特点是质轻、防火、吸声、隔热,且有一定的强度。岩棉吸声装饰板的性能见表 6.6。

表 6.6　岩棉吸声装饰板的性能

项目	指标	项目	指标
密度/(kg/m³)	<200	吸湿率/%	<0.52
抗折强度/MPa	<0.40	防火性能	难燃
热导率/[W/(m·K)]	<0.04650	吸声系数	0.22~0.77(100~4000Hz)

近年来,随着工艺的改进,出现了一些新型的岩矿类无机纤维材料。例如,以优质矿渣和硅石为原料的无机纤维,配上特制的防尘油而加工成的纤维粒状棉,可作为各类吸声板的原材料,吸声性能优良,具有防火和保温的优点。以天然焦宝石为原料的无机纤维,又称硅酸铝棉,是一种经 2000℃ 以上电炉熔化,又经高压蒸汽或空气喷吹而成的定长短纤维,其耐高温性能优异,是高温工况中的优良吸声材料。

④ 软质纤维板　软质纤维板是采用边角木料(主要是阔叶材,如椴木、水曲柳等的下脚料)、稻草、甘蔗渣、麻丝、纸浆等植物纤维,经切碎、软化处理、打浆加压成型的。成型好的软质纤维板还要经过表面处理(如贴以钛白纸或钻孔等),以满足装饰性、防火等要求。软质纤维板具有结构松软、多孔、略有弹性、隔热、吸声等特点,容重一般为 220~260kg/m³,不同于硬质纤维板。

⑤ 木丝板　又称万利板,是先以木材下脚料经机械刨成均匀木丝,然后把用水浸湿的木丝、硅酸钠溶液与普通水泥和其他掺和料在搅拌机中拌和,搅拌均匀后,经铺模、冷压成型、干燥、养护等而成的一种吸声材料。它的厚度为 15~50mm,尺寸为 (1200~2850)mm×(600~900)mm,容重为 400~700kg/m³。它吸声、价廉,具有一定的防潮性。注意不要把它和刨花板混为一谈,刨花板不属于多孔材料,它是用木材碎料经原料蒸煮、干燥、施胶、铺板坯、热压等工艺处理而成,主要用作门芯板、墙裙等。

(2) 泡沫类吸声材料　泡沫类吸声材料是具有开孔型特征的材料,如脲醛泡沫塑料、软质聚氨酯泡沫塑料等。闭孔型的泡沫材料主要用于保温绝热及仪器包装材料，不能作为吸声材料使用。

① 泡沫塑料　鉴于存在密度、强度、防潮、防火等方面的要求，在品种规格很多的泡沫塑料产品系列中，目前用于吸声的主要是阻燃型的聚氨酯泡沫塑料，以及三聚氰胺泡沫塑料。常用形状规格为板状，故称为泡沫塑料吸声板。泡沫塑料另有硬质和软质之分，用于吸声的多为软质的。软质泡沫塑料按表面状态又有平面型和波浪型的两种，其中平面型还有表面覆膜与否之分。所谓覆膜，即覆以一层对吸声影响甚小，却能防尘、防水、防油，以免泡沫孔道堵塞，又便于清洗的塑料薄膜。

泡沫塑料吸声板的吸声性能较高，吸声系数一般随板厚提高，吸声效果与前述玻璃棉、岩棉等纤维多孔性材料相同。聚氨酯泡沫塑料吸声板的强度较高，柔韧性也较好，易于安装加工，不易损坏。三聚氰胺泡沫塑料吸声板的强度相对较低，也较易受损；但其泡沫具有吸声、隔热保温、耐热耐潮、性能稳定、阻燃防火等特性，无毒无味，环保安全，因此，在建筑及交通运输工具和设备的吸声、隔声和降噪工程中有着广泛的应用。

② 泡沫玻璃　又称多孔玻璃，可着色，不褪色，有一定装饰性，但一般为白色。泡沫玻璃由粉末焙烧法生产，经高温熔融发泡和退火冷却加工而成，孔隙率可达80%以上，孔径通常为0.1～5mm，也可小至数微米，孔型为开口型。

泡沫玻璃质轻，不燃，不腐，不吸湿，热胀小，尺寸稳定，有一定吸声性能，但不属于强吸声材料，可用于户外露天以及潮湿环境，如水下地下工程、游泳馆等场合的声学工程中。

与泡沫玻璃的结构和吸声性能相近的一种同为非纤维刚性泡沫结构的吸声材料是泡沫陶瓷，是将陶瓷料浆附着于泡沫载体之上，经养护硬化或高温烧结而成的一种无机多孔吸声材料。与泡沫玻璃比较，泡沫陶瓷的密度较大，强度和刚度都更高，具有很强的耐候性，适用于户外及潮湿环境。

常用建筑材料中的加气混凝土也属于刚性泡沫型的板块材料。经声学研究，一般加气混凝土的孔结构属于互不贯通型，虽然在高频段具有一定的吸声性能，但平均吸声系数却很低，在专业的吸声设计中很少采用，不过，仍是建筑砌体材料中吸声性能最高的一种。

③ 泡沫金属　主要产品有铝泡沫吸声板和铝粉末烧结板。铝泡沫吸声板的制造工艺有发泡法、渗流法、电镀法三种，分别采用发泡剂、可溶解填料以及泡沫塑料载体，以形成铝金属板体中的泡沫结构，所得泡孔尺寸较大，主孔径为1.6mm左右，因板厚仅在数毫米，所以材料流阻偏小，吸声性能并不太高。铝粉末烧结板则利用粒径为$200\mu m$的铝粉，经拌和、装模、烧结而成，所得产品孔隙微小，孔道曲折，板厚更小，为2.5～3.0mm，密度更低，面密度仅为$3.5kg/m^3$，因而吸声性能依然不高。这两种泡沫金属吸声板的共同特点是强度高、防火、耐水、抗冻、耐候、可循环回收、不污染环境，都是强吸声结构的重要组成部分。例如，利用共振吸声体结构，可以明显提高其吸声系数。

常用的泡沫类吸声材料吸声系数见表6.7。

表6.7　常用的泡沫类吸声材料吸声系数（除注明外均为管测法）

材料名称	厚度/cm	密度/(kg/m³)	不同频率下的吸声系数						备注
			125Hz	250Hz	500Hz	1000Hz	2000Hz	4000Hz	
脲醛泡沫塑料	10	—	0.47	0.70	0.87	0.86	0.96	0.97	长春产
	3	20	0.10	0.17	0.45	0.67	0.65	0.85	
	5	20	0.22	0.29	0.40	0.68	0.95	0.94	

续表

材料名称	厚度/cm	密度/(kg/m³)	不同频率下的吸声系数						备注
			125Hz	250Hz	500Hz	1000Hz	2000Hz	4000Hz	
聚氨酯泡沫塑料	3	53	0.05	0.10	0.19	0.38	0.76	0.82	天津产
	3	56	0.07	0.16	0.41	0.87	0.75	0.72	
	4	56	0.09	0.25	0.65	0.95	0.73	0.79	
	5	56	0.11	0.61	0.91	0.75	0.86	0.81	
	3	71	0.11	0.21	0.71	0.65	0.64	0.65	
	4	71	0.17	0.30	0.76	0.56	0.67	0.65	
	5	71	0.20	0.32	0.70	0.62	0.68	0.65	
氨基甲酸酯泡沫塑料	2	—	0.06	0.07	0.16	0.51	0.84	0.65	
	3	—	0.07	0.13	0.32	0.91	0.72	0.89	
	4	—	0.12	0.22	0.57	0.77	0.77	0.76	
	2.5	25	0.05	0.07	0.26	0.81	0.69	0.81	
	5	36	0.21	0.31	0.86	0.71	0.86	0.82	
聚氨酯泡沫塑料	2.5	40	0.04	0.07	0.11	0.16	0.31	0.83	北京产
	3	45	0.06	0.12	0.23	0.46	0.86	0.82	
	5	45	0.06	0.13	0.31	0.65	0.70	0.82	
	4	40	0.10	0.19	0.36	0.70	0.75	0.80	上海产
	6	45	0.11	0.25	0.52	0.87	0.79	0.81	
	8	45	0.20	0.40	0.95	0.90	0.98	0.85	
硬质聚氯乙烯泡沫塑料	2.5	10	0.04	0.04	0.17	0.56	0.28	0.58	光面
			0.04	0.05	0.11	0.27	0.52	0.67	毛面
聚乙烯泡沫塑料	1	26	0.04	0.04	0.06	0.08	0.18	0.29	北京产
	3		0.04	0.11	0.38	0.89	0.75	0.86	
酚醛泡沫塑料	1	28	0.05	0.10	0.26	0.55	0.52	0.62	太原产
	2	16	0.08	0.15	0.30	0.52	0.56	0.60	
2cm聚氯乙烯泡沫塑料加4cm玻璃棉			0.13	0.55	0.88	0.68	0.70	0.90	
2cm聚氯乙烯泡沫塑料加4cm玻璃棉,距墙6cm			0.60	0.90	0.76	0.65	0.77	0.90	
泡沫玻璃砖	2	210	0.08	0.39	0.52	0.55	0.55	0.51	嘉兴产(混响室法测)
	3	210	0.13	0.29	0.51	0.51	0.55	0.59	
	5	210	0.21	0.29	0.42	0.46	0.55	0.72	
	5.5	340	0.03	0.08	0.42	0.37	0.22	0.33	
泡沫水泥	7.5			0.03	0.26	0.29	0.33	0.38	长春产

(3) 颗粒类吸声材料 颗粒状原材料如珍珠岩、蛭石、矿渣等,可以组成具有良好吸声性能的材料。

① 微孔吸声砖 微孔吸声砖是利用工业废料煤矸石、锯末为主要原料,掺入石膏、白云石、硫酸,经干燥、焙烧而成的,对低频声波有很好的吸收能力。它的容重为340~450kg/m³,具有吸声、保温、耐化学品腐蚀、防潮、耐冻、防火、耐高温等优点,适用于

地下工程大断面消声器用。

② 陶土吸声砖　陶土吸声砖是把碎砖瓦破碎，经筛选，与胶结剂、气孔激发剂经混合搅拌成型，高温焙烧而成。这种吸声砖根据构造可分为实心吸声砖和空心吸声砖，在中高频均具有很高的吸声系数。它耐潮、防火、耐腐蚀，强度较高，适用于具有高速气流的强噪声排气消声结构中。

③ 膨胀珍珠岩吸声板　膨胀珍珠岩吸声板是以膨胀珍珠岩为骨料，水玻璃、水泥、聚乙烯醇、聚乙烯醇缩醛或其他聚合物为黏结剂，按一定的配比混合，经搅拌成型、加压成型、热处理、整边、表面处理而成的一种轻质装饰吸声板。它具有防火、保温、隔热、防腐、施工装配化和干作业等优点，也适用于地下工程及大断面消声器作吸声材料。

④ 膨胀蛭石　膨胀蛭石是原料为蛭石的一种经人工加热膨胀所得的无机颗粒材料。与膨胀珍珠岩比较，膨胀蛭石的粒径范围较宽，通常为 $1 \sim 25 mm$；表观密度较小，为 $80 \sim 200 kg/m^3$；矿物组分和化学成分更加复杂，属于含镁、铁的水铝硅酸盐次生变质岩，耐碱不耐酸。作为吸声材料，膨胀蛭石的性能类似膨胀珍珠岩。

常用的颗粒类吸声材料吸声系数见表 6.8。

表 6.8　常用的颗粒类吸声材料吸声系数（除注明外均为管测法）

材料名称	厚度/cm	密度/(kg/m³)	不同频率下的吸声系数						备注
			125Hz	250Hz	500Hz	1000Hz	2000Hz	4000Hz	
微孔吸声砖	3.5	370	0.08	0.22	0.38	0.45	0.65	0.66	北京产（混响室法测）
	5.5	620	0.20	0.40	0.60	0.52	0.65	0.62	
	5.5	830	0.15	0.40	0.57	0.48	0.59	0.60	
	5.5	1100	0.13	0.20	0.22	0.50	0.29	0.29	
	9.5		0.41	0.60	0.55	0.63	0.68	0.75	
石英砂吸声砖	6.5	1500	0.08	0.24	0.78	0.43	0.40	0.40	长春产
矿渣膨胀珍珠岩吸声砖	11.5	700~800	0.31	0.49	0.54	0.76	0.76	0.72	混响室法测
纯矿渣吸声砖	11.5	1000	0.30	0.50	0.52	0.62	0.65		
加气混凝土	5	500	0.07	0.18	0.10	0.17	0.31	0.33	北京产
陶土吸声砖	11.5	1250	0.24	0.59	0.67	0.79	0.71	0.63	上海产（混响室法测）
加气混凝土穿孔板	5	500	0.11	0.17	0.48	0.33	0.47	0.35	φ5mm 北京产
	6	500	0.10	0.10	0.10	0.48	0.20	0.30	φ3mm
泡沫混凝土	4.4	210	0.09	0.31	0.52	0.43	0.52	0.50	沈阳产
	2.4	290	0.06	0.19	0.55	0.84	0.52	0.50	
	4.2 4.1	300	0.11	0.25	0.45	0.45	0.57	0.53	
纯膨胀珍珠岩	4.0	250~350	0.16	0.28	0.51	0.76	0.73	0.60	宜兴产（混响室法测）
水玻璃膨胀珍珠岩	10		0.45	0.65	0.59	0.62	0.68		
水泥膨胀珍珠岩板	5	350	0.16	0.46	0.64	0.48	0.56	0.56	北京产
	8		0.34	0.47	0.40	0.37	0.48	0.55	上海产
石棉蛭石板	3.4	420	0.22	0.30	0.39	0.41	0.50	0.50	北京产
蛭石板	3.8	240	0.12	0.14	0.35	0.39	0.55	0.54	
石棉水泥穿孔板（厚4cm，φ9mm，穿孔率1%）后腔填5cm玻璃棉			0.19	0.54	0.25	0.15	0.02		

6.3.3 共振吸声结构

空间的围蔽结构和空间中的物体，在声波激发下会发生振动，振动着的结构和物体由于自身内摩擦和与空气的摩擦，要把一部分振动能量转变为热能而损耗。根据能量守恒定律，这些损耗的能量都来自激发结构和物体振动的声波能量，因此振动的结构和物体都要消耗声能，产生吸声效果。根据共振吸声原理，共振现象发生在共振吸声结构的自振频率与入射声波的频率相一致的时候，这时吸声结构的受激振幅达到最大，致使声能消耗，显示出吸声功效。

与多孔性吸声材料的吸声特性突出表现在中高频范围不同，共振吸声结构主要对中低频有很好的吸声特性。因此在进行声学装修时，合理地将共振吸声材料和结构与多孔性吸声材料相结合，可以达到全频吸声的效果。

常见的共振吸声结构一般分为两种：一种是空腔共振吸声结构；另一种是薄板或薄膜共振吸声结构。

6.3.3.1 空腔共振吸声结构

空腔共振吸声结构是结构中封闭有一定的空腔，并通过有一定深度的小孔与声场空间连通。

（1）吸声机理　空腔共振吸声结构的吸声机理可以用亥姆霍兹共振器来说明。如图 6.8 所示为空腔共振吸声结构示意。

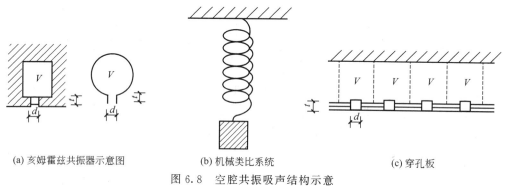

(a) 亥姆霍兹共振器示意图　　(b) 机械类比系统　　(c) 穿孔板

图 6.8　空腔共振吸声结构示意

当孔的深度 t 和孔径 d 比声波波长小得多时，孔径中的空气柱的弹性变形很小，可以看作是质量块来处理。封闭空腔的体积比孔径大得多，起着空气弹簧的作用，整个系统类似弹簧振子。当外界入射声波频率和系统固有频率相等时，孔径中的空气柱就由于共振而产生剧烈振动，在振动过程中，由于克服摩擦阻力而消耗声能。

这种共振器具有很强的频率选择性，它在共振频率附近吸声系数较大，而对离共振频率较远的频率的声波吸收很小。因此，实际工程中这种共振器很少单独使用。如果要吸收的是单一频率，单个共振器是有用的，这多用于剧院以调整和改善低频的吸收。为了充分发挥每个共振器的作用，它们之间在布置上应保持一定距离。

（2）穿孔板吸声结构和微穿孔板吸声结构　在各种穿孔板、狭缝板背后设置空气层，或在空腔中加填多孔吸声材料，或专门制作带孔颈的空心砖，或空心砌块等形成的吸声结构，是工程中最常见的空腔共振吸声结构。其原理同亥姆霍兹共振器相似，它们相当于许多亥姆霍兹共振器并列在一起，而吸声效果则得到了显著加强。这类结构取材方便，并有较好的装饰效果，所以使用较广泛。常用的有穿孔的石膏板、硬质纤维板、石棉水泥板、胶合板、钢板和铝板等。穿孔板结构具有适合于中频的吸声特性，且其吸声特性还受其板厚、孔径、穿孔率、孔距、背后空气层厚度的影响。

在厚度小于1mm的薄板上钻孔,孔径为0.8~1mm,穿孔率 P 为 1%~5%,并在薄板后设置空气层,由此构成微穿孔板吸声结构。当板后有一定间距的空气时,能起到穿孔共振吸声结构的作用。由于微孔板的穿孔细小,声阻较大,相比一般穿孔板结构,无论吸声系数还是吸声频带宽度,都有明显的增进,既能代替吸声材料,又能起到共振吸声结构的双重作用,因而是一种良好的宽频带吸声结构,特别适合在高温、高速气流和潮湿等恶劣环境下应用。工程上,常采用不同穿孔率的两层微孔板附带不同深度的两层空气层相复合,以拓宽吸声频带。随着微孔吸声理论的发展以及钻孔技术的提高,微孔板的材质范围已从传统的金属板扩展到塑料板、有机玻璃板、透光性聚合物膜、玻璃纤维织片等。

6.3.3.2 薄板或薄膜共振吸声结构

皮革、人造革、塑料薄膜等材料因具有不透气、柔软、受拉时有弹性等特点,将其固定在框架上,背后留有一定的空气层,即构成薄膜共振吸声结构。某些薄板固定在框架后,也能与其后面的空气层构成薄板共振吸声结构。

其吸声机理为:声波入射到薄膜、薄板结构,当声波的频率与薄膜、薄板的固有频率接近时,膜、板产生剧烈的振动,由于膜、板内部和龙骨间摩擦损耗,使声能转变为机械振动,最后转变为热能,从而达到吸声的目的。

由于低频声波比高频声波容易使薄膜、薄板产生振动,所以薄膜、薄板吸声结构是一种很有效的低频吸声构造。

当薄膜作为多孔材料的面层时,结构的吸声特性取决于膜和多孔材料的种类以及安装法。一般来说,在整个频率范围内的吸声系数比没有多孔材料而只用薄膜时普遍提高。

6.3.4 其他吸声结构

多孔性吸声材料主要吸收中、高频声能,而共振吸声结构主要吸收低频声能。这两类材料(或结构)通常配合用于控制厅堂内的混响时间和宽频带的噪声,故被称为常规吸声结构。其他吸声结构是指该材料(或结构)具有特殊的吸声功能和能适应建筑中某些特殊要求的吸声结构。

6.3.4.1 空间吸声体

空间吸声体实质是吸声材料或结构的空中悬置体。把吸声材料或吸声结构悬挂在室内离壁面一定距离的空间中,声波可以从不同角度入射到吸声体,其吸声效果比相同的吸声体实贴在刚性壁面上好得多。

空间吸声体是共振吸声结构和多孔吸声材料的组合,因此它有很宽的吸收频带,不仅能吸收高频,对低频吸收也非常好。若以投影面积计算,其吸声系数(尤其高频段)甚至可大于1。

空间吸声体的结构形式变化无穷,常用形式有矩形体、平板状、圆柱状、圆锥状、棱锥状、球状、多面体等,如图6.9所示。但它们的声学功能都是以尽可能小的吸声面积换取尽可能大的吸声效果。其吸声效果除与本身构成的材料和形式有关外,还与它在空间摆放的位置、间距、数目有关。可以根据不同的使用场合和具体条件,因地制宜地设计成各种形式,既能

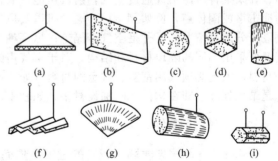

图 6.9 几种常见空间吸声体的结构形式

获得良好的声学效果,又能获得建筑艺术效果。

空间吸声体的优点在于它可以充分发挥多孔吸声材料的吸声性能,吸声效率高,节约吸声材料,可预先制作,既便于安装,也便于维修,特别适用于那些已建成房屋的声学处理,及大面积、多声源、高噪声车间,如织布、冲压钣金车间等。目前空间吸声体在噪声控制工程中应用广泛。

6.3.4.2 强吸声结构

在声学实验室、消声室等特殊场合,需要房间界面对于在相当低的频率以上的声波都具有极高的吸声系数,这时必须使用强吸声结构。吸声尖劈是最常用的强吸声结构。尖劈多为框架结构,内填多孔吸声材料,劈部指向声场空间,利用吸声层逐渐过渡的结构特点,将从尖劈的尖刃部入射并抵达其整个表面的大部分声波吸收,正入射吸声系数要求高达0.99。

尖劈的中高频吸声系数一般都很高,低频吸声系数则随着频率降低而减小,技术上将尖劈的垂直入射吸声系数 $\alpha_0 \geqslant 0.99$ 时所对应的最低吸声频率称为尖劈的截止频率,用以评价尖劈吸声功能的高低。

研究表明,尖劈的截止频率与尖劈的长度成反比,长度越大,截止频率越低,材料高效吸声的频率范围越宽。但实际中一般不允许过长以及太尖的尖劈,所以常采用截去部分(10%~20%)尖劈的做法,使吸声尖劈不会占据太大的空间并有利于安全。

6.3.4.3 帘幕

纺织品大都具有多孔材料的吸声性能,但由于它的厚度一般较薄,仅靠纺织品本身作为吸声材料使用得不到大的吸声效果。如果幕布、窗帘等离开墙面、窗玻璃有一定距离,恰如多孔材料背后设置了空气层,尽管没有完全封闭,但对中高频甚至低频的声波就会有一定的吸声作用。

6.4 隔声材料与结构

隔声材料与结构,是指把空气中传播的噪声隔绝、隔断、分离的材料、构件或结构。对于隔声材料,要减弱透射声能,阻挡声音的传播,就不能如同吸声材料那样多孔、疏松、透气,相反它的材质应该是重而密实的,如钢板、铅板、砖墙等一类材料。隔声材料材质的要求是密实、无孔隙或缝隙,有较大的重量。由于这类隔声材料密实,难于吸收和透过声能而反射能力强,所以它的吸声性能通常较差,同样吸声性能好的材料其隔声性能也较弱。但是,如果将两者结合起来应用,则可以使吸声性能与隔声性能都得到提高。比如,实际中常采用在隔声较好的硬质基板上铺设高效吸声材料的做法制作隔声墙,不但使声音被阻挡、反射回去,而且使声音能量大幅度降低,从而达到极高的隔声效果。

声音如果只通过空气的振动而传播,称为空气声,如说话、唱歌、吹喇叭等都产生空气声;如果某种声源不仅通过空气辐射其声能,而且同时引起建筑结构某一部分发生振动时,称为撞击声或固体声,例如脚步声、电动机以及风扇等产生的噪声为典型的固体声。6.2节已谈到隔声分两种情况:一种是空气声隔绝;另一种是固体声(撞击声)隔绝。对于这两种不同的情况要采用不同的隔声材料和结构。对于空气声的隔声,应选用不易振动的、单位面积质量大的材料,因此必须选用密实、沉重的材料(如黏土砖、混凝土等)。对固体声最有效的隔声措施是结构处理,即在构件之间加设衬垫,如软木、矿棉毡等,以隔断声波的传递。

6.4.1 空气声隔绝

6.4.1.1 单层匀质墙(板)的空气声隔绝

单层墙是最基本的隔声结构,对墙体隔声性能的研究是常用墙体材料用作建筑隔声材料的理论依据。单层匀质墙（板）的隔声频率特征曲线（图 6.10）表明，墙体隔声性能的主要影响因素有墙板的面密度、墙板的劲度、材料的内阻尼和入射声波的频率。频率从低端开始，板的隔声受劲度控制，隔声量随频率增加而降低；随着频率的增加，质量效应增大，在某些频率，劲度和质量效应相抵消而产生共振现象，此时的频率称为共振基频。这时板振动幅度很大，隔声量出现极小值，大小主要取决于构件的阻尼，称为"阻尼控制"。当频率继续增高，则质量起重要作用，这时隔声量随着

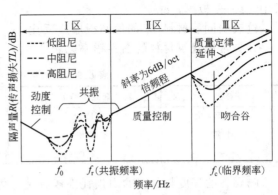

图 6.10　单层匀质墙（板）的隔声频率特征曲线

频率的增加而增加；而在吻合临界频率处，隔声量有一个较大的降低，形成一个隔声量低谷，通常称为"吻合谷"。在一般建筑构件中，共振基频很低，常为 5～20Hz，对隔声影响不大。因而在主要声频率范围内，隔声受质量控制，这时劲度和阻尼的影响较小，可以忽略，从而把墙看成是无刚度、无阻尼的柔顺质量。

（1）质量定律　如果把墙看成是无刚度、无阻尼的柔顺质量，且忽略墙的边界条件，假定墙为无限大，则在声波垂直入射时，可从理论上得到墙的隔声量 R_0 的近似计算公式。

$$R_0 = 20\lg m + 20\lg f - 43 \tag{6.20}$$

式中　R_0——隔声量，dB；
　　　m——墙体的单位面积质量，kg/m^2；
　　　f——入射声的频率，Hz。

如果声波是无规入射，则墙的隔声量大致比正入射时的隔声量低 5dB。

隔声量的近似公式说明单位面积质量越大，隔声效果越好，单位面积质量每增加一倍，隔声量增加 6dB，这一规律通常称为"质量定律"。同时还可以看出，入射声频率每增加一倍，隔声量也增加 6dB。当 m 或 f 增加一倍时，R_0 的实际测量结果通常达不到增加 6dB，一般前者为 4～5dB，后者为 3～5dB。

（2）吻合效应　隔声材料有一定弹性，当声波入射时便激发振动在隔层内传播。当声波不是垂直入射，而是与隔层呈一角度 θ（$0<\theta\leqslant\pi/2$）入射时，声波波前依次到达隔层表面，而先到隔层的声波激发隔层内弯曲振动波沿隔层横向传播，若弯曲波传播速度与空气中声波渐次到达隔层表面的行进速度一致时，声波便加强弯曲波的振动，这一现象称吻合效应。这时弯曲波振动的幅度特别大，并向另一面空气中辐射声波的能量也特别大，从而降低隔声效果。

当 $\theta=\pi/2$ 时，声波掠入射板面，可以得到发生吻合效应的最低频率——吻合临界频率 f_c。在 $f_c<f$ 时，某个入射声频率 f 总与某一个入射角 θ（$0<\theta\leqslant\pi/2$）对应，产生吻合效应。但在正入射时，$\theta=0$，板面上各点的振动状态相同（同相位），并不发生弯曲振动，只有与声波传播方向一致的纵振动。

入射声波如果是扩散入射，在 $f=f_c$ 时，板的隔声量下降很多，隔声频率曲线在 f_c 附近形成低谷，称为"吻合谷"。临界频率 f_c 是吻合效应的最低频率，此时隔声量降低很大，所以应设法不要出现在声频的重要频段。f_c 与单层墙（或板）的容重、厚度、弹性模量等因素有关，对于不同的材料，f_c 可以记为：

$$f_c = 常数 \times \frac{1}{t} \tag{6.21}$$

式中 t——板厚，cm。

这表明同一材料 f_c 的值与板厚成反比。

几种常用建筑材料的临界频率见表 6.9。

表 6.9 几种常用建筑材料的临界频率

材料	临界频率 f_c	材料	临界频率 f_c
玻璃	1200	混凝土	2020
钢、铝	1280	胶合板	2260
砖	2700	泡沫混凝土	4125

吻合谷的深度与材料的内损耗因素有关，内损耗因素越小（如钢、铝等材料），吻合谷越深。对钢板、铝板等可以涂刷阻尼材料（如沥青）来增加阻尼损耗，使吻合谷变浅。研究表明，薄、轻、柔墙材的 f_c 常在高频段，厚、重、刚墙材的 f_c 常在低频段。避免吻合谷发生在声频的主要范围中，是提高这类墙体结构隔声效果的方法之一。

（3）阻尼作用 材料的内阻尼可明显提高隔声效果，减弱共振和吻合效应的不利影响，特别能有效抑制吻合谷的产生和进展。一般建筑材料的内阻尼很小，其值随温度、频率和振幅的变化不大，多在 $10^{-4} \sim 10^{-2}$ 之间。工程上，选用合适的阻尼材料和阻尼结构是当前提高建筑体隔声效果的常用手段。

（4）衍射现象 单层墙隔声除了要避免吻合效应外，还要特别注意孔洞和缝隙的存在对隔声量的影响。研究表明，当墙体带有孔隙或拼接缝时，隔声量都低于质量定律所示值。通过抹面，隔声量可恢复到符合质量定律的水平。

孔洞对隔声的影响主要是在高频，而且受孔洞空气管柱共振频率的影响，高频段低落的隔声频率特征曲线呈现有规律的起伏；缝隙对隔声的影响比孔洞严重，隔声频率特征曲线自中频段就出现明显的下降，并且随频率的提高，下降的幅度逐渐加大。对于相同的缝隙/构件面积比来说，构件本身隔声性能越好，由孔洞缝隙引起的隔声量的下降值越大。因此控制空气声隔绝时，一定要避免墙与墙接头处存在缝隙。为隔绝声波在隔声材料的孔洞缝隙中的透泄，各种隔声密封材料应运而生。

6.4.1.2 双层墙的空气声隔绝

从质量定律可知，单层墙的单位面积质量增加一倍，即材料不变，厚度增加一倍，从而质量增加一倍，隔声量只增加 6dB，实际上还不到 6dB。显然，靠增加墙的厚度来提高隔声量是不经济的；增加结构的自重，也是不合理的。如果把单层墙一分为二，做成双层墙，之间留有空气间层，则墙的总重量没有变，而隔声量却比单层墙有了提高。也就是说，两边等厚双层墙虽然比单层墙用料多了一倍，但隔声量的增加要超过 6dB。

双层墙可以提高隔声能力的重要原因是空气间层的作用。声波入射到第一层墙板时，使墙板发生振动，此振动通过空气间层传至第二层墙板，再由第二层墙板向另一室辐射声能。空气间层可以看作是与两层墙板相连的"减振弹簧"，在受到第一层墙体传来的振动时，会产生弹性变形，减弱对第二层墙体的振动，从而提高整个墙体的隔声量。双层墙的隔声量可以用单位面积质量等于双层墙两侧墙体单位面积质量之和的单层墙的隔声量加上一个空气间层附加隔声量来表示。空气间层附加隔声量与空气间层的厚度有关，大量实验证明，附加隔声量随着空气间层厚度的增加而增加，但当厚度增加到 10cm 左右以后，隔声量基本就不再增加了。

同时，中空的双层墙体又形成一个质量-弹簧共振系统，隔声量会在这个共振频率上有所减小。常用重质建材（砖、混凝土等）双层墙体的共振频率为 $15 \sim 25$Hz，处在可闻域之外，不会影响隔声效果。而轻型墙体中空双层结构的共振频率多在可闻域内（125～

250Hz），隔声将受其影响。相应的改进措施大致有：增加两板之间的距离、增加材料面密度、贴阻尼材料、增设多孔吸声材料层和弹性材料层等。

实际工程上，这两层墙之间常有刚性连接，它们能较多地传递声音能量，使附加隔声量降低，这些连接称为"声桥"。如果"声桥"过多，将使空气间层完全失去作用，必须采取分隔措施予以克服。

另外，双层墙的每一层墙都会产生吻合现象，如果两侧墙是相同的，则两者的吻合临界频率 f_c 是相同的，在 f_c 处，双层墙的隔声量会下降，出现吻合谷。所以，设计时要错开两层墙的吻合临界频率，如两层墙的厚度不一样，或材料不同，则两者的吻合临界频率不一样，可使两者的吻合谷错开；或者一层采用重质墙，一层采用轻质墙。

6.4.1.3 轻型墙的空气声隔绝

现代建筑材料的发展方向是轻质高强，高层建筑和框架式建筑大量采用轻型结构及成型板材，根据质量定律，它们的隔声性能较差，应该通过一定的构造来提高其隔声效果，主要措施如下。

① 将多层密实板用多孔材料（如玻璃棉、泡沫塑料等）分隔，做成夹层结构，则隔声量比材料重量相同的单层墙可以提高很多。多层复合板的层次也不要做得太多，一般3~5层即可，每层厚度也不宜太薄。

② 按照不同板材所形成的固有的吻合临界频率 f_c 进行合理的组合使用，以避免吻合临界频率落在重要声频区（100~2500Hz）的范围内，例如25mm厚纸面石膏板的 f 为1250Hz，如分成两层12mm厚的板叠合起来，f_c 约为2600Hz。

③ 提高薄板的阻尼有助于改善隔声量。在薄板上粘贴超过板厚三倍左右的沥青玻璃纤维或沥青麻丝之类的材料，以削弱共振频率和吻合效应的显著影响。

④ 轻型板材常常是固定在刚性龙骨上的，其"声桥"作用明显。如果在板材和龙骨之间垫上弹性垫层，则隔声量会有较大提高。

总之，提高轻型墙隔声量的措施不外乎是多层复合、双墙分立、薄板叠合、弹性连接、加填吸声材料、增加结构阻尼等。

6.4.1.4 门窗隔声

一般门窗结构轻薄，而且存在较多缝隙，因此门窗的隔声能力往往比墙体低得多，形成隔声的"薄弱环节"。一般门窗的隔声量见表6.10。

表6.10 一般门窗的隔声量

类型	隔声量 R	类型	隔声量 R
一般单层窗	15~19	三层固定窗	约50
固定单层窗	20~30	一般门	15~17
一般双层窗	30~40	一般双层门	30~40
固定双层窗	40~50	特殊双层门	约50

可采用以下措施提高门窗的隔声量。

① 采用比较厚重的材料或采用多层结构制作门窗。门窗厚重，使用起来不方便，所以应用不太多；多层复合结构用多层性质相差很大的材料（钢板、木板、阻尼材料、吸声材料等）相间而成，因为各层材料的阻抗差别很大，使声波在各层边界上被反射，提高了隔声量。

② 密封缝隙，减少缝隙透声。

③ 设置双道门。如同双层墙一样，因为两道门之间的空气层而得到较大的附加隔声量。双道门不一定做成一样的厚度，可以做成一厚一薄，构造上可采用有阻尼的双层金属板或多

层复合板的形式。如果加大两道门之间的空间,扩大成为门斗,并在门斗内表面做吸声处理,能进一步提高隔声效果。采用双层或多层玻璃不但能大幅度提高保温效果,而且对于提高隔声很有利。同样,如果各层玻璃厚度不一样或能在层间设置吸声材料,则隔声效果更佳。

6.4.2 固体声隔绝

固体声(撞击声)是靠固体结构振动传播的,它有两种基本途径:①由于受到撞击,结构物产生振动,然后直接向邻室辐射声能;②声波沿与受撞击结构物相连的构件向远处空间传播。撞击声在固体结构中的传播具有声能大、衰减小的特点。

固体声(撞击声)的传递和防止办法与空气声有相当大的区别。增加楼板的厚度或重量会对空气声隔绝有所帮助,但对固体声隔绝好处不大,因为重量增加后,虽然对低频改善较大,但对主要的中高频范围隔声能力却改善很小。这主要是由于声波在固体中传播速度很快,衰减很小(表6.11);相反,多孔材料如毡、毯、软木、玻璃棉等,隔绝空气声效果虽然很差,但对防止固体声的穿透比较有效。

表 6.11 几种主要建筑材料对固体声的衰减

材料名称	每米声衰减量/(dB/m)	材料名称	每米声衰减量/(dB/m)
铁	0.01~0.03	混凝土	0.03~0.20
砖结构	0.02~0.13	木材	0.05~0.33

根据固体声(撞击声)的传播方式,隔绝固体声(撞击声)的主要措施如下。

① 减弱由振动源撞击楼板引起的振动。这可以通过振动源治理和采取隔振措施来达到,也可以在楼板上面铺设弹性面层来达到。常用的材料是地毯、橡胶板、地漆布、半硬质塑料地板及软木地板等。它们能明显改善中高频的撞击声,弹性越好,改善越明显。对低频要差一些,但如果材料的厚度大且柔性好,则对低频撞击声的改善也较好。由于面层的阻尼作用,在空心楼板上的效果尤为明显。

② 阻隔振动在楼层结构中的传播。这通常可在楼板面层和承重结构之间设置弹性垫层来达到,这种做法通常称为"浮筑楼面"。它可以减弱面层传向结构层的振动。浮筑楼面的四周和墙交接处不能做刚性连接,而应以弹性材料填充,整体式浮筑楼面层要有足够的强度和必要的分缝,以防止面层裂开。常用的弹性垫层材料有矿棉毡(板)、玻璃棉毡、岩棉板、橡胶板等,也可用锯末、甘蔗渣板、软质纤维板,但耐久性和防潮性差。

③ 减弱楼板向接受空间辐射的空气声,这通常可以用在楼板下做隔声吊顶的方法来解决。吊顶必须是封闭的,其隔声可以按质量定律估算,单位面积质量越大,隔声效果越好,吊顶内铺设吸声材料会使隔声性能有所提高。安装时,楼板与吊顶之间需选合适的空气层厚度,采取尽量少的连接点,且采用弹性连接比采用刚性连接好。

尽管能采取这些措施来阻止固体声(撞击声)的传播,但固体声(撞击声)隔绝仍是目前大量民用建筑中噪声隔绝的薄弱环节。

6.5 声学材料的选用原则和应用

6.5.1 声学材料的选用原则

(1) 根据工程的用途和声学设计要求　建筑的使用功能不同,对声学材料(结构)的要求也不同。比如一般的民用住宅,只要满足一定的隔声要求,就能满足人们居住生活的需要,因此一般民用住宅的装修,很少有特意布置吸声材料的,仅通过家具、墙壁等来吸声即可,但对隔声则比较重视,如采用双层铝合金门窗、铺设地毯、安装吊顶等措施来增加隔声。而演播室既要防止外界的干扰(即隔声要好),又要提高音质(即达到一定的混响时间),因此演播室既要设置围护结构隔声,又要通过很多手段提高吸声效果,如墙壁采用陶粒吸声砖砌筑,顶部采用穿孔板后加超细玻璃棉的做法,同时还悬挂吸声体、追加帘幕等。

噪声的频率不同,为满足声学设计的要求而选用的声学材料(结构)也不同。通常选用多孔吸声材料可提高高频的吸声量,选用薄板振动吸声结构可改善低频的吸声特性,选用穿孔板组合共振吸声结构可增加中频的吸声量。所以对有一定音质要求的房间,一般采用单一材料或结构的吸声处理是不合适的,而要综合考虑,配合使用。对于隔声要求很高的地方,可以采用浮筑楼面、铺地毯、设吊顶等综合措施来隔绝固体声;设置声闸、多层窗户来隔绝空气声。

(2)根据使用环境 当吸声处理场所湿度较高或有洁净度要求时,许多如矿物棉、超细玻璃棉等容易吸潮、起尘的多孔吸声材料就不适合用,这时宜选用塑料薄膜袋装多孔吸声材料,或采用单层或双层微穿孔板吸声结构,以及薄塑盒式吸声体等。

当环境温度较高,并有高速气流通过时,如发动机高温、高速的排气消声烟道,宜选用热稳定性好,并能经受高速气流冲击的吸声砖。

对于靠近路边、承受环境噪声比较大的建筑物,则可以选择双层门窗、厚玻璃等,以达到较好地隔声效果。

(3)根据装饰效果 对于一些室内环境来说,声学材料(结构)不仅要具备吸声、隔声或声反射的功能,还要兼具室内装饰功能。如用木条做成的墙裙(典型的狭缝吸声结构),采用带图案的穿孔吸声板做的天花板,既美观,又能获得良好的吸声效果。

家庭装修中,采用吊顶、装吊灯,铺地毯或木地板,使用铝合金门窗等,这些都既起到了装饰作用,又起到了隔声的作用。

当然,声学材料的选择还受其他很多因素的影响,如是否承受荷载,是否满足防火要求等,但都必须以满足工程的用途和声学要求为前提。

6.5.2 施工应用实例

根据具体情况选择好声学材料后,还需合理使用和恰当布置才能达到好的效果。下面以上海电影技术厂音乐录音棚为例介绍如何布置声学材料。

上海电影技术厂音乐录音棚是强声分声道录音棚,棚内面积约 $300m^2$,有效容积 $2058m^3$。由于该棚是在旧棚基础上改建,因此棚的长、宽、高比例和平面布局受到一定的限制。录音棚平面呈矩形,其尺寸为 $21.6m \times 14.8m \times 7.4m$。为了适应各类乐器对房间混响的不同要求,以及传声器之间有较高的隔离度(15~20dB),录音棚由中间部位的主录音室和配置在两端的 8 个小隔离室组合而成,前者设计的混响时间控制在 0.5s 左右,后者取 0.2~0.25s。

由设计要求可知,这是一项吸声和隔声指标都非常高的工程,因此在实现它所要求的效果时,要多种手段并用。选择多孔吸声材料吸收高频噪声,穿孔板复合结构的吸声结构吸收中高频,薄板和狭缝共振吸声结构吸收低频;对于隔声,要根据实际情况采用"浮筑法"、多层门窗隔声等措施。

选择好材料后,还有个合理布置的问题。使吸声材料充分发挥作用,应将它布置在最容易接触声波和反射次数最多的表面上,如顶棚、顶棚与墙、墙与墙交接处 1/4 波长以内的空间等处。在易产生固体声传播的局部,使用"浮筑法";在重点防止空气声传播的地方,采用多层门窗等措施。

结合本工程的具体情况，为了控制棚内主录音室的混响时间，又不减少使用面积，采取在四周墙面上由下而上分四段逐层挑出并纵横双向连续变化空腔的四种吸声结构：第一段是狭缝吸声结构，空腔深度 200mm，它既作为墙裙，起了很好的装饰作用，又可以吸收低频声；第二段为穿孔率 3%～5% 相间排列的穿孔板吸声结构，板后配置 50mm 厚玻璃棉，平均空腔深度为 400mm，这进一步提高了对中低频噪声的吸收；第三段为穿孔板与织物相间排列的吸声结构，空腔深度 400～800mm，这提高了对中高频的吸收；第四段为玻璃棉外蒙织物的结构，空腔最大深度达 1300mm，这可以吸收大量的高频噪声。各段间均用硬质纤维板隔离，以确保共振吸声的效果。

对于较大空间吸声降噪处理，宜尽量采用空间吸声体。当吸声体面积宜取顶棚面积的 40% 左右（或室内总表面积的 15% 左右），悬吊高度通常取离顶 500～700mm 时，其实际效果与满铺基本相近；水平悬挂与垂直悬挂效果相似，采用哪种方式，视具体情况而定。在此采用在顶部悬吊了两种规格、共计 77 个梯形空间吸声体来吸收反射到顶棚的噪声。

在隔离小室内，也分别做强吸声处理；各小室之间用铝合金框玻璃门分隔，中间设观察窗。鼓室内设有"浮筑"地面，以降低振动的传递；顶部设隔板状空间吸声体。

录音棚建成后，曾进行了声学测定：在 50～10000Hz 范围内混响时间为 0.45～0.65s；背景噪声低于 NC-20 噪声评价曲线。

总之，对于声学材料（结构）的选用和布置，要视具体情况来定，既要满足设计要求，又要经济合理，还要兼顾建筑的装饰性、艺术性等其他方面。

→ 习题与思考题

1. 什么是声学材料？什么是声学结构？
2. 简述声波在遇到不同障碍物时发生衍射的情况。
3. 利用"级"的概念表述声音大小有什么实际意义？
4. 简述吸声材料与隔声材料的基本特性及其区别。
5. 多孔材料吸声性能的影响因素有哪些？
6. 常用吸声系数的测量方法有哪些？有何区别？
7. 多孔吸声材料与共振吸声结构各有怎样的吸声机理及特性？
8. 对空气声、固体声以及振动应分别采取什么隔绝措施？
9. 试述在实际工程中如何应用声波的反射、折射、透射和吸收特性。
10. 吸声材料在不同频率时其吸声系数不同，通过查阅资料，简述矿棉板、玻璃棉、泡沫塑料、穿孔五夹板四种材料的吸声系数随频率的变化规律。
11. 浅谈声学材料（结构）的选用原则。

第 7 章 建筑加固修复材料

渗漏问题解决案例

中国科学院广州分院住宅中某一住户装修后卫生间地面出现渗水,导致楼下住户卫生间顶部中间部位渗水,而该住户又不愿意将刚装修的耐磨砖地面打掉重做防水层。×××团队现场查看后想起了北京云居寺地库底板渗漏治理的案例,认为可以一试,只要能阻止卫生间地面水从地面耐磨砖缝中进入耐磨砖下面即可解决渗漏问题。于是像治理云居寺时那样对耐磨砖砖缝进行剔缝,并在四块砖拼接的十字缝点钻小孔,然后用针筒将高渗透环氧注入孔中和缝中,待孔、缝中浆液渗入后再灌注至孔与缝间浆液面不下降。上午施工灌注,晚上缝内浆液已凝固。往地面放水,两小时后楼下卫生间顶面也未见渗水。最近回访,住户说未见渗水。

1. 在你生活的周围有裂缝修复的案例吗?
2. 你认为裂缝修复的材料主要有哪些?

7.1 概述

7.1.1 目前存在的问题

一个国家的基本建设大体上都可分为三个阶段,即大规模新建阶段、新建与维修并举阶段、重点转向旧建筑维修改造阶段。目前,各经济发达国家已逐渐把建设重点转移到旧建筑物的维修、改造和加固方面,以取得更大的投资收益。统计资料表明,改建比新建工程可节约大量投资,缩短施工工期,收回投资速率也比新建工程要快。

自新中国成立以来,随着社会经济的发展,开展了大规模工程建设,修建了大量的建筑物和构筑物。然而在使用过程中,由于自身老化、各种灾害和人为损伤等原因(图7.1),使建筑物不断产生各种结构安全隐患,加上建筑标准低,不少工程都已出现了不同程度的风化病害现象,达不到预定的使用年限,造成经济效益的损失。并且,国家倡导的可持续发展战略不可能允许一味地追求新建的工程,即使在一些新建成的工程项目中,由于勘察、设计和施工过程中的技术及管理问题,导致工程在建成初期就出现各种质量安全隐患,如不及时采取加固措施,就有可能导致重大的安全事故。因此,对于危旧建筑物与构筑物的扩建和改建将成为目前发展的重要内容,我国也已开始投入大量的资金用于各种建筑物和构筑物的修复。

图 7.1 震后的北川城

混凝土结构是各类建筑物和构筑物广泛采用的一种重要结构体系,但是由于各类原因的存在,导致其结构在使用寿命周期中,需要进行加固修复,才能保证其安全性和功能性的正常发挥,主要的原因可以归为以下几类。

(1) 自然因素 自然灾害是指给人类生存带来危害或损害人类生活环境的自然现象,包括干旱、高温、低温、寒潮、洪涝、积涝、山洪、台风、龙卷风、火焰龙卷风、冰雹、风雹、霜冻、暴雨、暴雪、冻雨、大雾、大风、结冰、霾、雾霾、浮尘、扬沙、沙尘暴、雷电、雷暴、球状闪电等气象灾害;火山喷发、地震、山体崩塌、滑坡、泥石流等地质灾害;风暴潮、海啸等海洋灾害;森林、草原火灾和重大生物灾害等

① 地震 2008 年 5 月 12 日,四川省阿坝藏族羌族自治州汶川县映秀镇与漩口镇交界处发生了面波震级达 8.0Ms、矩震级达 8.3MW、地震烈度达到 11 度的破坏力最大的 8.0 级地震,这是自唐山大地震后伤亡最严重的一次地震,给人们的生产生活带来了严重性的破坏。

截至 2008 年 9 月 4 日,汶川地震造成的直接经济损失为 8452 亿元人民币。四川损失最严重,占到总损失的 91.3%,甘肃占到总损失的 5.8%,陕西占总损失的 2.9%。国家统计局将损失指标分三类,第一类是人员伤亡问题,第二类是财产损失问题,第三类是对自然环境的破坏问题。在财产损失中,房屋的损失很大,民房和城市居民住房的损失占总损失的 27.4%。包括学校、医院和其他非住宅用房的损失占总损失的 20.4%。另外还有基础设施,道路、桥梁和其他城市基础设施的损失,占到总损失的 21.9%,这三类是损失比例比较大的,70% 以上的损失是由这三方面造成的 (图 7.1)。

② 水灾 我国幅员辽阔,大约 3/4 的国土面积存在着不同类型和不同程度的洪水灾害。我国有洪泛区近 100 万平方千米,全国 60% 以上的工农业产值,40% 的人口,35% 的耕地,600 多座城市,主要铁路、公路、油田以及许多工矿企业受到洪水灾害的威胁。洪水灾害是我国发生频率高、危害范围广、对国民经济影响最为严重的自然灾害。据统计,20 世纪 90 年代,我国洪灾造成的直接经济损失约 12000 亿元人民币,仅 1998 年就高达 2600 亿元人民币,水灾损失占国民生产总值 (GNP) 的比例在 1%~4% 之间,大量的建筑物、价值数十亿美元的社区设施和私人财产受到洪水的威胁。

其他自然灾害,比如风灾、泥石流等也会对建筑物造成一定的破坏,给人们的生产生活带来诸多不便。

(2) 人为因素　虽然自然灾害的发生对现有建筑物和构筑物造成了极大的破坏，但是人为因素引起的各类事故或问题也对其产生了危害。

① 设计时引起的问题　在建筑物和构筑物的设计过程中，未充分考虑其所处的环境，引起破坏，比如寒冷环境中的建筑物或构筑物未考虑冻融循环的问题，桥梁工程的建设中未充分考虑动荷载的影响等，都将会对结构物造成人为因素引起的破坏。

② 验收时存在的问题　在建筑物和构筑物的建设过程中，都要进行严格的检验和验收手续，然而由于各类问题的存在，导致一些质量事故的发生，从而在新建的结构体系中产生一些对人类生命和财产安全存在威胁的问题。比如鉴定与评估技术尚存在的一些问题：在对已有结构的承载能力计算鉴定时一般都沿用结构设计时的计算理论和计算方法。结构的设计阶段采用失效概率的理论，考虑了作用的变异、材料强度变异、构件尺寸变异等；而已有结构的承载能力鉴定时，除了可变作用存在变异外，永久作用、材料强度和构件尺寸已确定，此外存在着轴线的实际偏差、基础实际不均匀沉降、环境温度的影响、结构的实际损伤等问题。

同时，在长期的服役过程中，人为因素引起的超负荷使用，或者引起的非正常碰撞等破坏行为也会对建筑物和构筑物产生影响。

(3) 结构本身的问题　建筑物和构筑物在服役年限内，随着时间的延长会引起某些建筑功能不能满足人们的需求等。

建筑物和构筑物应用最为广泛的材料是混凝土，因为其压强度高、耐火性好、使用灵活、施工方便等，成为当今世界上用途最广、用量最大的建筑材料之一。但是，混凝土材料脆性大、易腐蚀，在其服役的过程中会受到内部因素和外部环境的作用，产生裂纹、局部损伤和腐蚀等病害，日积月累，这些病害会逐渐加重，致使混凝土材料的性能不断降低，轻者会影响结构的正常使用或缩短结构的使用寿命，重者会产生灾难性的事故，给国民经济和人民的生命安全带来巨大的损失。

7.1.2　建筑加固方法

针对引起结构破坏的各类问题，近年来，研究者对建筑物和构筑物的各种修复方法展开了广泛的研究，也出现了很多对结构进行修复的方法，主要可以概括为以下几个方面：表面维修法、辅助结构加固法、压力注浆法、粘贴钢板加固法、外包钢加固法、预应力加固法、加大截面加固法、纤维布加固法、绕丝法、置换混凝土加固法、增加支承加固法等。

(1) 表面维修法　首先利用化学方法、机械方法、喷砂方法、真空吸尘方法、射水方法等清理混凝土表面的污痕、油迹、残渣以及其他附着物，其次使用柔性密封剂充填、聚合物灌浆、涂膜等方法对混凝土进行防水、防潮和防裂处理，达到修复建筑物表面所存在的破损、腐蚀、蜂窝、孔洞、裂缝等缺陷（图 7.2）。

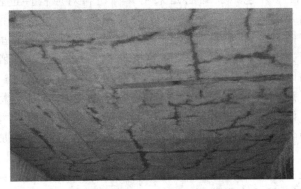

图 7.2　混凝土结构表面的维修

(2) 辅助结构加固法　辅助结构加固法是一种采用异种材料进行体外加固的一种方法，它是直接用其他材料制成简单或复杂的构架分担原构件荷载，形成一个组合结构。通过原构件变形把荷载转嫁给后加结构，达到共同工作、提高承载力的目的。辅助结构加固法，结构自重增加小，能够大大提高承载力，适用于原构件损伤较严重的情况，甚至破坏，需大幅度提高承载力和刚度的混凝土受弯构件，但对外结构应做好防腐措施。

(3) 压力注浆法　在一定的压力下将注浆材料注入裂缝内部，注浆材料在混凝土内部硬化后与混凝土结合成一个整体，依靠注浆材料的固化和黏结作用达到裂缝修补的目的。这种方法适用于裂缝宽度在 0.2~0.5mm 的深裂缝，对有防渗要求或影响混凝土结构完整性的裂缝修复。环氧树脂、水泥、聚氨酯、甲基丙烯酸酯是常用化学注浆材料。该方法具有方便、经济、效果好等优点（图 7.3）。

图 7.3　化学灌浆法修复技术

图 7.4　使用胶黏剂将钢板粘贴在钢筋混凝土结构上

(4) 粘贴钢板加固法　粘贴钢板加固法是用建筑胶把加固材料黏结在受弯构件混凝土表面上，起到增加截面受拉、受压和斜截面抗剪的作用，达到提高被加固的结构构件正、斜截面承载力和限制裂缝发展的目的。该法施工快速、现场无湿作业或仅有抹灰等少量湿作业，对生产和生活影响小，且加固后对原结构外观和原有净空无显著影响，但加固效果在很大程度上取决于胶粘工艺与操作水平；适用于承受静力作用且处于正常湿度环境中的受弯或受拉构件的加固（图 7.4）。

(5) 外包钢加固法　外包钢加固法是采用异种材料对原构件进行加固补强，在基本上不改变原构件截面尺寸的情况下，大幅度提高结构承载力的一种加固方法。外包方式可分为干式和湿式两种。当外包材料与原构件间无任何连接或虽填塞有水泥砂浆但仍不能确保结合面剪力有效传递时，称为干式外包加固。当以乳胶水泥粘贴或以环氧树脂灌浆等方法粘贴时，称为湿式外包加固，干式外包加固是通过原物件变形把荷载转嫁给新加结构，而湿式外包加固法，则是通过粘贴措施使新老材料组合成一体，共同工作，共同受力。该方法适用于使用上不允许增大构件截面尺寸，而又需要大幅度提高承载力的轴心和偏心受压构件的加固。当采用化学灌浆外包加固时，外包材料表面温度不宜高于 60℃，还要有可靠的防腐蚀措施。

(6) 预应力加固法　预应力加固是采用异型材料（高强钢筋或型钢），通过施加预应力迫使后加材料与原材料共同受力，达到对结构进行加固的一种方法，该法能降低被加固构件的应力水平,不仅使加固效果好,而且还能较大幅度地提高结构整体承载力,但加固后对原结构外观有一定影响;适用于大跨度或重型结构的加固以及处于高应力、高应变状态下的混凝土构件的加固,但在无防护的情况下,不能用于温度在60℃以上环境中,也不宜用于混凝土收缩徐变大的结构。

(7) 加大截面加固法 加大截面加固法是采用同种材料,即混凝土和普通钢筋,对原结构进行加固补强,通过加大混凝土和钢筋截面的面积和一些构造措施,保证后加固部分与原构件可靠连接,共同工作,达到提高截面承载力和刚度的目的。该法施工工艺简单、适应性强,并具有成熟的设计和施工经验;适用于梁、板、柱、墙和一般构造物的混凝土的加固;但现场施工的湿作业时间长,对生产和生活有一定的影响,且加固后的建筑物净空有一定的减小。

(8) 纤维布加固法 采用粘贴纤维片材加固修复混凝土结构时,应通过配套黏结材料将纤维片材粘贴于构件表面,使纤维片材承受拉应力,并与混凝土变形协调,共同受力。纤维加固法可用于混凝土结构抗弯、抗剪加固,同时广泛用于各类工业与民用建筑物、构造物的防震、防裂、防腐的补强,比如:混凝土结构物、桥梁及建筑物的梁、柱、面板加固;隧道、港湾设施、烟囱、仓库、厂房的加固;受盐害的混凝土、桥梁以及河川构造物的防护和加固等(图7.5)。

图7.5 外贴碳纤维布加固

(9) 绕丝法 通过缠绕退火钢丝使被加固的受压构件混凝土受到约束作用,从而提高其极限承载力和延性的一种直接加固法。该法的优缺点与加大截面法相近,适用于混凝土结构构件斜截面承载力不足的加固,或需对受压构件施加横向约束力的场合。

(10) 置换混凝土加固法 该法是将混凝土局部或全部彻底凿去,代之以强度高一等级的新混凝土、纤维混凝土或聚合物混凝土。该法的优点与加大截面法相近,且加固后不影响建筑物的净空,但同样存在施工的湿作业时间长的缺点;适用于受压区混凝土强度偏低或有严重缺陷的梁、柱等混凝土承重构件的加固。

(11) 增加支承加固法 增加支承加固法是在梁、板、柱上增设支点以减少结构的计算跨度,达到减少荷载效应,发挥构件潜能,提高承载力,加固结构的目的。该法简单可靠,但易损害建筑物的原貌和使用功能,并可能减小使用空间,适用于房屋净空不受限制的大跨度梁、板或高度较高的柱的加固。

7.1.3 加固修复材料

随着结构加固技术的发展,结构加固材料发挥着越来越重要的作用,上述加固修复技术采用的修复材料主要可以概括为:①无机修补材料;②有机与无机材料复合的聚合物修补材料;③有机高分子材料,主要包括环氧树脂、聚氨酯、丙烯酸树脂等。

(1) 无机修补材料 主要是指普通水泥和骨料配制的砂浆与混凝土及使用特种水泥配制的水泥基修补材料,包括磷酸镁水泥混凝土和砂浆、干拌砂浆、纤维混凝土、快硬硅酸盐水泥混凝土、硅灰水泥混凝土、补偿收缩混凝土、喷射混凝土、偏高岭土水泥混凝土、硫铝酸盐超早强水泥及高铝水泥等。其优点是成本低、施工简单、与旧混凝土相容性好,缺点是粘接强度低、养护时间长。

（2）有机与无机材料复合的聚合物修补材料　将聚合物乳液或粉末掺入新拌水泥砂浆或混凝土中，必要时另加其他各种外加剂，可使砂浆或混凝土的性质有显著改变，性能得到明显改善，主要有丙乳水泥砂浆、环氧砂浆混凝土及聚醋酸乙烯乳液改性水泥砂浆等。其优点是韧性好、粘接强度高、收缩小、抗渗性好等，但是价格昂贵、耐热性不好，并且有一定毒性。从国内外的研究发现，采用有机与无机复合的修补材料进行路面修补，常常能得到比单一一种有机或无机修补材料更好的效果。目前我国已开发的用于改性的聚合物有环氧树脂-丙烯酸酯共聚乳液、聚氯丁二烯橡胶、聚苯乙烯丁二烯橡胶、BHC乳液、BJ乳液、苯丙乳液等品种。聚合物的掺量一般为胶凝材料的10%～20%，聚合物改性后的砂浆工作性有所改善，浆体收缩减少，粘接强度提高，改善了力学性能和抗渗抗冻融性能。

（3）有机高分子材料　主要以高分子树脂材料作为胶黏剂的有机高分子材料，主要包括环氧树脂、聚氨酯、丙烯酸树脂等。具有黏结性好、硬化快、抗渗性和抗腐蚀性能好等优点，但是其成本高、易老化、固化后收缩大、与混凝土的热膨胀系数差异较大，比较典型的补强材料有环氧树脂和改性环氧树脂、酚醛和改性酚醛树脂类胶黏剂，常见的聚合物修补材料有聚甲基丙烯酸甲酯（PMMA）。

检测鉴定技术的发展依赖于检验测试仪器的发展，加固技术的发展依赖于新材料的发展。由轻质、高强、抗腐蚀、耐高温的新材料构成的效果好、易施工的加固方法可推动加固材料的发展。

上述修复材料各有特点，根据其不同性能也应用于不同工程中。以下对聚合物复合修补材料、纤维复合修补材料、化学灌浆补强修复材料等进行详细分析。

7.2　聚合物复合修补材料

7.2.1　简述

作为修补材料，最重要的性质是其原老混凝土的黏结力，此外，还要求其热膨胀系数及弹性模量与原混凝土的相接近，而且具有较好的耐久性，强度至少要与原混凝土的相等。近年来科研工作者对混凝土修补做了大量研究，期望通过选用新型的修补材料，使得新旧混凝土能协同工作，达到修补效果良好的目的。聚合物复合修补材料是一种新型的修补材料，它是将少量的聚合物与砂浆（或水泥砂浆）进行复合制备的，复合的效果可以改善砂浆或水泥砂浆的各项性能，比如改善其抗拉强度、耐磨性、耐腐蚀性、抗渗性、抗冻性能等，因此可以对因冻融破坏、碳化及化学侵蚀而引起的破坏进行修补（图7.6）。

图7.6　聚合物砂浆应用于工程中的实例

聚合物材料用在水泥砂浆中具有以下优点：①流动性好，用水量降低；②抗折强度提高，抗压强度不明显减少，脆性降低；③与原混凝土的黏结强度提高；④水泥砂浆的密实度提高，内部孔结构得到明显改善；⑤抗冲击力提高数倍至十几倍；⑥减小水泥砂浆的收缩率。因此掺入聚合物后，可以显著改善水泥砂浆的力学性能，降低砂浆的刚性，提高其柔性，降低抗压强度与抗折强度的比值。高分子聚合物提高了砂浆界面过渡区的致密性，改善了骨料与水泥基体的黏结，减少了裂隙的形成，聚合物与水泥浆体互穿基质，在荷载作用下产生裂缝时，聚合物能跨越裂纹，并抑制裂缝的扩展，从而使混凝土的断裂韧性、变形性能得以提高，减少干缩裂缝和温度裂缝的形成。聚合物还使混凝土的黏结强度、抗冻融能力、抗碳化能力与抗化学侵蚀性能大大提高，也使工作性和均质性得到提高。

用于聚合物复合修补材料中的聚合物主要有水溶性聚合物、聚合物乳液、可再分散乳胶粉和液体聚合物，见表7.1。水溶性聚合物有聚乙烯醇、聚丙烯酰胺等；聚合物乳液主要有丁苯乳液、氯丁乳液、苯丙乳液等；可再分散乳胶粉有：乙烯-乙酸乙烯共聚物、苯乙烯-丙烯酸酯共聚物；液体聚合物有环氧树脂、不饱和聚酯树脂等。以上聚合物类型各自的特点如下。

表7.1 聚合物复合修补材料采用的聚合物种类

水溶性聚合物	聚乙烯醇(PVA) 聚丙烯酰胺(PAM) 丙烯酸盐 纤维素衍生物 呋喃苯胺树脂		
聚合物乳液	橡胶乳液	天然橡胶乳液	
		合成乳胶	丁苯胶乳(SBR) 氯丁胶乳(CR) 甲基丙烯酸甲酯-丁二烯胶乳(MBR)
	热塑性树脂乳液	聚丙烯酸酯乳液(PAE) 乙烯-乙酸乙酯共聚乳液(EVA) 聚乙酸乙烯酯乳液(PVAc) 苯丙乳液(SAE) 聚乙酸乙烯酯乳液(PVP) 聚乙烯-偏氯乙烯共聚乳液	
	热固性树脂乳液	环氧(EP)树脂乳液 不饱和聚酯(UP)乳液	
	沥青乳液	乳化沥青 橡胶改性乳化沥青	
	混合乳液	—	
可再分散乳胶粉	乙烯-乙酸乙烯共聚物(EVA) 乙酸乙酯-支化羧酸乙烯基酯共聚物(VA-VeoVa) 苯乙烯-丙烯酸酯共聚物(SAE)		
液体聚合物	环氧(EP)树脂 不饱和聚酯(UP)树脂		

（1）水溶性聚合物 用量通常较小，为水泥质量的0.5%以下，可提高大流动性混凝土的稠度和保水性而避免或减轻骨料的离析及泌水，但又不影响其流动性，也对硬化砂浆和混凝土强度没多大影响，能很好地应用于水下不分离混凝土、高流动度的可泵送混凝土和自密

实混凝土。

（2）聚合物乳液　改善水泥砂浆或混凝土工作性能，并提高其抗折强度、黏结强度、柔性、变形能力、耐磨性和耐久性，降低抗压强度、弹性模量、刚性等。

（3）可再分散乳胶粉　物理力学性能与聚合物乳液相似，质量稳定、性能优良、品种齐全和使用方便，但其生产成本大大提高，一般按照有效聚合物含量计算，乳胶粉的市场价格比聚合物乳液的价格高50%～100%。

（4）液体聚合物　在用于水泥砂浆和混凝土改性时，必须是在有水的状态下才能固化，且聚合物的固化反应和水泥的水化反应同时进行，能将骨料黏结更为牢固。但由于其不亲水，分散不容易，与聚合物乳液相比，使用时用量要更多，因此应用于改性混凝土的情形不如其他类型聚合物。

聚合物复合修补材料按其化学组成可以分为三类：聚合物浸渍水泥砂浆、聚合物砂浆修补材料和聚合物水泥砂浆修补材料。

（1）聚合物浸渍水泥砂浆　聚合物浸渍水泥砂浆或混凝土是一种使用有机单体或聚合物浸渍水泥表层孔隙，然后经过聚合处理等步骤使其成为一个整体的新型复合材料。这种材料主要应用于高强混凝土制品和桥梁路面的损坏修复，至今仍然少量地应用于地面材料的加强修补。

但是使用聚合物完全浸渍水泥砂浆或混凝土构件存在工艺复杂、单体再利用、浸渍容器限制制件尺寸、造价太高等问题，限制了其在我国工程实践中的应用。

（2）聚合物砂浆修补材料　即全部以合成树脂代替水泥作为胶凝材料，以砂石为骨料，并相互结合而成的砂浆修补材料。聚合物砂浆最早是在1958年美国用于生产建筑覆层。此修补材料的性能特点：有好的耐久性，且与混凝土的黏结强度高，可提高养护速率，使其适用于路面、混凝土构件等薄层修复工程。常用于此类修补材料中的聚合物有丙烯酸酯、环氧树脂、聚苯乙烯、聚氨酯、乙烯基树脂、呋喃等。但是由于聚合物掺入量较大，因此与基材的相容性较差，体现在热膨胀数和弹性模量都与基材相差较大，在发生热变形时容易引起修补材料的脱落。这种材料在环境作用下也易于老化，使其耐久性降低。同时聚合物用量一般较大，其修补工程中修补材料成本较高，因此此材料并没有广泛地被接受。

（3）聚合物水泥砂浆修补材料　是以水泥和聚合物为胶凝材料与骨料结合而成的砂浆或混凝土。所用的聚合物主要有丁苯胶乳、苯丙乳液、丙烯酸酯共聚乳液、聚苯乙烯丁二烯橡胶、聚氯丁二烯橡胶、氯乙烯片氯乙烯共聚乳液、BHC乳液、BJ乳液等。目前研究表明，所用聚合物占水泥胶凝材料的10%～20%，掺入少量聚合物即可以明显改善水泥基材料与基体材料的黏结强度，提高复合材料的抗渗性和防水性等。相比于前两种修补材料，其成本较低、工艺简单，比较利于生产和推广应用，因此近年来得到了迅速发展，在一些特殊建筑、路面、机场、港口等工程上得到普遍应用。

在建筑加固修复工程中使用的聚合物复合修补材料主要是聚合物水泥砂浆修补材料和聚合物砂浆修补材料。

7.2.2　聚合物水泥砂浆修补材料

水泥混凝土工程修补材料可采用普通混凝土或砂浆，但混凝土和砂浆的脆性较大、柔韧性不好，在性能指标上表现为抗压强度较高、抗折强度和黏结强度较低、变形能力不好，并且抗渗、抗冻等耐久性能差。如果应用于混凝土修补工程中，修补区域黏结效果较差、易开裂，从而会出现导致修补工程再度损坏等问题，因此在工程应用中也受到限制。经过大量试验研究发现，在普通水泥砂浆中加入聚合物可以大大提高水泥砂浆的性能，而且聚合物可以长期地发挥作用。

聚合物水泥砂浆修补材料是在水泥砂浆中掺入作为改性的聚合物。由于其可以减少水泥砂浆的收缩，提高新旧混凝土的黏结能力，提高砂浆的抗渗、抗拉等力学性能，从而得到了广泛的应用，主要的优点体现在以下几个方面。

① 与普通水泥砂浆 pH 值基本相同，配合比和配制工艺与普通水泥砂浆基本相同。

② 新旧混凝土的黏结力增强，耐水性和抗渗性增强，因而可以薄层施工，不至于对原有建筑结构自重增加太多。

③ 抗折强度、抗拉强度和柔韧性提高。

④ 修复初期可以不用潮湿养护，如能进行潮湿养护会更好。因此，聚合物改性砂浆是性能优异的建筑加固修复材料之一。

1923 年，L. Cresson 申请的专利利用天然胶乳制造铺路材料是关于聚合物应用于工程中的较早案例，距离今天已有 90 多年的历史，专利内容是用天然胶乳改性道路工程材料，其中水泥则被作为填料使用。20 世纪 50 年代以后，工业发达国家的科研人员都发现了聚合物水泥基复合材料的优异性，并将聚合物水泥基复合材料应用于建筑、电气、化学和机械等工业领域。在日本，新型高性能聚合物水泥基复合材料也已经有 50 余年的研究应用历史。在美国，聚合物改性砂浆和树脂砂浆也早已获得了广泛的应用。聚合物改性砂浆早已在日本建筑业处于主导地位。近年来，聚合物改性水泥砂浆由于具有多种优良特性而广泛应用于建筑、水利、交通和化工等领域，并也逐渐在混凝土工程修补以及路面材料、防腐耐蚀、防水涂层和保温隔热等实际工程中广泛应用。最重要的是，聚合物改性水泥砂浆的生产和使用符合我国目前国情下提出的可持续发展的要求。我国也投入大量的资金和引进先进的技术，助力聚合物水泥砂浆的研发、生产和应用，引导其快速发展，为建筑砂浆在节能降耗工业化生产和性能改善、应用水平的提高等方面提供重要支撑。

聚合物对水泥基材料的性能产生一定的影响。

（1）新拌性能方面　聚合物颗粒在水泥之间可以起到润滑的作用，其表面的活性剂也具有分散的作用，同时，聚合物之间会夹带气体，连同其润滑作用可以起到减水的作用，并且聚合物的保水增稠作用，可以避免泌水和离析，从而可以改善复合材料的新拌性能。

（2）力学性能方面　聚合物可以改善水泥基复合材料的力学性能，比如抗弯折性能，但是对抗压强度反而造成不利影响。

（3）耐久性方面　由于聚合物对水泥基材料的水泥石成型过程有一定影响，所以会影响混凝土材料的渗透性和尺寸稳定性，进而影响水泥基材料的耐久性。

聚合物对水泥基材料的性能影响主要与聚合物的种类、产量、温度等很多因素有关，其对水泥基复合材料的影响主要集中于对水泥水化反应、水泥石形态和对微结构的改变等方面。目前主要的观点认为：聚合物在水泥浆和骨料间形成了具有较强黏结力的膜，并与水泥水化产物相互交织叠合在一起形成网状结构，从而实现对水泥基材料性能的影响，主要的机理集中于以下几个方面。

（1）对水泥水化的影响　聚合物会包裹在水泥颗粒的表面，阻碍水泥与水分的接触，因此对水泥的水化产生一定的抑制作用。

（2）对微观结构的影响　聚合物在合适的温度和湿度下，可以形成强度较大的薄膜（图 7.7），存在于水泥基与骨料之间以及水泥的水化产物中，进而可以提高水泥基材料的抗弯折性能。

关于聚合物对水泥基材料微观结构的整体模型中，较为认可的是聚合物与水泥浆形成了网状结构。其中比较认可的是 Ohama 模型，该模型是将水化交叠结构的形成分为四个阶段，具体的结构形成如图 7.8 所示。

第一阶段为充分拌和混合后的状态。当聚合物在水泥混凝土搅拌过程中掺入混凝土后，聚合物颗粒均匀分布在水泥浆体中，形成聚合物水泥浆体。

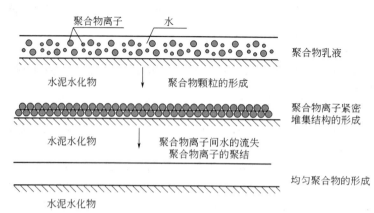

图 7.7　聚合物固化成膜的模型

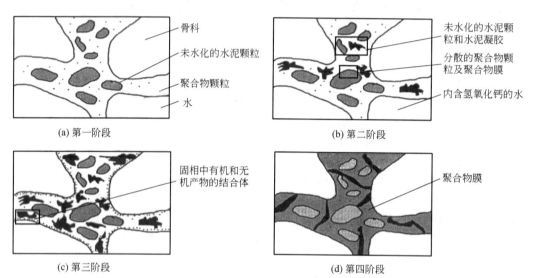

图 7.8　水化交叠网状结构形成的 Ohama 模型

第二阶段为水泥颗粒和聚合物的扩散及水泥的初始反应阶段。随着水泥的水化，水泥凝胶逐渐形成，并且液相中的达到饱和状态。同时，聚合物颗粒沉积在水泥凝胶（凝胶内可包含未水化水泥颗粒）的表面。

第三阶段为聚合物在水泥颗粒和骨料表面的沉积并逐渐成膜及填充。随着水分的减少，水泥凝胶结构在发展，聚合物逐渐被限制在毛细孔隙中，随着水化的进一步进行，毛细孔隙中的水量在减少，聚合物颗粒絮凝在一起。水泥水化凝胶包括未水化水泥颗粒的表面形成聚合物密封层，聚合物密封层也黏结了骨料颗粒的表面及水泥水化凝胶与水泥颗粒混合物的表面。因此，混合物中的较大孔隙被有黏结性的聚合物所填充。由于水泥浆体中孔隙的尺寸为零点几到几百纳米之间，而聚合物颗粒尺寸一般在 50～500nm 之间，所以这种认为聚合物颗粒主要填充在水泥浆体孔隙中的理论是可以接受的。当聚合物是聚酯类和环氧类等具有反应活性的乳液时，这一阶段，在聚合物颗粒与矿物的硅酸盐表面还可能发生化学反应。

第四阶段为网状结构的最终形成。由于水化过程的不断进行，凝聚在一起的聚合物颗粒之间的水分逐渐被全部吸收到水化过程的化学结合水中去，最终聚合物颗粒完全融化在一起形成连续的聚合物网结构。聚合物网结构把水泥水化物联结在一起，即水泥水化物与聚合物交织缠绕在一起，因而改善了水泥石的结构形态。

聚合物水泥砂浆修补材料主要有丙乳水泥砂浆、氯丁胶乳水泥砂浆、聚氯乙烯-偏氯乙烯乳液水泥砂浆、环氧乳液水泥砂浆及丁苯胶乳水泥砂浆，下面以环氧乳液水泥砂浆为例进行简单说明。

环氧乳液水泥砂浆是由水泥、环氧乳液、砂、外加剂等按照一定比例混合而成的一种聚合物水泥砂浆。这种砂浆在一些混凝土建筑物的修补、黏结中特别适用。该砂浆最突出的优点是可以在潮湿的表面进行施工，解决了建筑业防水施工的一大难题，使得被修复的构筑物不需干燥处理及溶剂清洗（污染环境）即可正常施工。另外，在钢筋混凝土施工中，在钢筋表面涂刷环氧乳液，可有效地预防钢筋的锈蚀，并可提高混凝土对钢筋的握裹力。环氧乳液水泥砂浆修补材料的黏度可任意调配，操作既方便又不污染环境，对人体无害，是目前建筑防水材料中有发展前途的产品。

室温条件下或者高碱性环境中，环氧乳液溶于水后能进行聚合反应，固化成膜而具有较好的耐候、耐酸、耐水、耐碱以及耐大多数化学品，所以环氧树脂是一种使用比较广泛的聚合物材料。

在聚合物水泥砂浆材料混合后，水泥水化进行时，小分子聚合物颗粒之间伴随着水分的蒸发，通过相互靠近而发生聚合反应，形成贯穿交联的分子膜。聚合物反应生成的三维网状结构穿插于水泥水化物之中，改善了改性水泥基材料的致密性，降低了渗透性。水性环氧树脂改性砂浆通常用于对抗渗性与黏结性要求较高的构筑物，其抗折强度可提高1倍左右，且收缩率也明显降低。

伴随着社会整体经济的发展，聚合物水泥砂浆修补材料由于其较强的黏结性能、较高的耐腐蚀性能及良好的变形协调性能，在实际修补工程中得到了广泛的应用，比如普通的工业和民用建筑、地下建筑结构、水工建筑、海洋及港口建筑等。由此说明，聚合物水泥砂浆修补材料在构筑物的修补与加固方面的应用技术基本成熟。

7.2.3 聚合物复合修补材料存在的问题

聚合物复合修补材料相比于普通砂浆，虽然具有施工时间和硬化时间控制范围较大；强度高、耐磨性及抗冲击性好；抗渗性、抗冻性、耐化学品侵蚀性好；黏结性强，对水泥混凝土或砂浆、石料、瓷砖、金属、木材等均能很好黏结等优点，但是在实际工程使用中，仍然存在以下主要问题。

① 由于这些有机高分子材料的热学性能与所需修补的基础混凝土相差较大，因此不适合用于建筑物中温度变化较大的部位；且由于有机物的毒性，对人体健康有危害，因此一般仅用于建筑物的一些特殊部位的修补。同时，干湿循环、水的作用也会加速材料的老化，特别是当聚合物处于湿热状态时强度明显下降，在泡水的情况下，温度越高，强度损失越大。

② 并非所有的聚合物乳液对水泥砂浆的性能都有改善的作用，如在砂浆中加入丙烯酸酯。这可能是因为有些聚合物与水泥体系不相容，影响了水泥水化进程，并且聚合物本身也会因为水泥体系的碱性而降解；聚酯砂浆固化时间（20℃下）为2～6h。但是由于它们的弹性模量较高、脆性大、收缩性大，所以容易产生脱空或裂缝。即使是低弹模聚酯砂浆，也只可在一定范围内用于速凝修补工程。

③ 阳光中的紫外线对聚合物材料的老化有很大的影响。虽然到达地面上的紫外线量很少，但是紫外线的能量相当强，对许多聚合物材料的破坏性很大。从能量的角度来讲，聚合物分子结合的键能多数在 $250\sim450\mathrm{kJ/mol}$ 的范围内，而短波紫外线的光能量达到 $398\mathrm{kJ/mol}$，能够切断许多聚合物的分子键，并可以引起光化学反应。这种反应一般发生在材料表面，首先引起砂浆表面聚合物老化，逐渐向内层发展，太阳光中的红外线也会引起材料热老化，因此在大气环境中材料的受光面积和单位面积上所接受的光强度均影响老化速率。

④ 聚合物价格远远高于水泥的价格，而且用普通工艺配制的水泥砂浆中聚合物的掺量又偏高（一般聚合物掺量约占水泥质量的20%），从而导致因造价昂贵而使其推广应用受到很大限制。为了降低聚合物掺量，可以将分次投料工艺引入到聚合物改性水泥砂浆的配制中。在集料表面包裹一层聚合物，这样可以使少量的聚合物在集料-水泥相界面处发挥最充分的作用，改善集料与水泥水化产物之间的界面黏结，从而在低聚合物掺量下获得与较高聚合物掺量下相当甚至更好的结果，使聚合物改性水泥砂浆的力学性能和单位价格可以满足人们的要求。也可以采用几种聚合物或无机物共同作用来改性水泥砂浆，例如，通过以硅酸钠为主，聚合物乳液为辅，对水泥砂浆进行混合改性。混合改性可以显著改善砂浆的微观结构，提高砂浆的密实性、抗压与抗折强度，并且混合改性砂浆的成本显著低于聚合物改性砂浆的成本。

⑤ 虽然在砂浆中加入聚合物可以改善砂浆的力学性能以及相关的一些性能，但是由于聚合物在碱性条件下可能会存在降解，从而影响聚合物砂浆的性能。例如，氯偏乳液在水泥砂浆中就会发生降解。氯偏乳液在水泥砂浆中发生降解时释放出氯离子，释放出的氯离子的量随着聚灰比的增大和龄期的延长而增加，因此在使用氯偏乳液等类似聚合物作为水泥砂浆改性剂时，必须考虑其降解的影响。

⑥ 在水泥砂浆中加入一些聚合物时会对砂浆起到缓凝作用。羟乙基纤维素的缓凝作用是由于其延迟了H_3O^+吸附到水泥颗粒表面的速率，以及由于其包裹在水泥颗粒表面延缓了C_3S的水化。羟乙基纤维素的缓凝作用也与其黏度、溶解度、极性、链长以及功能基团有关。

聚合物复合修补材料由于存在上述问题，因此对其施工过程提出了严格的要求，以下列举了环氧砂浆、不饱和聚酯砂浆和呋喃砂浆的施工要求。

a. 环氧砂浆施工要求

ⅰ. 在施工中应根据具体的施工条件和技术要求选择环氧砂浆的配合比，并按配料工艺流程进行配料，在配料工艺中注意各流程的温度控制。

ⅱ. 由于环氧固化反应是放热反应，导热性能又差，且其温度变化及固化时间难于掌握，为了保证固化树脂的质量，每次配料时均要严格保证各组成材料的比例。

ⅲ. 在修补加固过程中对于要修补加固或保护的材料，应对材料表面进行处理，要求做到无油渍、灰尘及其他污物，材料表面要较为平整。

ⅳ. 表面处理后，先刷一薄层环氧胶液，然后续铺拌好的环氧砂浆，并将其压实抹平，最后按要求的固化条件进行养护至规定龄期。

b. 不饱和聚酯砂浆施工要求

ⅰ. 在不饱和聚酯砂浆配制时，应先将树脂与引发剂拌和均匀后，再加入促进剂进一步拌均匀。引发剂与促进剂如果直接接触的话，将会引起爆炸。

ⅱ. 在填铺砂浆前应刷一薄层浆液，填铺砂浆压实抹平后，再覆盖塑料薄膜。

ⅲ. 由于树脂固化温度为10～35℃，所以保证固化的重要因素是环境温度恒定。特别在冬季施工时，在塑料薄膜上应采取覆盖草袋或麻袋等必要措施，养护20d即可使用。

ⅳ. 使用不饱和聚酯砂浆作为修补材料时，被加固或保护材料的表面处理与环氧砂浆施工相同。

ⅴ. 不饱和聚酯树脂是三种树脂中最便宜的一种，其黏度小，有利于施工操作。但由于其收缩较大，因此只能在干燥正温环境中施工。

c. 呋喃砂浆施工要求

ⅰ. 施工前一天应在混凝土表面涂抹一层环氧胶液养护一天，不使酸性的呋喃固化剂与混凝土中的碱起反应，待环氧固化后再刷一道呋喃胶液，接着即铺呋喃砂浆，压实抹面，养护至规定龄期。

ⅱ．使用呋喃砂浆作为修补材料时，被加固或保护材料的表面处理与环氧砂浆施工相同。

ⅲ．呋喃树脂原料来源广泛而且较便宜，但脆性较大，配方不如环氧砂浆可以多样化以适应各种工程需要。

随着科技的发展和技术的进步，聚合物复合修补材料必定具有广阔的发展前景，同时为适应我国对于可持续发展的要求，达到利用聚合物复合修补材料产业发展循环经济，使聚合物复合修补材料的生产满足绿色制造的要求，实现聚合物复合修补材料的高性能化和生态化。

7.3 纤维复合修补材料

7.3.1 简述

现有建筑和构筑物（比如工业建筑、民用建筑、桥梁、码头、水利、电力工程结构等）由于严重的偶然事件（如地震、火灾、车船的撞击等）、老化等多方面原因需要进行加固修复处理，同时，由于设计、施工等造成的施工质量问题、结构使用功能的改变，都需要对已有建筑物进行补强加固，提高结构的抗弯、抗拉、抗扭、抗腐蚀等能力。

前面已经介绍了其中的几种补强加固聚合物复合修补材料，在此主要介绍的纤维复合修补材料也是一类重要的修补材料。纤维复合修补材料是以水泥净浆、砂浆或混凝土作基材，以非连续的短纤维或连续的长纤维作增强材料组合成的材料，从而达到增强增韧的目的。纤维复合修补材料具有重量轻、强度高、耐久性好、施工简单等诸多优点，因此在结构加固修补技术中得到了越来越广泛的应用，采用纤维复合修补材料对含损伤杆件进行加固修复可以抑制裂纹的扩展，延长结构寿命。

基体材料一般是普通水泥砂浆、聚合物砂浆以及各种特种水泥砂浆等。在修补加固钢筋混凝土的结构研究中，纤维增强无机胶凝材料是其重要方面，无机胶凝材料可以选用硅酸盐水泥、氯氧镁水泥、磷酸镁水泥等。选用硅酸盐水泥是因为其价格低廉、货源丰富、施工可操作性强、耐久性好且与旧混凝土相容性好，是首选的无机胶凝材料。但是其收缩严重，且与旧混凝土黏结性差，限制了其一定的应用。氯氧镁水泥与纤维的黏结强度较好，易于制成复合材料，且与旧混凝土的黏结强度高，相容性好，其防火耐温性能较好，用改性氯氧镁水泥基纤维增强复合材料加固钢筋混凝土结构的研究证实其有较好的力学性能和耐高温性能，但是其耐水性差，且容易受到氯离子腐蚀，影响其后期结构安全性。磷酸镁水泥作为黏结相时，新混凝土与旧混凝土相容性好，黏结强度高，抗冻性和抗盐冻剥蚀性能高，护筋性好，耐高温。

纤维在基体中是随机乱向分布的，主要起增强的作用，可以使水泥基材的抗拉强度得到改善；提高水泥基材的变形能力；吸收裂缝扩展所释放的能量，并进一步阻止裂缝继续扩展，其作用机制（图7.9）有以下几种方式：①纤维达到其极限抗拉强度而被拉断，进而显著提高复合材料的抗拉强度；②纤维未被拉断而是从基材中拔出，有利于提高复合材料的韧性；③基材开裂，纤维跨越裂缝，承受拉力，复合材料仍表现出一定的承载能力和较高的延性；④纤维与基材间发生黏结滑移；⑤纤维阻止大裂缝的扩展延伸，基材中产生多条微细裂缝，呈多点开裂模式。

同时，纤维在水泥基复合材料中是均匀、无序分散排列的，当水泥砂浆基体受到外力或内应力变化时，纤维对微裂缝的扩展起到一定的限制和阻碍作用。数以亿计的纤维纵横交错，各向同性，均匀分布，就如几亿根微"钢筋"植入于水泥砂浆的基体之中，这就使得微

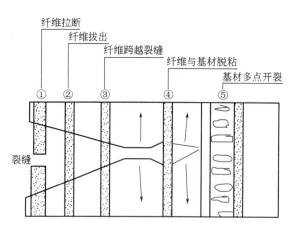

图7.9 纤维增强水泥基复合材料中
纤维对水泥基材的阻裂机制

① 纤维拉断　② 纤维拔出　③ 纤维跨越裂缝　④ 纤维与基材脱粘　⑤ 基材多点开裂

裂缝的扩展受到了这些"微钢筋"的重重阻挠,微裂缝无法越过这些纤维而继续发展,只能沿着纤维与水泥基体之间的界面绕道而行。裂是需要能量的,要裂下去必须打破纤维的层层包围,而仅靠应力所产生的能量是微不足道的,只能被这些纤维消耗殆尽。所以由于数目巨大的纤维存在,既消耗了能量,又缓解了应力,阻止裂缝的进一步发展,起到了阻断裂缝的作用。

常见纤维混凝土中所用纤维的分类如表7.2所示,常用的纤维材料包括钢纤维、碳纤维、聚丙烯纤维、玻璃纤维等。各类纤维实物图如图7.10所示。

表7.2 常见纤维混凝土中所用纤维的分类

分类依据	类　别
按材质分类	(1)金属纤维(如钢纤维、金属玻璃纤维) (2)无机纤维 ①天然矿物纤维(如石棉纤维) ②人造矿物纤维(如抗碱玻璃纤维) ③碳纤维 (3)有机纤维 ①合成纤维(如聚丙烯纤维、聚丙烯腈纤维) ②植物纤维(如黄麻、象草等)
按弹性模量	(1)高弹模纤维(弹性模量高于水泥基体的纤维,如钢纤维、石棉、玻璃纤维、碳纤维) (2)低弹模纤维(弹性模量低于水泥基体的纤维,如聚丙烯纤维、尼龙纤维、聚丙烯腈纤维以及绝大多数植物纤维)
按纤维长度	(1)非连续的短纤维(如钢纤维、短切玻璃纤维、聚丙烯单丝纤维等) (2)连续的长纤维(如玻璃纤维网格布)

(a) 钢纤维

(b) 碳纤维

(c) 聚丙烯纤维

(d) 玻璃纤维

图7.10 各类纤维实物图

在加固修复工程中,选择何种增强纤维类型和增强体形式是很重要的。目前用于加固修复的增强纤维主要是碳纤维、芳纶纤维与玻璃纤维。采用的结构形式多数为片材,有时也采用棒材和格状材等。

一般所选用的纤维应遵循以下基本原则。

① 纤维的强度和弹性模量都要高于基体。

② 纤维与基体之间要有一定的黏结强度,两者之间的结合要保证基体所受的应力能通

过界面传递给纤维。

③ 自分散性：纤维在水泥基体中必须具有良好的自分散性，不结团、不成束。纤维的自分散性极为重要，如果纤维的自分散性不能满足要求，纤维的掺入不但对混凝土或砂浆没有增强增韧作用，相反会降低混凝土的内在品质，人为增加混凝土的缺陷，降低了混凝土的力学性能和耐久性，同时对早期抗裂及后期阻裂增韧极为不利。

④ 纤维与基体的热膨胀系数比较接近，以保证两者之间的黏结强度不会在热胀冷缩过程中被削弱。

⑤ 纤维与基体之间不能发生有害的化学反应，尤其不能发生强烈的反应，否则会引起纤维性能的降低而失去强化作用。

⑥ 纤维的体积率、尺寸和分布必须适宜。

⑦ 规模生产：能够使用于实际建筑工程中的纤维混凝土，所掺加的纤维必须是高度商品化的纤维，要有足够大的生产规模和商品流通渠道。

采用的结构形式主要有以下几种。

① 片材　包括布状和板状，一般通过环氧树脂类粘接剂粘贴于混凝土受拉区表面，是用于结构加固修复最多的一种材料形式。其中布状材料的使用量最大，但由于板状材料的强度利用效率较高，近几年来使用量增长很快。

② 棒材　通常作为代替传统钢筋主筋或箍筋的材料，既可用于已建结构的补强加固，也可用于新建结构中。对棒材进行张拉后，可对混凝土结构进行体内或体外预应力增强式加固。

③ 型材　包括多种形状，但有应用实例的仅有格状材一种，且用量较少主要是通过厚的聚合物灰浆将其粘贴在已有结构上，或只通过适当的锚固方法将其固定在结构上进行加固。

④ 短纤维　相对于上述三种长纤维形式，通过与混凝土共同搅拌形成纤维混凝土用于新建结构。

7.3.2　钢纤维混凝土

在普通混凝土中掺配一定数量的短而细的、乱向分布的钢纤维所组成的一种新型高强复合材料，叫钢纤维混凝土。1910年美国的鲍特（Porter）提出把短的钢纤维均匀分散在混凝土中加强制成建筑材料和1911年美国的格拉哈姆（Graham）明确了在普通混凝土中加入钢纤维以增加强度和稳定性以来，人们对钢纤维的研究越来越关注。

钢纤维混凝土是一种性能优良的新型复合材料，与普通混凝土相比，具有良好的抗裂性、抗折强度、耐冲击、抗疲劳等性能。钢纤维加入到水泥基复合材料中后，改变了材料的破坏方式，提高了材料的强度（包括热压强度、抗拉强度和抗弯强度），特别是大幅度提高了材料的韧性。另外，复合材料的耐磨性、耐疲劳性、抗冲击性和冻融性等也有不同程度的改善。钢纤维增强水泥基复合材料常被用于制造道路路面、机场跑道、隧道衬砌、框架节点、堰堤等许多方面。由于大量较细钢纤维均匀地分散于混凝土中，与混凝土的接触面积很大，因而在所有的方向，都能够提高混凝土的强度，进而提高其抗冲耐磨性，因此常将其应用于混凝土路面修补工程中。

国道、省道等主干道路上由于长期经受往复冲击动载及循环磨损，加之随着经济社会的发展车辆荷载及车辆密度的不断增大，致使路面的损坏日趋严重。路面翻修不仅投资大、施工周期长，而且严重影响交通畅通及行车安全。若使用普通水泥混凝土修复路面，由于其本身抗折强度相对低，变形能力小，脆性大，耐磨和耐久性差等缺点，容易产生断裂、啃边等问题，因而要求路面面板应有足够的抗弯、抗拉强度和厚度。采用钢纤维混凝土进行修补路面，可以克服这类问题，用钢纤维混凝土修补路面时，钢纤维均匀地分散于基体混凝土中，通过分散的钢纤维减小因荷载在基体混凝土中引起的细裂缝端部的应力集中，从而抑制了混凝土裂缝的扩展，提高了整个复合材料的抗裂性。同时，由于钢纤维与混凝土之间有很强的界面黏结力，可将外力传到抗拉强度高、延伸率高的纤维上，使钢纤维混凝土作为一个均匀的整体抵抗外力的作用，从而提高了混凝土原有的抗拉、抗弯强度和断裂延伸率，并提高了其韧性和抗冲击性。

钢纤维的品种对其性能有重要影响，进而影响钢纤维混凝土的质量和施工，目前按照制备方法，钢纤维的主要品种见表 7.3。

表 7.3　钢纤维的主要品种

钢纤维制备方法	具体制备工艺	特点
熔抽法	将熔融的钢水利用旋转圆盘甩出，快速冷却而成	制造工序简单，价格较便宜，但本身强度较低且脆性大，表面的氧化层较多，增强效果比剪切钢纤维差
剪切法	由冷延薄钢带剪切而成	此种钢纤维截面为矩形，纵向为扭曲状，与混凝土基体的黏结较好
冷拔钢丝切断法	用切断机将冷拔钢丝按需要的长度切断以制造钢纤维的传统方法	强度较原来有很大的提高，抗拉强度可高达 1960MPa。纤维横截面呈圆形，表面光滑，与基体黏结强度小，常通过压形处理以增强其表面的机械咬合力，提高黏结强度
机床铣削法	钢纤维的原材料是钢锭或低碳钢厚钢板，用专用铣刀进行铣削得到的	钢纤维的长度为钢板的宽度，钢纤维在切削过程中受到极大的塑性变形和加工硬化，抗拉强度可达原材料的 2.5 倍。横截面为三角形，外形为螺旋状，表面发蓝表明具有较好的防锈能力

同时，钢纤维在混凝土中的分布和取向对钢纤维混凝土的力学性能有重要影响。理论上讲，若钢纤维密集地分布于应力大的部位，而排列上沿着主拉应力方向取向，那么钢纤维对混凝土构件的增强效果是最理想的。但是实际过程中却很难达到，因为钢纤维在混凝土构建中受到搅拌方式、构件的形状和尺寸、钢纤维的体积率、振捣成型的方式、搅拌与振捣的时间、器具、混凝土配合比与原材料的组成等多种因素影响。其中模板尺寸与振捣的方式和时间是对钢纤维在混凝土中的分布和取向最主要的两种不利影响，这主要体现在重力效应和边壁效应上。

① 当钢纤维在新拌混凝土中充分分散并初步搅拌时，它在拌和物中基本上是三维均匀随机分布的，且在各种方向的取向概率也十分接近。在振捣过程中，由于振捣和重力的作用，钢纤维将不断向下部移动，并趋于与重力垂直的平面内取向，这一现象称为纤维的重力效应，重力效应造成纤维在混凝土中的分布上疏下密。

② 边壁效应。由于模板对纤维的限制，在振捣过程中靠近模板的钢纤维趋于平行于模板的平面内取向，钢纤维的这一效应称为边壁效应。目前，钢纤维的重力效应与边壁效应已被利用来针对构件的受力特性对构件强度进行增强。

根据修补混凝土的规模和修补性质，钢纤维混凝土的浇筑工艺可分为三类：规模修补工艺、一般修补工艺和紧急抢修工艺。

① 规模修补由于其工程量较大，旧混凝土的拆除和钢纤维混凝土的浇筑都需花费很长的时间，因此混凝土的凝结时间一定要长。可采取集中搅拌的方式，用小型运输车运送到浇筑现场，成型工艺与普通混凝土相同。

② 一般修补工艺的修复面积较小，混凝土的表面平整度容易控制，因此，该工艺过程不需使用振动梁。另外，搅拌过程选用小型搅拌机、在施工现场搅拌的方式，搅拌机可选用

移动式或固定式,但固定式搅拌机的地点与浇筑现场不应超过 200m 的距离。

③ 紧急抢修工艺的施工方法为:移动式搅拌机在修补位置的旁边搅拌,将搅拌好的混凝土直接倒入修补位置,由于其流动度较好,只需用振动棒稍加振动即可进行表面处理。一般情况下施工全过程可在 30min 内完成。

7.3.3 碳纤维复合修补材料

碳纤维复合修补材料是以碳纤维为增强材料,以合成树脂为基体复合而成的一种工程材料。工程实践中使用较多的碳纤维是通过对聚丙烯腈纤维经过高温碳化得到的。得到的碳纤维具有优异的力学性能,良好的耐腐蚀性能及耐久性,其强度是普通钢材的十几倍,高弹模碳纤维的弹性模量可达钢材的 2~3 倍,可充分利用其优异的力学性能有效地提高混凝土结构的承载力、抗裂性能,达到高强、高效加固修复混凝土结构的目的。碳纤维复合材料加固修复技术就是将高性能的碳纤维增强复合材料黏结于缺陷或损伤结构构件的表面,使一部分荷载通过胶层传递到复合材料上,降低了结构损伤部位的应力水平及裂纹的扩展速率,制止了裂纹的扩展,在一定程度上提高了临界裂纹长度,使损伤构件的功能和承载能力的特性得以最大限度的恢复,以达到延长结构使用寿命的目的。用于加固混凝土结构的碳纤维产品类型见表 7.4,其中常用的有碳纤维布和碳纤维板。

表 7.4 用于加固混凝土结构的碳纤维产品类型

碳纤维产品类型	短纤维	—	—
	长纤维	片材	布材、板材
		棒材	无肋棒材、有肋棒材、集束棒材
		型材	网格型、矩型、工字钢、层压型、蜂窝型等
		特殊构造用材料	—

具体修补过程是将定向排列的碳纤维(补强加固用碳纤维布和板如图 7.11 所示)用常温固化的树脂类胶结材料粘贴在混凝土表面,利用碳纤维的高强度和高弹模来对混凝土结构进行补强加固,并改善结构的受力状态。其中树脂类胶结材料的性能是保证碳纤维布或板与混凝土共同工作的关键。

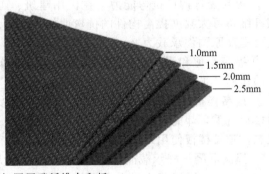

图 7.11 补强加固用碳纤维布和板

① 胶结材料应有足够的刚度和强度保证碳纤维布与混凝土间剪力的传递。

② 胶结材料应有足够的韧性,不会因混凝土开裂而导致黏结脆性破坏。

③ 胶结材料应便于现场施工,如要求黏结材料应能在常温下固化、固化时间合适、具有适宜的流动性与黏度、固化收缩率小等。工程上常用的碳纤维布黏结剂主要是环氧树脂

类，具有很高的黏结强度，收缩率很低（一般低于 0.2%），是常用的树脂中最小的。碳纤维布黏结树脂胶包括有基底胶、整平（修补）胶和浸渍胶。

碳纤维复合修补材料加固修复混凝土结构技术具有以下优点。

① 施工简便，加固施工周期短　碳纤维布或板重量轻，一般采用手工业作业，不需使用大型施工机具。施工空间限制小，施工干扰少。在某些情况下可实现在线施工（即不停产可进行加固施工）。加固施工周期短，将碳纤维布粘贴在结构构件表面，到黏结胶固化，满足强度要求，构件可投入使用只需 2～3d。

② 施工质量容易保证　碳纤维布加固构件的施工质量好坏标准主要反映在碳纤维布粘贴的密实程度。由于碳纤维布是柔性的，很容易粘贴在结构表面上，使碳纤维布与混凝土表面粘贴密实。

③ 超强的防水和防腐蚀效果　碳纤维布粘贴固化在混凝土表面，环氧树脂附着在混凝土结构表面，防水效果好，可防止钢筋锈蚀。碳纤维材料具有极佳的耐腐蚀性能，不必担心建筑物经常遇到的各种酸、碱、盐对结构的腐蚀。

④ 适用面广　碳纤维复合材料加固修复混凝土结构技术可以广泛用于工业、民用建筑、水利、电力、桥梁等工程中各种类型结构和不同受力状态的构件（如梁、柱、板、壳拱等），而且不受结构形状的限制，如圆形、复杂曲面，都可粘贴碳纤维布。

碳纤维复合修补材料加固修复混凝土结构技术也存在以下缺点。

① 复合材料性能不稳定，影响胶接质量的因素多，造成修复结构的性能离散性较大。由于温度、湿度等环境因素的影响，黏结强度会逐渐降低，而且复合材料的价格昂贵。

② 胶接修复前需要对结构的黏结表面进行处理，表面的处理质量对胶接修复后的结构抗疲劳性能有显著的影响，表面处理质量难以控制。

③ 在碳纤维复合材料修复加固过程中按照结构胶黏剂的使用要求，需要在一定的温度和压力下进行胶接固化，才能获得较好的胶接质量。

④ 碳纤维复合材料补片与待修复结构的热膨胀系数相差很大，在高温固化后冷却到常温时，修复结构中仍有残余热应力的存在，这种残余热应力对修复效果会产生不利影响。

⑤ 对粘贴质量的无损探伤比较困难，无损探测技术还需进一步完善。

碳纤维复合修补材料可以实现对建筑物和构筑物的补强加固功能。

① 提高受弯构件抗弯能力　在民用建筑、工业厂房、桥梁等结构受弯构件的受拉面粘贴碳纤维布可大幅度提高构件的抗弯曲能力。在基本不改变构件截面尺寸和重量的情况下，一般可提高原构件承载力 2～3 倍。

② 提高受剪和受扭构件的抗剪能力　对受剪和受扭构件可采用双轴向纤维适应剪力和扭矩的作用，可提高构件的抗剪和抗扭能力。

③ 提高楼板的承载力，延长楼板的使用寿命　楼板、桥面板粘贴碳纤维布（板），可不增加楼板荷重，却能提高承载力。特别是对楼板开洞，粘贴碳纤维布，可有效地改善洞边受力状态，延长楼板使用寿命。

④ 提高混凝土柱承载能力和抗震性能　在大楼立柱、桥梁桥墩外周围粘贴碳纤维布，可约束立柱、桥墩混凝土横向变形，改善混凝土的受力性能，有效防止混凝土脆裂破坏，具有一定的抗震作用。

⑤ 有效地提高混凝土构件的抗裂性能　在结构构件上粘贴碳纤维布可封闭原有裂缝，不再继续扩大延伸，可防止、延缓新的裂缝产生，而且改变裂缝的形态，形成细而密的微小裂缝，不影响构件正常使用。

正是由于上述特点和可以实现的补强加固功能，利用碳纤维复合修补材料对建筑物或构筑物进行修复加固的新技术，在国际上深受重视并已获得较多的应用和发展。日本、美国和欧洲的一些国家投入了大量的财力、人力、物力对其进行研究开发，我国的高校及科研院所也对碳纤维加固修复混凝土结构技术进行了系统研究。北京民族文化宫等国家重点建筑加固工程首次在冬季大面积采用碳纤维加固法，初步形成了具有国际先进水平的成套施工技术，取得了显著的经济效益，促进了碳纤维复合修补材料在加固混凝土结构的工程实践应用，现已广泛应用于建筑物的梁柱板、隧道、桥墩、桥板等结构的补强加固中。

7.3.4 其他纤维复合修补材料

7.3.4.1 玻璃纤维复合修补材料

玻璃纤维复合材料与碳纤维复合材料相比，弹性模量较低，但延伸率大，来源丰富，是复合材料中增强纤维的主要品种之一。但是玻璃纤维的耐久性问题是限制其发展的重要方面。20世纪70年代初期，英国建筑研究院发现了克服玻璃纤维耐腐蚀的措施，即在普通玻璃纤维中添加二氧化锆，得到了能够耐碱的玻璃纤维，使玻璃纤维在碱性环境中耐腐蚀性得到大幅度提高。

将高模量的玻璃纤维均匀分布在混凝土基体中，可以显著改善混凝土的抗拉、抗弯及抗冲击强度，防止裂缝的产生，控制裂缝的扩展，增强构件的耐久性，改变未凝固状态下混凝土的流变特性。目前，玻璃纤维增强混凝土在建筑工程如屋面瓦、外壁面板、复合外墙板、天花板、隔墙板等，农业工程如沼气池、热水器、太阳能灶壳体、粮仓等，土木工程如模板、挡土墙、水下管道等，市政工程如候车亭、售货亭、书报亭等，都应用广泛。

7.3.4.2 天然纤维复合修补材料

天然纤维主要是指自然界中生长的植物形成的一类纤维，其纤维品种和数量非常巨大，取之不尽，用之不竭。可用天然纤维来增强水泥基材料，常用的天然纤维有棉秸、玉米秸、黄麻、亚麻、剑麻、椰子壳、甘蔗渣、木纤维等。天然纤维加入到水泥砂浆和混凝土中后，材料的强度和韧性都有明显的提高。与玻璃纤维相似，在碱性环境中，天然纤维会发生分子降解而失去力学性能。因此，天然纤维增强水泥基材料同样存在耐久性问题，是亟待解决的问题。

将纤维掺入砂浆中作抗裂增强材料并非现代人的发明。在古代，我们的先人们就已将天然纤维作为某些无机胶结料的增强材料，例如用植物纤维和石灰浆混合来修建庙宇殿堂，用麻丝和泥巴来塑造佛像，用麦草短节和黄泥来修建房屋，用人和动物的毛发来修补炉膛，用纸浆纤维和石灰、石膏来粉刷墙面及制作各种石膏制品等。

7.3.4.3 合成纤维复合修补材料

合成纤维是将人工合成的、具有适宜分子量并具有可溶（或可熔）性的线型聚合物，经纺丝成形和后处理而制得的化学纤维。采用合成纤维增强水泥基材料应重点考虑其与水泥材料的弹性模量匹配问题、耐腐蚀性问题及纤维与基体的界面结合问题。用于增强水泥砂浆、混凝土的合成纤维主要有维纶（聚乙烯醇纤维）、腈纶（聚丙烯腈纤维）、丙纶（聚丙烯纤维）与乙纶（聚乙烯纤维）。尼龙纤维是最早用于水泥及混凝土的低弹性模量合成纤维之一。由于低弹性模量的合成纤维具有价格低、能明显改善水泥砂浆、混凝土的抗冲击性、韧性等性能，国内外对合成纤维增强进行了大量的研究并取得了较好的研究结果，现已用于建筑生产中，在这些合成纤维中，聚丙烯纤维由于增强效果好、价格便宜、来源丰富而备受人们注目。

国内外对聚丙烯纤维的研究可以追溯到20世纪70年代，美国和英国等国家已开始将聚丙烯单丝纤维用于某些混凝土制品或工程中，发现聚丙烯纤维有助于提高混凝土的抗冲击性。聚丙烯纤维可以克服玻璃纤维对碱性物质抗侵蚀性差的问题,同时又不具有碳纤维价格较高的缺点。通常将聚丙烯纤维加入到水泥砂浆或者混凝土中,作为防裂纤维或次要增强筋使用。聚丙烯纤维可以大大增强混凝土的抗渗能力,因此聚丙烯纤维混凝土可以广泛应用于刚性路面、码头、桥梁、地下室工程、屋面、内外墙粉刷、停车场、储水池、腐化池等工程中。聚丙烯纤维混凝土在发达国家已广泛应用于高速公路、机场跑道、地铁、隧道、桥梁、铁路水泥枕木、住宅墙体等,特别是公路的路面、掺入纤维的高速公路混凝土路面,平整而富有弹性与韧性。公路路面不易起小沟小坑,从而有利于汽车驾驶的平稳安全,而且聚丙烯纤维混凝土公路的使用寿命比一般路面可延长2~3倍。住宅外墙渗漏是民用建筑中的常见病,如果在外墙的砂浆中掺入一定量的网状聚丙烯纤维,能有效地减少住宅外墙的裂缝,提高外墙体的抗渗透性。

7.4 化学灌浆补强修复材料

7.4.1 简述

现代工程建设过程中,混凝土占有重要的地位,但是混凝土的建筑物和构筑物随着服役年限的增加,会出现各种各样的问题,比如收缩引起的裂缝等。混凝土的裂缝,长期以来一直是学术界和工程界所研究的一个重要课题。混凝土的裂缝主要是由于混凝土的抗拉强度较低,当其在外荷载、结构次应力、温度、收缩、不均匀沉陷等作用下产生的,而当裂缝发展到一定程度时将会引起外观的破坏,降低结构耐久性,降低结构整体刚度,进而导致承载力下降,威胁生命财产安全。

图 7.12 化学灌浆法的工程施工

对于裂缝进行修补常用的一种方法是化学灌浆法,化学灌浆法是一项具有很强实用性且应用范围广的工程技术方法。化学灌浆法是将一定的化学材料配制成真溶液(浆液),用压送设备将其灌入混凝土裂缝中,浆液在缝隙内扩散、胶凝,直至固化,填充缝隙并补强加固(图 7.12)。此方法可根据工程需要调节浆液的胶凝时间和起始黏稠度,因此对混凝土细微裂缝和较宽裂缝均适用。灌浆液渗透能力较强,适用于灌注较深的裂缝和贯穿裂缝。同时,其黏度低、可灌性好、渗透力强、固化时间可调节,浆液凝结后可充填裂缝,使灌注后的土层、岩层等的力学性能得以改善,经过化学灌浆处理后的混凝土构件,其结构间断面重新黏合在一起,整体性得到恢复,并改善了承载能力;同时起到封堵裂缝,避免因接触介质产生的钢筋锈蚀的作用。简而言之,化学灌浆就是化学与工程相结合,应用化学科学、化学浆材和工程技术进行地基加固、混凝土裂缝补强、堵水止漏、帷幕防渗处理等的一项技术。因此在道路、桥梁、隧道、地下建筑、水工建筑等许多领域显示出极好的应用价值,已成为近年来国内外学者研究的热点方向之一。

1884 年化学灌浆液在印度问世,并用于建桥固砂工程;随后各种化学浆材相继问世,使化学灌浆技术得到飞速发展。但是在 1974 年,日本出现了化学浆材中毒事件,化学灌浆技术出现了低潮发展,后期随着对化学浆材的改性,化学灌浆技术又得以继续发展。在我国的发展相对较晚，20世纪50年代初期，最早的研究集中在中国科学院广州化学所和水电部的长江科学院、水利水电科学研究院。60年代中期中国科学院广州化学研究所首先取得突破，研制出丙烯酰胺和甲基丙烯酸甲酯浆材，在水电工地现场试验取得成功后又在多个电站和成昆铁路隧道工程中应用；70年代不少研究单位和大专院校投入了化学灌浆材料的研究。80年代中期，中国科学院广州化学研究所研制的"中化-798化学灌浆材料"在安徽陈村、四川二滩、青海龙羊峡等水电工程的现场试验均取得成功。随着科技的发展和技术的进步，化学灌浆技术在我国的研究和工程应用发展迅速。上海地铁4号线塌方冒水事故仅止水一项用聚氨酯浆材就达102t。三峡工程近几年防渗堵漏和基础加固应用各种化灌浆材570多吨。广东一家化学灌浆企业，仅一年在广西、广东、湖南公路修复工程的路基加固防渗中就用了水玻璃浆材2000t以上。

化学灌浆技术之所以有如此飞速的发展，与它本身的特点密不可分：在灌注前都是真溶液，在配制或泵送过程中发生化学反应，在处理部位凝胶或固化，其凝胶或固化时间视工程需要可通过浆材配方设计进行调整控制，生成的凝胶体或固化物自身不渗水，还必须具备收缩性小、耐久性好的性能特点。主要可以概括如下。

① 黏度低，可灌性好，渗透力强，充填密实，克服了水泥和黏土类颗粒材料颗粒大、难灌入的弊端。

化学浆液具有极强的渗透力，黏度低（其黏度为140MPa/s，与水接近），能注入0.05mm宽的微裂缝；材料表面张力远小于混凝土临界表面张力，润湿性良好，通过专用裂缝灌注器灌浆过程时，保持0.3MPa左右的恒定低压可充分克服毛细现象，能将修补材料注入裂缝末端。

② 浆液的凝胶过程可瞬间完成，并在一定范围内其固化时间可按需要进行控制和调节。

③ 材料抗老化及耐腐蚀（如酸、碱、盐和水等介质）强，保证了修复后的使用寿命。

胶结体透水性低，防水性较好，浆材固结后强度高，并具有良好的耐久性，受气温、湿度、酸碱以及某些微生物的侵蚀影响较小；材料不含任何惰性溶剂，在固化过程中几乎不收缩，避免了因固化收缩应力造成的修复缺陷。

④ 浆液稳定性好，在常温、常压下存放一定时间，其基本性质不变。

⑤ 浆液配制方便，原材料来源广，价格低，灌浆工艺操作简单，满足环保要求。

化学灌浆材料可分为两大类。一类为防渗堵漏灌浆材料，如水玻璃类灌浆材料、丙烯酰胺类灌浆材料、丙烯酸盐类灌浆材料、木质素类灌浆材料、聚氨酯类灌浆材料等。另一类为补强加固灌浆材料，如环氧树脂类灌浆材料、甲基丙烯酸酯类灌浆材料等。不管哪一类化学灌浆材料，基本上需要满足以下几个方面。

① 浆液结石体有一定的抗拉和抗压强度，加固和抗渗性能好，补强加固要求浆液固化后有较高的强度，能恢复混凝土结构的整体性。

② 材料与混凝土裂缝的粘接强度高，不易脱开，粘接强度大于混凝土本体的抗拉强度最佳，即浆液固化时无收缩现象，固化后与岩石和混凝土等有一定黏结性。

③ 浆液黏度低，流动性好，能进入微细裂隙，真溶液比悬浊液较好；不管是补强加固还是防渗堵漏，重要的一条是所选浆材能够灌入裂缝，充填饱满灌入后能凝结固化，以达到补强和防渗加固的目的。化学灌浆材料要考虑黏度低、可灌性好、低温条件能固化、黏结强度高等要素，对于有水裂缝，还要求浆液有好的亲水性能等。

④ 浆液凝胶时间易准确控制，且反应能瞬间完成，同时浆液稳定性好，常温、常压下长期存放不变质。

⑤ 耐久性：选用材料在使用环境条件下性能稳定，不易起化学变化，不易被侵蚀破坏，结石体耐老化性能好，能长期耐酸、碱、盐、生物细菌等腐蚀，不受温度和湿度影响。

⑥ 原材料来源丰富、价格低廉，配制方便，操作容易。

⑦ 灌浆材料对灌浆设备、管路、混凝土结构等物腐蚀性小；浆液无毒无害，对环境不污染，对人体无害，环保型材料是灌浆材料生产和应用发展的方向。

化学灌浆材料除了能够对裂缝进行修复以外，还具有以下用途和作用。

① 灌浆材料除了能将裂缝黏结以外，还可对低标号的多孔隙密集砂浆混凝土体进行渗透固结，取得提高混凝土体强度的效果。

② 可实现不同种类的混凝土裂缝的黏结，不仅可以修复从微小裂缝到大裂缝或伸缩缝，而且可黏结干燥、潮湿及水下裂缝，甚至严重破损的混凝土裂缝都可以修复，比如火烧缝。同时，可在动载裂缝开合的情况下进行灌浆黏结。

③ 灌浆黏结时可使浆液沿钢筋走向渗透，保护钢筋并增加钢筋与混凝土体的黏结。

④ 采用灌浆黏结，具有较高渗透性的浆材料在灌注压力的作用下，除充满混凝土裂缝外，还进一步渗透到缝两侧的毛细缝隙中，形成较宽的加固带。加固带的厚度可通过改变材料的渗透性及灌注压力进行调整。

利用化学灌浆材料对结构进行修复以后，需要对修复后的成果进行相应的检测，具体措施如下。

(1) 压水试验　按照化学灌浆规范要求进行压水试验，在压力不低于 0.8MPa 时，检查孔吸水量是否小于或等于 0.01L/min，若小于则说明灌浆满足规范要求。根据现场实际情况，将试验时压力范围控制在 0.7～1.0MPa 之间，压水时间控制在 10min。经检测，所有检查孔的压水试验测值在 0～0.004L/min 之间，说明灌浆质量满足规范要求。

(2) 混凝土取芯检测　对裂缝化学灌浆后的混凝土进行钻孔取芯，直径 10cm，长度为钻取到第一层钢筋时的深度（10～20cm）。从取芯的外观看，裂缝及钻孔灌浆液注饱满，测试芯样的劈裂抗拉强度并与原混凝土的抗拉强度进行对比，若大于设计值，说明浆材和裂缝的粘接良好，满足混凝土结构抗拉强度要求。

(3) 其他　其他的检测方法也有一定的使用，比如超声无损检测、钻孔摄影、模拟试验等方法。

化学灌浆材料由于其优秀的堵水防渗性能得到了广泛的应用，已被应用于水利水电工程、岩土工程、混凝土结构工程、隧道和地铁工程、公路工程、矿山井巷工程中。因此，其施工工艺是其重要方面。化学灌浆根据灌浆的压力和速度，可分为高压快速灌浆法和低压慢速灌浆法。林增海等在处理岑梧高速公路大村大桥裂缝问题时，结合其使用的低压慢速灌浆法，对化学灌浆的施工工艺提出了以下观点。

(1) 裂缝观察　用裂缝放大镜观察裂缝，分析记录渗漏情况，以确定需要灌浆的裂缝数量、灌浆孔位置及间距等。

(2) 裂缝清洁处理　沿裂缝两侧各 3～4cm 宽度范围用钢刷及毛刷清理干净，此区域为灌浆影响区，特别需要清除混凝土裂缝附近的浮尘、油污，凿除混凝土表面析出物；在封缝与安装底座前用抹布擦净，确保表面干净、润湿。

(3) 钻孔　使用电锤等钻孔工具沿裂缝两侧进行钻孔，钻头直径为 14mm，钻孔角度宜≤45°，钻孔深度≤结构厚度的 2/3，钻孔必须穿过裂缝，但不得将结构打穿（壁后灌浆除外），钻孔与裂缝间距≤1/2 结构厚度，钻孔间距 20～60cm。同一条缝上的全部灌浆孔一次钻成。

(4) 埋嘴　在钻好的孔内安装灌浆嘴（又称为止水针头），并用专用内六角扳手拧紧，使灌浆嘴周围与钻孔之间无空隙，不漏水。

(5) 洗缝　用高压清洗机以 6MPa 的压力向灌浆嘴内注入丙酮液或洁净水，观察出水点情况，当观察到回水反清，则确认清洗干净缝隙内的析出物及其他残留物、粉尘等。

(6) 通气试验　灌浆前进行通气试验，一方面了解灌浆孔与裂缝是否通畅，检查封缝是否有效，确定可否灌浆；另一方面则可吹出孔及裂隙内的水分，提高灌浆效果。

(7) 封缝　将洗缝时出现渗水的裂缝表面用水泥基防水材料或快干水泥进行封闭处理，目的是在化学灌浆时不跑浆。

(8) 浆材配制　浆材配制时应置于容器中，用搅拌器搅拌至色泽均匀。搅拌用容器内及搅拌器具不得有油污及杂质。应根据每次灌浆量确定浆材的每次拌和浆量，最好每次基本用完配制的浆材，以免浆液长时间暴露在空气中。

(9) 灌注浆胶　使用高压灌浆机向灌浆孔内灌注化学灌浆料。立面灌浆顺序为由下向上；平面可从一端开始，单孔逐一连续进行。灌浆过程中，邻孔可作为排水、排气孔，当相邻孔开始出浆，等排除积水后，开始灌注邻孔，第 1 孔仍保持压力灌浆，当第 3 孔出浆时，视进浆情况停止第 1 孔灌浆（第 1 孔出现不进浆或在最大压力下，进浆率为 0.05L/min，延续灌注时间≥60min，可停止第 1 孔灌浆）。

灌浆压力保持在 0.1～0.3MPa，当灌到最后一个灌浆嘴时，应适当加大压力进浆。灌浆期间应观察是否还在进浆。灌浆结束标准以不吸浆为原则，如果吸浆率＜0.01L/min，应维持至少 10min，可作为结束标准，停止灌浆。

(10) 拆嘴　灌浆完毕，确认不漏即可去掉或敲掉外露的灌浆嘴。清理干净已固化的溢漏出的灌浆液。

(11) 封口　用水泥基防水材料或快干水泥进行灌浆口的修补、封口处理。

(12) 防水　用聚氨酯防水材料将化学灌浆部分涂三遍（底涂、中涂、面涂），宽度两侧各宽出 10～20cm，两端各长出 20～30cm，以做表面防水处理。

(13) 养护　改性环氧类材料的养护最重要的是注意控制温度，自然养护期需防止雨水侵蚀或其他硬性冲击。养护期 14d，构件温度≤60℃。

(14) 质量评定标准　评定标准分优良、合格两个等级，达不到这两个等级的为不合格，需重新处理。

① 灌浆处理后的裂缝没有明显渗水现象，局部出现面湿（不渗水），为合格；灌浆处理后的裂缝没有渗水现象为优良。

② 裂缝表面基本平整、干净，遗留少量的浆液，水泥防护层硬化后仅出现极少的鼓泡、脱落为合格；裂缝表面平整干净、美观，基本没有残留浆液，水泥浆硬化后没有出现鼓泡、脱落为优良。

用于化学灌浆法的补强修复材料主要有环氧树脂、甲基丙烯酸甲酯、丙烯酰胺及聚氨酯。不同的灌浆料具有其独特的性能，使用时针对性强，裂缝的成因不同，所用灌浆材料也不同。根据不同的工程实际要求，选择合适的灌浆材料及合适的施工工艺。以下将分别进行介绍。

7.4.2　环氧树脂灌浆料

环氧树脂是用得最多的补强灌浆材料，环氧树脂灌浆材料是以环氧树脂为主剂，加入一定比例的固化剂（胺或酸酐）、稀释剂、增韧剂，可以在所需的温度、湿度下固化的一类材料。环氧树脂具有硬化后黏结力强、固化后收缩小、化学稳定性好、室温固化、强度高等优点，是结构混凝土的主要补强材料。而且因为环氧树脂灌浆材料的黏结力和内聚力均大于混凝土的内聚力，能有效地修补混凝土的裂缝，恢复结构的整体性，目前是一种较好的补强固结化学灌浆材料，因此对于一些强度要求高的重要结构物，多采用环氧树脂灌浆。近年来，也能用于漏水裂缝的处理。

环氧树脂灌浆材料得到了广泛的应用，主要是由于其具有以下特点。

(1) 力学性能好　环氧树脂具有很强的内聚力,分子结构致密,所以它的力学性能高于酚醛树脂和不饱和聚酯树脂等通用型热固性树脂。

(2) 粘接性能优异　环氧树脂固化体系中有活性极大的环氧基、羟基以及醚键、胺键、酯键等极性基团,赋予了环氧固化物极高的粘接强度。再加上它有很高的内聚强度等力学性能,因此它的粘接性能特别强,可用作结构胶。

(3) 固化收缩率小　一般为1%～2%,环氧树脂在液态时就有高度的缔合,固化过程中又没有副产物的生成因此固化物收缩率小。环氧树脂在热固性树脂中收缩性是最小的,线膨胀系数也很小,一般为$6\times10^{-5}℃^{-1}$。所以其产品尺寸稳定,内应力小,不易开裂。

(4) 稳定性好　未固化的环氧树脂是热塑性树脂,可溶于丙酮、二甲苯等有机溶剂中。如不与固化剂相混、自身不会固化,可以较长期存放而不变质。

(5) 化学稳定性好　固化后的环氧树脂含有稳定的苯环、醚键及不与碱反应的脂肪酯,故化学稳定性好,能耐一般的酸、碱及有机溶剂,特别是耐碱性优于酚醛及聚酯树脂。

环氧树脂作为灌浆材料的一大缺点是其在常温下黏度较大,不能满足可灌性要求,因此必须加入稀释剂稀释(稀释剂不可无限增加,使用量太多会使浆材固结体力学性能急剧下降而影响灌浆效果),得到改性环氧树脂类浆液。根据稀释剂类型分为糠醛-丙酮稀释体系、CW体系以及含环氧活性稀释剂、丙烯酸、丙烯酸环氧树脂与聚氨酯互穿聚合物网络、水性环氧、环保型弹性环氧体系等浆液。中国科学院广州化学研究所研制的"中化-798化学浆材"是这类浆材的典型代表,其可注性好,可注入低渗透系数(10^{-8}～10^{-6}cm/s)的软弱地层中,使固结体的抗压强度达50～80MPa。李士强、张亚峰等通过化学结构改性法分别在环氧树脂E-51的一端引入双键,另一端引入羟基,用不饱和有机酸中和,得到一种阳离子型水性环氧树脂。该浆材无挥发性有机溶剂,无难闻的刺激性气味,是一种环保型灌浆材料。我国目前广泛采用的是糠醛-丙酮活性稀释剂,以降低环氧树脂的黏度。这种浆材在混凝土工业中的应用范围非常广泛,特别适用于混凝土细微裂缝与软弱岩基的灌浆加固处理,对裂缝有较好的粘接性,并能恢复其结构的完整性。

7.4.3　甲基丙烯酸甲酯类浆液

甲基丙烯酸甲酯类浆液(甲凝浆材)是以甲基丙烯酸甲酯、甲基丙烯酸丁酯为主要原料,加入过氧化苯甲酰、二甲基苯胺和对甲苯亚磺酸等组成的一种低黏度灌浆材料。其黏度比水低,渗透力很强,可灌入0.05～0.1mm的细微裂隙,具有三维交联结构,所以耐热性、耐水性、耐介质以及耐大气老化性能都较好,收缩率低,强度高,可用于大坝、油管、船坞和基础等混凝土的补强及堵漏。因甲基丙烯酸酯树脂胶黏剂黏度较其他有机高分子材料低,常与水泥复合成树脂改性混凝土对宽裂缝进行修补。甲基丙烯酸酯树脂胶黏剂制备工艺复杂,为了调节固化产物的结构性能,需要掺入大量的外加剂。

7.4.4　丙烯酰胺类浆液

丙烯酰胺类浆液(丙凝浆材)是以丙烯酰胺为主剂,以甲醛、过硫酸铵、三乙醇胺、硫酸亚铁、铁氰化钾等为助剂,制成的防渗堵水灌浆材料。使用时,将氧化剂和其他材料分别配制成两种溶液,按一定比例同时进行灌注。这种浆液具有优异的渗透性能、固结性能、防渗性能和凝胶时间可调等优点:丙凝浆液的黏度很低,能灌到水泥浆所不能到达的缝隙;在缝隙中聚合,变成凝胶体而堵塞渗漏通道;浆液的凝固时间可以在几秒到几小时内方便又准确地调节控制。但是,丙凝聚合体的强度很低,可以掺加一定量的脲醛树脂,配成强度较高的丙凝灌浆材料。丙烯酰胺类浆液最大的缺点是丙烯酰胺单体对人体的中枢神经系统有损害,有较大的毒性。1974年日本发生丙凝灌浆引起环境污染,造成中毒事故后被禁止使用,且丙烯酰胺被国际癌症研究中心公布为302种人类致癌化合物之一，一般较少使用。但它凭借着优良的性能被认为是最好的堵漏防渗的灌浆材料，所以国内外一直没间断对丙凝毒性的改进研究，主要是通过预聚合的方法将丙烯酰胺单体聚合成可以在人体吸收代谢的聚丙烯酰胺，也可以开发第二代产品——无毒的丙烯酸盐灌浆材料。丙烯酸盐类灌浆材料主要以丙烯酸钙和丙烯酸镁为主剂，配以交联剂、引发剂等组成的水溶性浆液。丙烯酸盐灌浆材料具有黏度低、不含颗粒成分、可灌入细微裂隙、胶凝时间可以控制、凝胶渗透系数低、抗挤出能力强等特点。但丙烯酸盐类灌浆材料的凝胶强度较低，当与水泥混用时，稳定性不易控制，并且相对于丙凝浆材，浆液的价格较高。

7.4.5 聚氨酯灌浆材料

聚氨酯灌浆材料是由异氰酸酯、聚醚和促进剂等配制而成。采用单液灌注，遇水后立即生成不溶于水的凝胶体并同时放出气体，使浆液膨胀，再次向四周渗透，即具有二次渗透的能力。聚氨酯灌浆材料黏度低，可渗入0.05mm的细微裂缝，并且对岩石、黏土等有化学黏结性，能将地基中潮湿松散的黏土黏结在一起。

聚氨酯灌浆材料按亲水能力可分为水溶性聚氨酯和油溶性聚氨酯。水溶性聚氨酯类浆液主要发挥防水堵漏的作用；油溶性聚氨酯类浆液主要起到加固补强功效。然而，预聚体中残留的多异氰酸酯为剧毒物质，对工作人员和环境的污染较大，并且难于存储，一旦包装桶打开，材料的使用寿命将会降低。刘军、张亚峰等采用亲水性聚醚多元醇（PPE）与甲苯二异氰酸酯（TDI）反应的预聚体等作为灌浆材料A组分，B组分为聚乙二醇（PEG）、PPE和3,3c-二氯-4,4c-二氨基二苯基甲烷（MOCA）等，混合固化获得一种具有较好的灌浆性能、耐盐性能和反复膨胀的高遇水膨胀率的防水堵水材料。中国科学院广州化灌工程有限公司的王坤利用不同聚醚、异氰酸酯为原料制备出聚氨酯预聚体，和增塑剂、表面活性剂等助剂充当组分A，与为组分B的水玻璃配制出具有较高抗压强度、不发泡等性能优良的聚氨酯-水玻璃双组分体系灌浆材料。秦道川等以聚氧化丙烯-聚氧化乙烯醚和甲苯二异氰酸酯（TDI）为主要原料，AT替代品为稀释剂等助剂，制备出具有较好安全性、污染小、形成的固结体不易收缩、堵水加固效果较好的高固含量、环境友好型聚氨酯灌浆材料。

目前，聚氨酯灌浆材料广泛应用于建筑、交通、水利水电和采矿领域中，对变形缝以及结构缝起到防水堵漏作用，尤其是在抢险类堵水工程中的堵漏止水效果明显。对复杂地层、建筑物地基等也起到加固补强作用。聚氨酯灌浆材料成功应用于煤矿顶板加固已有40多年的历史。聚氨酯灌浆材料最早用于地基加固是19世纪60年代由德国矿业研究公司提出的，1971年经过商业介绍后成为德国标准加固法。随着1977年Roklok粘接体系的引入，聚氨酯加固法在美国开始普及。另外，由于聚氨酯中游离异氰酸根能与水迅速反应固结，因此聚氨酯是封堵高压大流量用水的首选材料。70年代初，长江科学院研究出一步法和预聚法两种油溶性聚氨酯浆液，在武钢07工程和一些水电工程防渗和补强加固灌浆中得到应用，起到了较好的作用。70年代末，为解决葛洲坝水电工程泄水闸封闭式护坦伸缩缝止水因施工不当造成的严重渗漏问题，根据聚合物弹性理论研究出弹性聚氨酯灌浆材料，葛洲坝工程前后两期共用该浆材22t，灌缝总长12000米以上，使伸缩缝止水达到了设计要求。

7.4.6 其他灌浆材料

7.4.6.1 水玻璃类灌浆材料

水玻璃类灌浆材料是化学灌浆中最先使用的一种材料，它是由硅酸钠水溶液和各种凝胶剂组成的真溶液。水玻璃化学灌浆材料大致分为在碱性区域凝胶化的碱类浆材和在中性-酸性区域凝胶化的非碱类浆材。通常所说的此类浆液是碱性金属硅酸盐的水溶液在固化剂的作用下，发生硅酸凝胶的一种灌浆材料。因其具有浆材黏度低、可灌性好、造价低、无气味、凝固时间可调节等优点，目前仍然是使用最广、用量较大的化学灌浆材料之一。但强碱性材料的水玻璃，胶凝体有脱水收缩和腐蚀现象，影响了它的耐久性，且污染环境，不适用南方酸性土质。而酸性水玻璃可在中性或酸性条件下凝胶，无任何毒性，具有耐久性好、造价低等优点。水玻璃类化学灌浆材料广泛用于矿井、隧道、建筑、煤炭、冶金等方面，如铁路地基的加固，建筑物基础的加固，矿井砂砾石层的地面预注浆和井壁防渗堵漏等。在水利水电工程方面，多用于临时性的工程，如围堰工程的临时堵漏，在永久性工程上很少使用。

7.4.6.2 木质素类灌浆材料

木质素类灌浆材料是以纸浆废液为主剂，加入一定量的固化剂所组成的浆液，属于"三废利用"。此类灌浆材料可以减少造纸废液对环境的污染，提升废液的价值。因其具有易操作，价格低廉，黏度低，原料来源广，凝胶时间易调节等优点，被广泛地应用于土坝止水等防渗堵漏和地基加固中。其主要包括铬木质素和硫木质素两类浆液。铬木质素浆液的固化剂重铬酸钠毒性较大，难以大规模使用；硫木质素浆液采用过硫酸铵完全替代重铬酸钠，使其成为无毒、低毒浆液，源广价廉，是一种很有发展前途的灌浆材料。

化学灌浆材料众多，每一种材料都表现出了优异的性能，并且得到了广泛的应用，但是，化学灌浆材料仍然存在一些问题。

① 大多数的化学灌浆材料主要用于大型水利工程防渗加固、混凝土建筑物裂缝修补以及岩基加固，对于路面这类受动载荷作用且受力不均匀的工程而言，其对应的化学灌浆材料较少。

② 化学浆材虽比水泥浆材可灌性好，还有一些比水泥浆材更好的性能，但造价较高，其浆液成分中一般都有含量不等的有害化合物，处理不好常会造成不同程度的环境污染。

对于浆材组分中含有毒性较大化合物的化学浆材，建议应立即停用，并尽快寻找代用浆材，以免其污染环境，造成人畜伤害。因此灌浆材料今后发展的趋势主要如下。

(1) 新型化学灌浆材料的研制与开发

① 复合灌浆材料的研究　比如环氧-聚氨酯复合灌浆材料，通过环氧树脂接枝改性聚氨酯，综合环氧树脂优良的力学性能和聚氨酯具有发泡膨胀性的优点，制备一种既能发泡，又能改善聚氨酯黏结性的环氧-聚氨酯复合灌浆材料，并且相比环氧灌浆材料而言成本更低，将成为目前地基修补材料的替代品。

② 臭氧消耗潜值（ODP）为零的聚氨酯发泡剂的研究　与水性环氧树脂相比，聚氨酯灌浆材料同样能起到填充和潮湿黏结的作用，并且比环氧树脂固化速率快得多，只要数秒到数十秒就能固化，固化反应中发泡膨胀，膨胀率大，不仅能节约成本，还能抬升下沉的路面，是目前最有应用前景的路基加固用灌浆材料。开发出臭氧消耗潜值（ODP）为零的发泡剂替代对臭氧层有破坏作用的氟氯烃化合物用于聚氨酯灌浆材料将具有很广阔的前景，也将会带来显著的经济和社会效益。

(2) 化学灌浆材料的环保和创新　不断改进化学灌浆材料的性能和毒性，提高化学浆材的可灌性和稳定性，降低浆材毒性和使其无毒，开发和推广应用无公害、耐久性好、工程适应性强且价格低廉的化学灌浆材料。比如水性-无毒环氧树脂的研制：水性环氧树脂具有环保和力学性能优良的特点，因此将会成为这一领域的主流产品。开发出低黏度的环氧树脂和具有快速固化和在潮湿表面黏结的高性能的水性环氧固化剂用于地基加固将成为今后研究的热点。

(3) 加强和发展化学灌浆试验和理论研究　采用化学灌浆的被灌载体具有隐蔽性、复杂性和特殊性，室内试验模拟困难，化学灌浆的试验和理论研究一直是非常薄弱的环节，使化学灌浆施工和工艺参数缺乏理论指导，也阻碍了该技术在工程领域推广应用的发展，因此，应加强化学灌浆试验的理论研究和探索。

（4）化学灌浆施工的标准和规范修订　化学灌浆体有隐蔽性，工程施工的技术和实践水平参差不齐，为保证工程施工的质量，应有相应的化学灌浆施工行业标准和规范进行指导及约束，应加快行业旧规范的修订和全国性新行业标准及规范的制定。

化学灌浆具有诸多的优良性能，起到防渗堵漏和补强加固的作用，各种灌浆材料都有着自身的特点和适用的范围。在选择灌浆材料的时，充分发挥各种材料的优势，来弥补单一材料的不足。除满足工程上的性能要求外，还要使灌浆材料具有低毒性、低污染、廉价、源广、易操作等特性。促进价格低廉、经久耐用和无公害的浆液的研发，力求灌浆工艺与其他工艺相融合，推进灌浆方法标准化，以实现化学灌浆技术的系统化和自动化。

7.5　其他类型修补材料

通过前面几节内容了解了聚合物复合修补材料、纤维复合修补材料及化学灌浆补强修复材料的相关知识，得出各类修补材料具有较好的性能，可以对建筑物和构筑物进行较好的加固补强修复处理，但是常用的修补材料仍然存在以下缺点。

① 裂缝修补材料以有机材料为主，而有机物价格普遍昂贵，而且大多数有机物有毒，可能伤害人体和污染环境。

② 开发的修补材料，性能单一、适用条件较窄。某些修补材料的应用领域比较单一，比如只能应用于混凝土的裂缝修复，或者只能应用于路面裂缝修复等。

因此开发具有多重优异性能、环保、成本低的修复材料变得尤为重要，以下简单介绍几类目前出现的可用于建筑物和构筑物补强加固或者修复的几类材料。

（1）自修复混凝土　传统的混凝土裂缝的修复形式主要是定期维修与事后维修，这种消极的、被动的维修方式不仅费用庞大，而且效果不佳，更无法满足现代多功能和智能建筑对材料提出的要求。实际的混凝土工程结构中，许多微小裂纹发生在结构内部，如果这些微观范围的损伤在发展成宏观裂缝之前，能得到有效的修复，那么将大大提高建筑结构的安全性和使用寿命。人们从生物系统中得到启示，希望在混凝土结构中得到与生物体中相类似的修复系统，当混凝土中出现裂缝或损伤时，能够像人体伤口由"破裂-流血-凝结-愈合"这一过程自动修复。

众所周知，生物材料（如骨骼）创伤愈合过程是：骨折断裂处血管破裂，血液流出并在裂口处形成血凝块，初步将裂口连接，继而在裂口处形成由新骨组织构成的骨痂。随着骨细胞不断生长而造出新的骨组织，中间骨痂与内外骨痂合并，在成骨细胞和破骨细胞共同作用下将原始骨痂逐渐改选成正常骨。这里的关键是：一旦骨折（创伤发生），血管破裂，源源不断立即流出的血液为此后骨骼愈合提供了基本保证。生物材料的这种自愈合能力若能赋予其他的材料，这显然是一个极其有意义的问题。基于这理论人们提出了自修复概念，并对其修复机理和材料选择进行开发与研究。

自修复混凝土，是模仿生物机体受创伤后的再生、恢复机理，采用修复胶黏剂和混凝土材料相复合的方法，对材料损伤破坏具有自修复和再生功能的一种新型复合材料。其具有自修复行为混凝土的智能模型为：在混凝土基体中掺入内含修复胶黏剂的修复纤维管，从而形成智能型仿生自修复神经网络系统。在外界作用下，混凝土基体一旦开裂，管内装的修复剂流出渗入裂缝，由化学作用修复剂固结，从而抑制开裂，修复裂缝。所谓裂缝自修复技术指混凝土在外部或内部条件的作用下，释放或生成新的物质自行封闭、愈合其裂缝。自修复混凝土，是一种具有感知和修复性能的混凝土。从严格意义上来说，应该是一种机敏混凝土。

它是混凝土向智能材料发展的一个高级阶段。现已经有好几种裂缝仿生自修复技术，混凝土自修复技术解决两个主要问题：其一为封闭裂缝自修复；其二为填充裂缝自修复。但是到目前为止，对混凝土裂缝自修复技术的研究还处于起步阶段，所以作者认为此领域还有大量研究工作要做。综合仿生自修复混凝土材料在理论研究上和反复修复在工程实践中存在的不足，结合当前混凝土多功能和智能化的发展趋势，开发新型结构材料，实现对混凝土局部易开裂部位采取自修复处理，为自修复混凝土材料及方法的深入研究寻求思维突破。达到提高混凝土构件的耐久性，延缓衰老，提高维修寿命，减少维修次数，进而节省大量维修费用，具有很强的实用价值和理论研究意义。

（2）纳米粒子改性传统修复材料　聚氨酯胶黏剂具有许多优异的性能，主要用于制鞋、食品包装复合膜、纺织、木材、土木建筑等方面。当利用纳米粒子进行改性时，可以使其获得更优异的性能，例如将四种 SiO_2（两种气相 SiO_2，两种沉淀 SiO_2）添加到聚氨酯中制备了一系列的纳米复合材料，发现在有 SiO_2 尤其是气相 SiO_2 的存在下，复合材料的黏结强度大大提高，而且 SiO_2 的亲水性和亲油性对材料的黏结强度并无较大的影响。有研究者采用溶液聚合的方法制备了聚氨酯/蒙脱土纳米胶黏剂，并将其涂在 PE、PA 等基体膜上，考察了在碾压过程中的气体阻隔性，结果发现，在蒙脱土含量为 3%（质量分数）时，氧气的传输速率减少了 30%。而且，水蒸气的透过率减少了近 50%，这可归结于水分子与聚氨酯基体之间的强相互作用和氢键的形成。

对于工程有特殊要求的部位，比如水下工程，需要水下修复材料或者水下灌浆材料，即必须达到能够在水下施工过程中快速硬化的目的。目前常用的水下修复材料有水下不分散混凝土、聚合物混凝土、水下快速密封材料（如 SXM 水下快速密封剂）、水下化学灌浆材料（水溶性聚氨酯灌浆材料、水下环氧树脂类灌浆材料）及水下防渗水材料（SR 防渗模块、互穿网络聚合物型水下修复材料）等。

随着科技的进步和技术的发展，将会产生更多更新的修复材料，比如：针对水泥路面修补后开放交通时间偏长、耐久性较差和施工工艺复杂的问题，采用固体复合激发剂、粉煤灰和偏高岭土及其他外加剂制备一种地聚物水泥快速修补材料。地聚物是一种由碱激发硅铝质材料而形成的新型绿色胶凝材料，其制备是以高硅高铝质的天然矿物或固体废弃物（如粉煤灰、煤矸石以及矿渣等）为原料，在化学激发剂的作用下，通过玻璃体结构中的—O—Si—O—Al—O—链的解聚生成 $[SiO_4]^{4-}$ 四面体和 $[AlO_4]^{5-}$ 四面体，进而发生缩聚反应生成新的—O—Si—O—Al—O—无机聚合物三维网络结构胶凝材料。地聚物具有快凝早强、强度高及耐久性好等多方面优良性能，是低成本、高性能环保型材料。

习题与思考题

1. 结合生活中遇到的工程实例，你目前见过的修补类材料有哪些？
2. 对于混凝土结构来说，你能想到的能够引起其破坏的因素有哪些？
3. 若对一个结构进行修复处理，说出几类能够进行修复的加固方法？
4. 聚合物复合修补材料按其化学组成可以分为哪几类？ 每一类材料的优缺点是什么？
5. 你所了解的用于加固混凝土结构的碳纤维产品有哪些类型？
6. 环氧树脂化学灌浆料是应用比较多的一类化学灌浆材料，这主要是由于其具有哪些特点？
7. 聚合物复合修补材料仍然存在的问题有哪些？
8. 可用于纤维混凝土中的纤维有哪些类型？
9. 化学灌浆材料若作为修补材料，必须满足哪几方面的要求？
10. 结合生活所见所闻所想，你还能想到哪些其他新型的修复材料？

参 考 文 献

[1] 马保国,刘军. 建筑功能材料 [M]. 武汉:武汉理工大学出版社,2004.
[2] 马一平,孙振平. 建筑功能材料 [M]. 上海:同济大学出版社,2013.
[3] 张雄,张永娟. 现代建筑功能材料 [M]. 北京:化学工业出版社,2012.
[4] 罗忆,刘忠伟. 建筑玻璃生产与应用 [M]. 北京:化学工业出版社,2005.
[5] 卢安贤. 新型功能玻璃材料 [M]. 长沙:中南大学出版社,2005.
[6] 王国建,王凤芳. 建筑防火材料 [M]. 北京:中国石化出版社,2006.
[7] 傅维镳,张永廉,王清安. 燃烧学 [M]. 北京:高等教育出版社,1989.
[8] 吴建勋. 建筑火灾 [M]. 第2版. 北京:群众出版社,1986.
[9] 李引擎,马道贞,徐坚. 建筑结构防火设计计算和构造处理 [M]. 北京:中国建筑工业出版社,1991.
[10] 伍作鹏,李书田. 建筑材料火灾特性与防火保护 [M]. 北京:中国建材工业出版社,1999.
[11] 杨生茂. 建筑防火、耐火材料分册 [M]. 北京:中国计划出版社,1999.
[12] 于永忠,吴启鸿,葛世成等编. 阻燃材料分册 [M]. 北京:群众出版社,1991.
[13] 何琳. 声学理论与工程应用 [M]. 北京:科学出版社,2006.
[14] 钟祥璋. 建筑吸声材料与隔声材料 [M]. 北京:化学工业出版社,2005.
[15] 康玉成. 实用建筑吸声设计技术 [M]. 北京:中国建筑工业出版社,2007.
[16] 姚继涛,马永欣,董振平,雷怡生. 建筑物检测鉴定和加固 [M]. 北京:科学出版社,2011.
[17] 许乾慰,洪涛,吴毅彬. 水下修复材料的研究进展 [J]. 上海塑料,2014(01):14-18.
[18] 马哲,庞浩,杨元龙,徐宇亮. 化学灌浆材料的研究进展综述 [J]. 广州化学,2014(01):9-13.
[19] 施志豪,支正东. 纤维增强磷酸镁水泥基复合材料在结构修补加固领域应用的展望 [J]. 山东工业技术,2013(11):5,8.
[20] 李娜,张良均. 道路维修注浆材料研究进展 [J]. 土工基础,2011(02):44-50.
[21] 曾凡峰,谭军,郑文忠. 混凝土裂缝的几种修补方法 [J]. 低温建筑技术,2007(06):144-146.
[22] 岳清瑞. 我国碳纤维(CFRP)加固修复技术研究应用现状与展望 [J]. 工业建筑,2000(10):23-26.
[23] 程鉴基. 化学灌浆在混凝土补强加固工程中的综合应用 [J]. 施工技术,1997(07):33,36-37.
[24] 宋中南. 我国混凝土结构加固修复业技术现状与发展对策 [J]. 混凝土,2002(10):10-11,17.
[25] 赵维,李东旭,李清海. 聚合物改性砂浆综述 [J]. 材料导报,2010(11):136-140.
[26] 叶丹玫,孙振平,郑柏存,傅乐峰,冯中军. 聚合物改性水泥基修补材料的研究现状及发展措施 [J]. 材料导报,2012(07):131-135.
[27] Ohama Y. Polymer-based admixtures. Cement and Concrete Composites [J],1998,20:189-212.